飢える大陸アフリカ

先進国の余剰がうみだす
飢餓という名の人災

Why the world's poorest starve
in an age of plenty.
Roger Thurow, Scott Kilman

ENOUGH

ロジャー・サロー、
スコット・キルマン［著］
岩永 勝［監訳］

悠書館

飢える大陸アフリカ——目次

序文　うわべだけの後悔

エチオピア　ハイランド地方ボリチャ、二〇〇三年

季節はまもなく夏、うだるような暑さのなか、ひとりの少女が岩だらけの大地を、国際援助隊の一団に向かってよろよろと歩いている。ここで起きている出来事がもっと重大な何かの始まりだと、誰かが気づく前の話だ。少女は裸足で、足を引きずっている。その顔にはハエがたかり、目や唇、鼻から少しでも水分を得ようとしている。まだ八歳にもならない少女は、泥だらけのみすぼらしい灰色の服をやせた肩からだらりと下げ、幼い妹を水色の毛布でくるんで、おんぶしている。しゃべるためのエネルギーも惜しいのか、無言で両腕を伸ばした。片方の手でもう片方を支え、その暗くておびえた瞳で訴えた。お願い、何か食べ物を、何でもいいんです。飢饉のとき、飢えた人間は目で語りかける。

　少女の先、岩だらけの大地が途切れるあたりに、オリーブ色のテントがいくつも設営されている。その中では、一六六人の子供が飢えで瀕死の状態にあった。

エチオピアのボリチャ地域の防災準備委員会で委員長を務めるエマニュエル・オトロが、少女の頬をそっとなでた。ほんの少しの慰め――それが、彼ができることのすべてだった。オトロはテントのひとつの入り口を開けて中に入った。そこには、現代ではとても想像できないような光景が広がっていた。

餓死は、生命に不可欠な要素のひとつが欠けることによって生じる死だ。事故や暴力、病気、老化の結果もたらされる死とは違う。餓死は、「飽食の空白域」に人々が暮らすことを強いられているために起きる。もう何十年ものあいだ、世界中の誰もが十分な栄養を摂取できるほどの量の食糧が生産されてきた。不作の兆候は衛星画像で把握でき、食糧不足は回避できる。現代では、これまでとは違って、飢饉はかなりの割合で防ぐことができるのだ。飢饉が起きるということは、文明全体が機能不全におちいっていることを意味する。

キャンバス地のテントの中でエマニュエルは、鼻に挿入されたチューブから栄養を摂っている二人の幼児に会った。その顔に群がるハエを、手で払いのける。「この地域で今まで見たことがないような大惨事だ」と、エマニュエルは看護師や援助スタッフの一団に向かって小声で言った。

エチオピアの歴史を考えると、それは驚くべき発言だ。一九八四年、エチオピアでは一二〇〇万人が餓死寸前におちいり、一〇〇万人近い人々が命を落とした。その苦しみはあまりに激しく、あまりに広

緊急食糧配給テントの外で、妹を背負って待つ少女。2003年、エチオピアのボリチャにて。

範囲に広がり、あまりに悲惨だった。今後このような飢饉を絶対に起こしてはならない――。世界がそう誓ったほどの惨事だ。だがその二〇年後、「絶対に起こしてはならない」ことが、このボリチャ地域をはじめとするエチオピアの多くの荒廃した地域で再び起きた。しかも今回、飢えに苦しんでいる人々の数は、前回を上回る一四〇〇万人にのぼった。

エマニュエルは、テントの端に向かった。そこではハギルソという名の五歳の少年が薄っぺらいマットレスの上で、父親のテスファエ・ケテマのやせ細った脚と脚のあいだに収まって、ぬいぐるみの人形のように力なく座っている。その数日前、テスファエは衰弱した息子を抱き、ロバが引く荷車に乗って、未舗装の道を一時間半かけて、飢饉対応のために設けられたこの仮設診療所にやってきた。ハギルソは餓死寸前で、到着したときの体重はたった一二キロ。腕と脚は骨の形がわかるほどやせさらばえ、頭部はタンパク質不足で膨れ上がっていた。泣き叫ぶことも、助けを求めることもない。目はうつろで、暗く深く沈んでいた。もう助からない、とスタッフは話した。

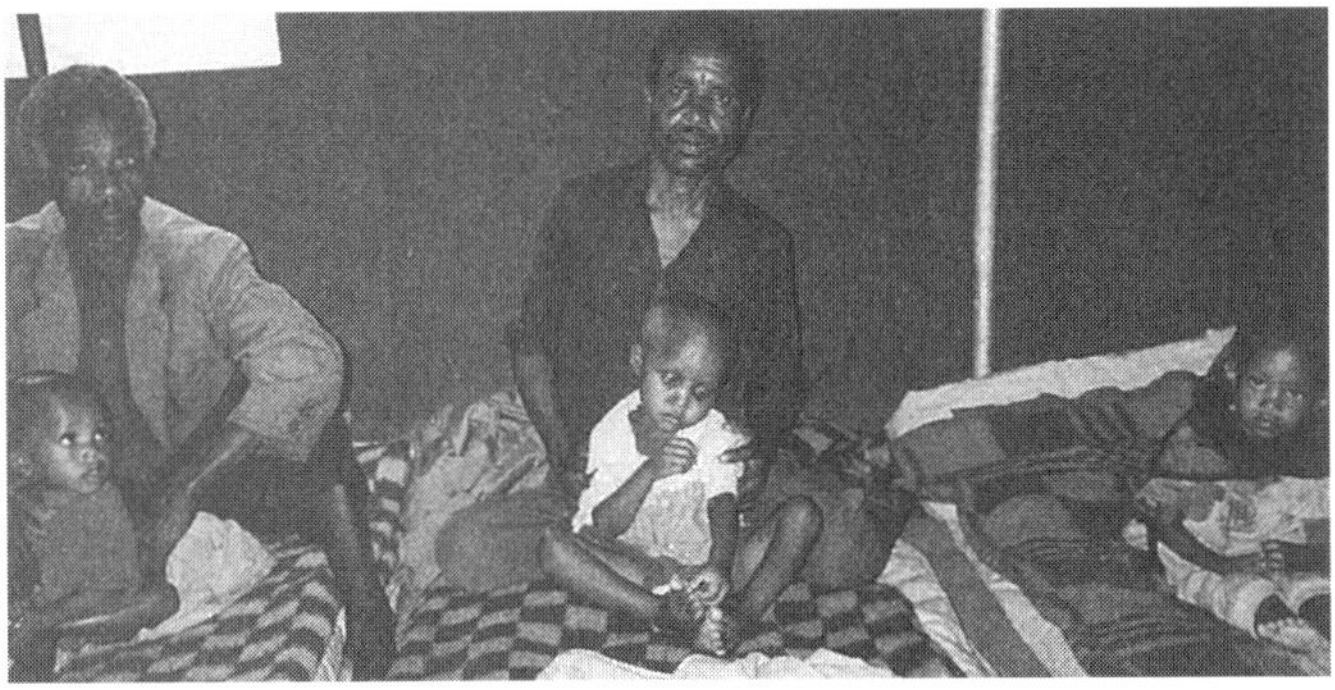

ハギルソと父親のテスファエ・ケテマ。緊急食糧配給テントでマットレスに座って援助を待つ。2003年、エチオピアのボリチャにて。

その一年前、テスファエは、エチオピアのほかの多くの小農たちと同様、生涯最高の大豊作を授かった。そして幸せな気分で、穀物がたっぷり詰まった重い袋をボリチャの町の市場まで運んだ。しかし、その歴史的な大豊作によって、未熟な市場は大量の余剰を抱えることになり、価格の大暴落を起こした。テスファエがボリチャの商人から受けとった金額は、作付けと収穫のコストを賄う程度のものでしかなかった。その日が終わる頃、彼は思った。人件費と輸送費を入れれば、実際には赤字じゃないか、と。

次の年、テスファエはコストを削減しようと、安くて低品質のトウモロコシの種をまき、作付けの範囲を畑の四分の三にとどめ、値の張る肥料の使用を断念した。収穫量が減ることはわかっていたが、それでも家族を養うだけの収穫は得られるだろうと判断したのだ。エチオピア中の農家が、同じような手法を使った。国内最大の農場では、何千エーカーもの農地で作付けをやめた。また、経費を削減するために、簡素な灌漑設備を止める農場もあった。

エチオピア中の人々が、空を見上げて雨を待った。しかし、多くの地域では、雨は一滴も降らなかった。干ばつで大地はからからに干からび、テスファエ、そしてエチオピア中の農家の収穫高は予想をはるかに下回る結果にとどまった。テスファエの一家は、いくらもたたないうちに前年の備蓄を食べ尽くした。空腹に絶えずさいなまれ、テスファエはわずかな財産を売って食べ物を買った。まず畑を耕すのに使っていた雄牛を売り、一家に牛乳を与えてくれた乳牛を売り、最後にヤギを売った。手元に何もなくなると、息子のハギルソが衰弱していくのを見つめた。そして前年のように余ったトウモロコシを市場に運ぶのではなく、瀕死の息子をその腕に抱えて移動することとなった。

緊急食糧配給テントで、テスファエは自分の脚と脚のあいだに力なく座った飢えた息子を見つめた。

「一番下の子供なんです」と、テスファエは看護師や援助スタッフに沈痛な面持ちで告げた。まわりにいるほかの農民の子供たちも、飢えで死につつあった。テスファエは心配と罪悪感にさいなまれた。いったい自分は息子に何をしてしまったのだろう？

飢えた子供から飢えた子供、おびえた親からおびえた親へと移動するなかで、エマニュエルは同じ悲嘆を何度も聞いた。そして、しだいにこんなふうに思うようになった。これは、単なる災害の現場ではない。これは犯罪現場だ。ここにいる親子に起きたことは、彼らがやったことの結果ではない。

四〇年前、「緑の革命」によって、小麦や米の新品種や新しい農業手法といった、画期的な科学技術が農業に導入され、最終的にアジアとラテンアメリカ全体で飢饉を克服することができた。緑の革命がインドとパキスタンで始まり、その後アジアに広がるにつれて、何億人もの命が救われた。それまで作物が育たなかった地域が、穀倉地帯に変わったのである。アメリカ・アイオワ州の小さな町で生まれた不撓不屈の農学者、ノーマン・ボーローグは、緑の革命の父と讃えられ、人類史上おそらく最も多くの人々の命を救った人物と言われて、ノーベル平和賞を受賞した。

新たな農業技術は、アフリカにも導入された。エチオピアの大地溝帯に位置する高地では、肥沃な土壌の助けを借りて、食糧生産が順調に伸びていった。大地溝帯に連なる湖を見下ろす台地にあるボリチャ地域は、新しい世紀を迎える頃には、食糧を自給自足できる状態にあると宣言した。長きにわたって飢餓に苦しめられたエチオピアは、食糧を自給するという目標を達成しつつあった。

しかし、何かが大きく間違っていた。記録的な豊作によって食糧が供給過剰になり、価格が暴落して、農家の生活は豊かになるどころか、ますます厳しくなるだけだった。新技術がもたらしたのは収穫量の増産だけで、緑の革命の重要な成果はアフリカにはもたらされなかったのだ。農村部で収穫した作物を食糧不足の地域へ輸送するインフラ整備への投資はなく、農家が作物を公正に取引できる市場も構築されず、農家への財政援助もなく、価格の下落に対処するための補助金も支給されず、自然災害による損失をカバーする農作物保険もない。飢饉を撲滅するという政治家の決意は、アフリカから跡形もなく消えてしまったのだ。

アフリカの農業は、エチオピアの小農とその子供たちとともに、死につつあった。エマニュエル・オトロにとって、この政治の怠慢は未曾有の災害とも言えるものだった。「まず、市場が機能しなくなりました」テスファエとハギルソのいるテントから放れながら、彼はそう分析した。「そして、天候がおかしくなったのです」

エチオピアの首都アディスアベバでは、貧困層への食糧支援機関である国連世界食糧計画（ＷＦＰ）のヴォリ・カルッチが、ぴかぴかに磨かれた会議室のテーブルの上にアフリカの地図を広げていた。エチオピアは氷山の一角です、と彼は訪問者に手振りを交えて説明する。東海岸の北から南、つまりソマリア付近の「アフリカの角」と呼ばれる半島から南アフリカの喜望峰まで、そして西はサハラ砂漠の縁、つまり紅海から大西洋に至るまで、不作はアフリカ全域を襲い、四〇〇〇万人以上の人々が飢えに苦しんでいる。救いの手となっているのは、北アメリカとヨーロッパ、日本、オーストラリアからの食糧援助だけだ。深刻な飢饉と飢餓が起きている地域の外では、数億人以上のアフリカの人々が、満たされない胃袋を抱えて慢性的な栄養失調に苦しんでいる。飢餓は経済をもむしばんで、アフリカの国々の成長力もその国民たちと同様に弱まった。飢えた子供は勉強できず、飢えた大人は働けず、栄養失調の人々は感染症への抵抗力が弱まった。空腹で栄養不足の人がマラリアにかかれば、助かる見込みはない。下痢、コレラ、はしかに抵抗する力は残っていない。結核にかかれば死ぬ。肺炎やエイズにかかれば命を落とす。目が見えない人、足が不自由な人、発育不良の人、年齢よりも年老いて見える人。こうした人々も飢餓や栄養不足の状態――ビタミンA、鉄分、亜鉛といった微量栄養素が不足している状態――にあるのだと、カルッチは説明した。

科学の進歩や、数十年にわたる数多くの人々の賢明な取り組みにもかかわらず、あらゆる種類の飢餓が減るどころか、増え続けている。「ヨーロッパやアメリカの人々は、飢餓のことなどすっかり忘れてしまいました。飢えという感情は、もはや歴史の中にしかないんです」と、イタリア人のカルッチは嘆く。「飢餓で死につつある人の目を見つめることは、心の奥底から悲痛になります。飢えで死ぬ人をひとりも出してはならないとわかるでしょう」

緑の革命の時代以降、どうすれば飢饉を撲滅でき、慢性的な飢えに対処できるかを世界は知っていた。情報と道具はあるのに、それを実行しなかったのだ。人類は楽園を探検し、世界をインターネットでつなぎ、エイズの克服をめざし、地球温暖化に立ち向かってきた。そして、何億人もの人々を貧困層から中間層へと押し上げた。だが、最も根源的な苦しみをなくすことはできていない。

ノーマン・ボーローグはノルウェーのオスロで行われた一九七〇年のノーベル賞受賞記念講演で、こうした失敗の結末について警告している。「人類は、未来に飢饉という悲劇が起きないように対処できるし、また対処しなければなりません。過去に何度もあったように、飢饉の犠牲者をうわべだけの後悔で救おうとするだけではいけません。今後飢饉が起きるようなことがあったら、私たちは『犯罪的過失』の罪に問われるでしょう。情状酌量の余地はありません」

二〇〇三年に飢えに苦しんだ一四〇〇万人のエチオピアの人々は、二一世紀に飢饉を起こした過失と怠慢を、八億五〇〇〇万人にのぼる当時の世界の貧困層を代表して目の当たりにした「声なき目撃者」だ。彼らは、全人類を養える量以上の食糧が生産されている世界で、飢饉を継続させている過失と怠慢を目撃したのである。これは、来たるべき世界的な食糧危機への警告でもあった。それから数年後、食糧需要の急増と価格の高騰、飢餓の拡大によって、世界の多くの国で食糧をめぐる暴動が起き、冷静さを失った政府が自国産の穀物の輸出を一時的に禁止して、世界中の経済を大混乱におとしいれた。ボリチャで食べ物を懇願した裸足の少女は、その始まりにすぎなかったのだ。

二〇〇八年までには、十分な栄養がとれない人の数が、世界で一〇億人近くに膨れ上がった。これは、緑の革命の効果が最大となった一九七〇年代初め以降で最大の数だ。世界の飢餓人口は七〇年代と八〇年代に減少し、九〇年代にはほとんど変わらなかったが、世界の人口に対する飢餓人口の割合は人口増加に伴って減少した。しかし、二〇〇七年と〇八年に乱高下した後、新たな高水準に落ち着いていた穀物価格が、今また飢餓人口を増加させている。新たに飢餓におちいった人々の多くは、サハラ砂漠以南のアフリカに住んでいる。この地域では、栄養不足の人々の数が二〇〇七年に四億五七〇〇万人となった。これは、アメリカ農務省が一九九二年に統計を取り始めてから五三パーセントの増加だ。サハラ砂漠以南のアフリカには、世界人口の一〇分の一しか住んでいないにもかかわらず、この地域の飢餓人口はまもなく世界の飢餓人口の半数に達しようとしている。

国連の保健・食糧関連の機関の試算によれば、飢餓と栄養不足、それに関連する病気で、一日に二万五〇〇〇人が死亡しているという。一九九四年にルワンダで起きた大量虐殺では、一日に平均八〇〇〇人もの人々が一〇〇日間にわたって虐殺されたが、二万五〇〇〇人という数はその三倍に当たる数だ。世界食糧計画の職員は、毎日六〇機のジャンボジェットが墜落するようなものだという、恐ろしいたとえを使っている。

飢餓のなかでも、子供を苦しめる飢えが特に深刻だ。二一世紀初めには、一年に六〇〇万人の子供たちが飢えやそれに関連する病気で死亡した。たとえ命は落とさなくても、「慢性的な飢餓」の状態にあるとされる子供は三億人もいる。つまり、これだけの数の子供たちが、空っぽの胃袋を抱えたまま毎晩眠りにつくということだ。さらに、五歳以下の幼児のうち、栄養失調のために発育が遅れている幼児は一億五〇〇〇万人いる。こうした子供たちは、大人になっても、肉体や精神が十分に成長しない可能性が高い。

緑の革命が勢いを失ったために、特にアフリカでは、その豊かな大地が秘めた耕作能力を最大限に活用できなくなっている。このため、世界の農業市場は、莫大な食糧源に参入できていない。アフリカの耕作可能な土地の面積は、ＥＵ諸国のそれの二倍もあり、しかもエチオピアの例が示すように、そのほとんどには十分な生産能力がある。アフリカは、農業にとって、まだ開発されていない最後のフロンティアなのだ。

こうした怠慢は、世界中の消費者を苦しめている。二一世紀に入ってからというもの、そのほとんどの年において、世界の穀物消費量はその生産量を上回った。そのため穀物の備蓄は減り、価格は上昇した。ボーローグは食糧生産が常に人口増加に追いつくような仕組みを与えてくれたが、今や食糧供給は以前よりも不安定になっている。食糧が足りなくなった原因は、人口の増加もあるが、それよりも大きいのは、人々の生活がより豊かになったことにある。かつて飢餓に苦しんだインドや中国で中間層が増えるにつれて、これらの国々で食生活が豊かになり、穀物を飼料とする家畜の肉や乳製品の需要が急増した。さらに、二一世紀に入ってからは原油価格も不安定になったことから、多くの国々の政治家やアメリカとEU諸国の首脳は、バイオエタノールなど食糧からつくった新たなエネルギー源を推進するようになった。アメリカでは二〇〇九年までに、国内のトウモロコシ生産量の約三割がバイオエタノールの生産に使われるようになった。これは二〇〇六年と比べて二倍の量だ。多くの農家が大豆や小麦、エンドウ豆、レンズマメの栽培量を減らして、燃料用のトウモロコシの栽培量を増やした。今やバイオ燃料にかかわる企業は、飢餓に苦しむ人々の敵となった。

食糧需要が増した結果、供給が追いつかなくなり、不作をもたらす自然災害の影響が大きくなった。二〇〇七年と〇八年の穀物の備蓄量は、ここ三〇年で最低水準まで落ち込み、インフレに伴う食糧価格の上昇を着実に抑えてきた供給過剰の時代は終わった。二〇〇六年から〇八年のあいだに、世界の多くの主要作物で価格の倍増が見られた。二〇〇七年と〇八年には、数多くの国で食糧をめぐる暴動が起き、世界の安全保障に対する懸念が高まった。ハイチでは、飢えた人々がコメの供給量を増やすように求めて大規模なデモを起こし、首相が辞任に追い込まれている。

その影響は、緑の革命が最も進んだ国々にも及んだ。ボーローグが初めて小麦の高収量品種を開発したメキシコでは、トルティーヤ（トウモロコシの粉で作った薄焼きパン）の価格高騰が抗議運動を引き起こした。インド、パキスタンをはじめとするアジア全域では、食糧生産が順調に増加していた安心感から、農業技術のさらなる発展をめざす機運が政治家たちから消えていた。こうしたなか、二〇〇八年の前半にはコメの価格が二倍以上に跳ね上がり、長期的なビジョンが欠如した政治家たちが、コメの価格高騰という報いを受けた。それまで世界食糧計画は食糧援助の対象を、食糧が十分に行き渡らない農村部に限っていたが、価格の高騰によって、食糧を買えない大量の都市住民も援助対象に含める必要が出てきた。それとともに、食糧援助にかかるコストも上昇した。

二〇〇八年後半に始まった世界的な金融危機によって、穀物価格はほかのすべての価格と同様に下がった。だが、食糧援助の関係者は状況を楽観視せず、再び経済が持ち直せば、前回を上回る価格高騰が起きるのではないかと気を引き締めた。世界中で砂漠が広がり、アフリカの湖は干上がりつつあり、中国とインドでは地下水位が低下している。さらに、赤道付近の熱帯地方では気候変動によって主要作物の栽培が難しくなるのではないかとの予測もある。農家の大半が雨水に頼っているアフリカは、気候変動の影響をおそらく最も受けやすいだろう。新しく農地を増やす機会もすでに逸してしまっており、農地の拡大には長い時間がかかるだろう。あちこちから悲観的な予測が上がっている。二〇〇八年七月にアメリカ農務省が発表した予測によれば、二〇一七年までに栄養失調の人々の数が一二億人に達する見込みだという。世界は、緑の革命で得た成果の大半を失いつつある。

筆者はアメリカの『ウォール・ストリート・ジャーナル』紙で一〇年にわたって飢餓と世界の農業を

取材してきた。エチオピアの飢餓地帯とアイオワ州の満杯のサイロから、ガーナやマラウイの緑豊かな畑とニジェールやチャドの砂漠から、ノースダコタ州やロシア、インドの琥珀色の小麦畑とマリやミシシッピ州の綿花畑から、ワシントン州のパルース川沿いやフランス・ノルマンディの穏やかな緑の丘と、血や涙が染み込んだジンバブエやスーダンの大地から、そして、ジュネーブでの世界貿易の交渉現場と、ワシントン、ロンドン、ブリュッセルの「権力の回廊」から、現状を報告してきたのだ。

取材するなかで、世界の飢餓は避けることができないものだと信じる善意の人々に数多く会った。貧困と同じように、この先、決してなくならないものだと言うのだ。二〇〇四年にインド洋で大津波が起きたときのように飢餓は自然災害である、ジンバブエのロバート・ムガベ大統領やスーダンのオマル・アル＝バシール大統領のような自暴自棄の独裁者が使う政治的支配の手段である、あるいは、ナイジェリアのビアフラやコンゴのように飢餓は戦争に続いて起きるものだ、というのが彼らの意見だ。ユニセフや世界食糧計画への寄付以外にできることは何もなく、飢餓の苦しみを和らげることはできるが、飢餓を防ぐことはできないと、彼らは考えている。

だが、実際は違う。自然災害は起き、無法な独裁者は国をつぶす。だが、世界中で日常的に起きている慢性的な飢餓は、人間が起こした大惨事だ。ある人々、組織、政府が、自分たちにとって最善であり、時にアフリカにとって最善であると考えられた決断のひとつひとつによって、世界中で日常的に起きている慢性的な飢餓の大半が引き起こされたのである。

今でも、こうした決断を下す有名な経済学者や開発の専門家、政治家、牧師、農民、人道主義者たちは、自分たちが実行していることが、これまでの進歩をどれだけ退行させているかを理解していない。

たとえば、アメリカとヨーロッパの農業補助金は、大不況や戦争が起きた際、貧しい農家の復興を助けるために導入されたものだ。だが、時とともに、補助金の額は依存症のように増えていった。二〇〇七年には、世界の先進国が自国の農家を支援するために拠出した補助金は、二六〇〇億ドルに達した。サハラ砂漠以南のアフリカの農家のような補助金を受けられない農家は、先進国の農家にとうてい太刀打ちできない。さらに、アメリカとヨーロッパが管理する国際的な金融機関は、アフリカ諸国の政府に、融資を受ける条件として自国の農家に補助金を出さないことを長年要求してきた。これはアメリカの食糧援助についても同様で、飢えた人々に対する心のこもった援助として始まった取り組みも、援助する側の農家に都合が良い給付金制度に変わっていった。貧しい人々を救う〈バンド・エイド〉（訳注：アイルランドのロックミュージシャン達が結成したグループ。詳細は9章。）は、裕福な人々のための産業となった。二〇〇三年、アメリカはエチオピアに対して五億ドルを超えるアメリカ産穀物を提供しているが、そもそも飢餓の状態になるのを防ぐための農業開発には五〇〇万ドルしか援助していない。

こうした決断によって生まれた飢餓――人間が起こした大惨事――は、防ぐことができる。寄付金を出す以外にもやるべきことは多い。見識のある人々は、世界の最貧困層に役立つ政策改革と新しい取り組みの実行を唱え、利己的な決断が世界にどんな結果をもたらすかを認識し、シャツの袖をまくり上げて現地で汗を流す必要がある。飢餓との闘いは絶望的なものではない。現在では手軽に使える「武器」が過去に比べて増えたことを考えれば、これは勝ちが見込める闘いだ。その目標を達成するために、飢餓を克服する新たな意志に基づいた新しい動きが、「もうたくさんだ（enough is enough）」と訴える人々のなかから再び現れてきた。その主体は、飢餓の問題に目を向けたアメリカとヨーロッパの富裕層、慈善家、教会やシナゴーグ、モスク、寺院、企業の重役室、大学、小さな町、大きな機関、農家、起業家など、無名の人から大きな力をもった人まで、あらゆる人だ。さらには、飢えたアフリカの人々自身、農民から大統領まで、食べ物を乞うのに嫌気がさした人々からも、こうした動きは出ている。だが、これまでの失敗の原因がどこにあったかを明らかにしなければ、再び同じ過ちを犯すことになる。あるいは、前にもあったように、飽食の時代が一年か二年続けば、未来の不作の年にも機能するシステムを構築するという意志が消えてしまうこともあり得る。

本書は、緑の革命の成果がいかに食いつぶされたか、そして二一世紀に飢餓や飢饉を発生させた怠慢についての物語だ。また、アフリカの食糧自給を逸した機会、戦争と誇大妄想についての物語でもある。よかれと思ってやった行為が悪い結果を生み、アフリカの農業の可能性の大部分が認識されず、アフリカの人々がこれまでにないほど飢えに苦しむようになり、世界全体がより安い食糧を大量に欲するようになってしまった。本書では、こうした行為だけでなく、アメリカとヨーロッパの利己主義と偽善についても触れるほか、いかに補助金と食糧援助が間違った方向に進んでしまったか、植民地時代の政策の遺物と、かつてのヨーロッパ列強の行為に影響された地政学的な要因が、いかに繁栄する国と飢える国を決めているか、市場はなぜ機能しなくなったか、なぜ警告は無視されたか、そして、私たちが現在の危機にどのように巻き込まれているかについても書いていく。

第2部では、緑の革命の失われた成果を取り戻して、革命の勢いを回復させる新たな動きについてリポートする。一九八四年にエチオピアの飢餓を知って以来、支援活動を行っているアイルランドのロックバンド、U2のボノ。ボーローグからボノの活動に至る道はどのようなものだったのか。また、アフリカに送った医薬品が栄養失調の人々には役に立たないことに気づいたビル・ゲイツとその基金の関係者、自分のエイズ患者に何か食べ物を与えるべくケニアで農業を始めたインディアナ州のジョー・マムリン医師、故郷のエチオピアに商品取引所を開設しようと孤軍奮闘したエレニ・ガブレ=マディン、聖書を読んだことをきっかけにマラウイの中央銀行総裁からマイクロファイナンス機関の代表に転身したフランシス・ペレカモヨ、についても取り上げる。オハイオ州の小さな町から、ケニアの小さな村まで。ヨーロッパの最高経営責任者（CEO）から、テレビのコメディ番組を見るアメリカの母親や億万長者の投資家ウォーレン・バフェットまで。イギリスの教会の活動家から、イギリスのトニー・ブレア元首相、そして、飢饉の撲滅をめざして活動するアイルランドの政治家まで、さまざまな視点で食糧問題を考えていく。

政治が常識の範囲内にあり、最貧困層に役立つ行動である限り、特定の政治を推奨するようなことはしない。特定の宗教を奨励するようなこともしない。主な宗教はどれも、飢える者に食べ物を与えるよう説いているものだ。仮に個人的な事情が入り込むようなことがあるとしたら、それは筆者がジャーナリストであることに起因するものだろう。新聞記者というのは皮肉屋の集まりだと見られることが多いが、実際のところ筆者は二人とも楽観主義者である。人々が問題について読むことが、その解決策を見つける第一歩だと、筆者は考えている。道理をわきまえた人なら、何か行動しなければならないと感じるはずだ。だから、私たちは書く。

本書は、明示されているもの以外は筆者らが行ったインタビューと調査に基づいて構成している。

『ウォール・ストリート・ジャーナル』紙に書いたリポートに追記して本にまとめるに当たり、ロックフェラー財団とウィリアム・アンド・フローラ・ヒューレット財団、シカゴ地球問題評議会に多大なる支援をいただいた。だが、この本の執筆と編集を進めるうえで、これらの組織からいかなる影響も受けていない。

本書の目的は、怠慢がはびこる現実を逆転させ、新しい動きをつくる人たちの活動を支援することにある。飢えた人々は私たちを見つめ、待ち続けている。

第1部

革命は終わっていない

1章　変化のきざし

メキシコ、一九四四年

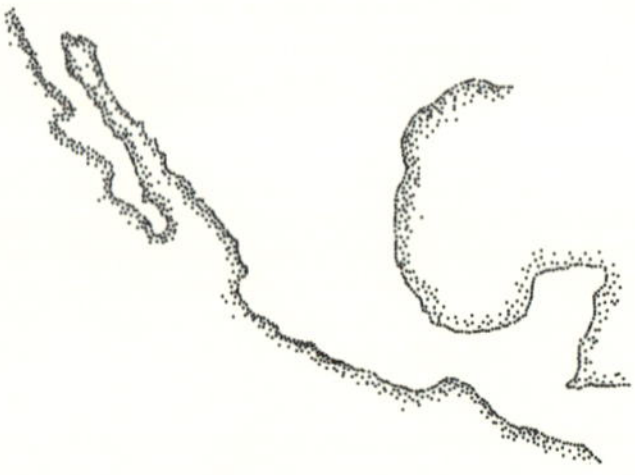

ノーマン・ボーローグは、世界中の飢えた人々に食糧を届けようと活動を始めたわけではなかった。若き科学者として抱いた野心は、もっと控えめなものだ。コムギのさび病に打ち勝ちたい、そして野外で働ける安定した職を得たい、というものだった。

当時は第二次世界大戦の真っ直中で、アメリカでは大卒の青年が徴集され、機密情報の収集、暗号の解読、敵の攪乱など、さまざまな特殊任務に就いていた。ミネソタ大学で植物病理学の博士号をとったばかりのボーローグは、デラウェア州ウィルミントンにある大手化学会社デュポン社の実験室で、祖国のための任務をこなしていた。当初は農業用の化学薬品を開発するために雇われたのだが、戦争が始まってその任務が変わり、科学者チームを率いて、コンドームも含めて軍用品の試験を担当し、太平洋戦域の熱帯環境での耐久性を調べることになった。だが、一九四四年春のある日、ボーローグが実験室で作業をしていると、特別研究局から声がかかった。メキシコにぜひ来てもらいたい。

ボーローグにとって、外国で新しいことを始めるなど初めての経験だった。そもそも、外国に行ったことさえもなかった。ミネソタ州との州境のすぐ南、アイオワ州のクレスコ村の近くに位置するノルウェー系の住民の村の農家に生まれ、教室がひとつしかない学校で学び、シカゴ・カブスの二塁手になることを夢見ていた少年時代。ミネソタ州立大学の入学試験に落ち、新しくできた一般教養学部に入学して、二年で準学士をとれるチャンスを得た。落ち込んだが、とにかくやり遂げようと心を決めて、成績を上げ、上の大学に移った。得意だったのは、レスリングと林学。この二つはストイックな彼の性格に合っていた。ある年の夏、農務省林野局の仕事で、アイダホ州のコールド・マウンテンで山火事の見張りをした。一回の仕事で数週間、ひとりで山に入る。一番近いレンジャーの駐在所から馬に乗って二日もかかる奥地だ。ボーローグは孤独を味わい、これが大職ではないかと考えた。卒業したら林野局に常勤の職を得られると確信し、大学の恋人、マーガレット・ギブソンにプロポーズした。二人なら大自然のなかで力を合わせて幸せを見つけられる、と誓った。

だが、予算削減のあおりを受けて、林野局の職は

緑の革命の父、ノーマン・ボーローグ。小麦の試験場で有望な株を記録する。（国際トウモロコシ小麦改良センター提供）

立ち消えになってしまった。肩を落とし、未来の目標をなくしたボーローグは、大学の指導教官で、著名な植物病理学者のエルヴィン・チャールズ・ステークマン教授に相談した。返ってきた助言は、自分らしい仕事を始めろというものだった。作物の病気は常に人間の対策をかいくぐるように変わっていくから、植物病理学者には安定したいい職がある。新妻を得たボーローグには、安定した職が必要だとわかっていた。植物病理学者は、それに当たるかもしれない。彼はステークマンが生涯かけて取り組んでいた、さび病の研究にもかかわった。さび病は、世界中の穀物にとって特に手ごわい難敵だ。

準政府機関である特別研究局は、ステークマンとその他二人の科学者の提言によって一九四三年に設立された。その任務は、メキシコでトウモロコシ、小麦、豆類の生産量を増やして、国境の南側での飢餓と不安定化を防ぐというものだ。この特別プロジェクトには、最も狡猾な敵であるコムギさび病に立ち向かう「戦士」が必要だ。ステークマンには、その適任者が誰なのか、よくわかっていた。

一九四四年九月、ボーローグは身重の妻と幼い娘をウィルミントンに残して、メキシコへと車を走らせた。革命と言うには、ほど遠い始まりだった。

緑の革命は、その始まりからして、ある決意をもった個人による見込みのない仕事から生まれた、予期しない結果だった。そもそも、ボーローグに先駆けてメキシコに入っていたヘンリー・ウォレスは、スペイン語を勉強したくてメキシコに赴いていたのだった。

一九四〇年、フランクリン・D・ルーズベルトが政権をとる前、次期副大統領に選ばれていたウォレスはメキシコに向かった。故郷アイオワで有力な地方誌『ウォレスズ・ファーマー』を発行する一家の御曹司として生まれ、一九三三年からルーズベルトの農務長官として仕えていた。そんなウォレスには、その時代の農家が小規模な生産者であり、その供給業者や消費者に比べて経済的に弱い立場にあることがわかっていた。彼はみずから率いた農務省で、農家への補助金、食糧配給券（フードスタンプ）、連邦穀物保険、土壌の保全といった農家を支援する事業を数多く実施し、自分の雑誌で大きく取り上げた。さらに、供給過剰の年に連邦政府が作物を買い取り、将来の不作に備えた保険にする「農産物価格安定緩衝在庫（ever-normal granary）」政策も実施した。生産量が過剰になった年に穀物価格の下落を遅らせることで農家を助け、第二次世界大戦に入って多数の世帯への配給が始まったときに食糧を安定的に供給する、というのがこの政策の狙いだ。

ウォレスは副大統領としての任務が始まる前にラテンアメリカを訪問したいとの意向を、ルーズベルトに伝えた。世界的に緊張が高まるなかでアメリカ大陸諸国との関係を強めたいと考えていたルーズベルトは、一九四〇年一二月のマニュエル・アビラ・カマチョ大統領の就任式に、アメリカ代表としてウォレスをメキシコに派遣した。カマチョは親米派で、激しい選挙戦の末に当選した。

現地に行ってみると、ウォレスとメキシコの人々は同じ思いを抱いていることがわかった。ウォレスの趣味はトウモロコシの品種改良であり、メキシコ人はトウモロコシが大好きだ。トウモロコシはメキシコ人の主食であり、山腹からソチミルコの浮島まで、ありとあらゆる場所で栽培されていたのだ。

ウォレスがトウモロコシに強い興味を抱くようになったのは、少年時代のこと。のちに有名な植物学者となるジョージ・ワシントン・カーヴァーが、エイムズにあるアイオワ州立大学に初めての黒人学生として通っていたころだ。ウォレスの父親が大学で教えていた縁で、ウォレス少年はカーヴァーに散歩に連れていってもらい、そのなかで植物について学んだり、植物を育てたいという思いを語り合ったりした。ティーンエイジャーになると、勉強のために裏庭でトウモロコシを育て始めた。だが、同じ植生の中で育てている限りにおいては、強い株を得ることはできなかった。トウモロコシは雄しべと雌しべがかなり離れていて、穀物のなかでもほかの株との交配がしやすい。花粉を放つ雄花は、受精して実となる卵が含まれている雌花の穂よりも通常一メートル前後高いところに咲く。大豆のように雄しべと雌しべがすぐ近くにあって自家受粉する植物とは異なり、他家受粉するトウモロコシは、風に乗って数百メートルも飛ばされてきた花粉を雌しべが受粉できる作りになっているのだ。

　こうした仕組みをもつトウモロコシは、さらに良い品種を農家に売る育種家にとって、格好の研究対象となった。育種家は、優れた遺伝子をもつ品種を開発すべく、有望な親株を選んで交配させる。ウォレスがまだ若いとき、トウモロコシを強制的に自家受粉させる実験が育種家によって行われ、珍しい結果が得られたことがあった。数世代にわたって自家受粉させると、優性形質が顕著になるにつれて、種子を作る能力の一部が近交系から失われる。しかし、ひとつの近交系を選んで別の株と交配させると、収量が一気に上昇した。さらに不思議なことに、「雑種強勢」

トウモロコシの品種改良試験の結果を調べるヘンリー・A・ウォレス。（デュポン社のパイオニア・ハイブレッド社提供）

と呼ばれるこの現象は、一世代だけで終わってしまう。

　科学を利用して農家を助けたいと常々考えていたウォレスは、この方法を使ってお金も稼げるのではないかと考えた。こうしてウォレスは、ハイブリッド・トウモロコシがもつビジネスの可能性を世界に先駆けて利用して、財を成した。農家は高収量品種には割増金を払ううえ、収穫した作物を翌年にまく種として保管しておくこともできないため、毎年、同じ育種家に種を注文することになる。ウォレスが一九二六年に友人たちとともに設立した会社は、やがてパイオニア・ハイブレッド社という巨大企業に成長した。農家にとってハイブリッド種はあまりにも魅力的で、世界恐慌が起きて農家が節約し始めた時代にあっても、あっという間に中西部全域に広まった。アメリカが第二次世界大戦に突入する頃には、アイオワ州のトウモロコシ作物の大半がハイブリッドとなった。

　アメリカ産トウモロコシの生産量は爆発的に増えた。ハイブリッド種が登場する以前は、アイオワ州のトウモロコシの一エーカー（約〇・四ヘクタール）当たりの収量はおよそ六〇年にわたって変わっていなかった。一九三〇年、アイオワ州のトウモロコシの収量は、一エーカー当たり三四ブッシェルだった。それが一九四〇年までには、一エーカー当たり五二・五ブッシェルにまで急増したのだ。アメリカ産トウモロコシの収量が増加の一途をたどるなか、ウォレスの会社はジョン・ディア社のトラクターとともに、中西部の農業地帯のシンボルとなった。

　一九四〇年、メキシコを訪れたウォレスは、独自の視点をもって視察した。乗っていたプリムスを悪路で何度も停め、畑の中に入っていって農民たちと話をした。メキシコ人の大半は生活を農業に頼っている。その二〇年ほど前に終わったメキシコ革命で、独裁政権が崩壊し、少数の富裕層に握られていた土地が奪回され、貧困層に再配分されていた。新しい政府は、土地をもたない一七〇万人の小農が食糧を自給できるよう、少しずつ土地を分け与えた。だが、土地制度の改革は十分とは言えなかった。

ウォレスが訪れたときには、飢えと貧困が広がっていた。小農たちの教育のための取り組みは、まったくと言っていいほど行われていない。農学者は少なく、農村部の人々の大半が読み書きできなかった。メキシコ農家のトウモロコシと豆類の収量は、アメリカ農家の三分の一しかなく、その収量も低下していた。土壌は栄養分がなくなり、浸食もかなり進んでいる。トラクターの姿はほとんどなく、農家の多くは人力で農作業に従事していて、収量を上げられる余地もあまりない。メキシコの農家のなかでも小麦農家は近代化が進んでいたが、それでもその収量はアメリカ農家の三分の二程度にとどまっていた。小麦は病気にやられることも多かったため、メキシコはその需要の半分を輸入に頼っていた。

飢餓の状況は、これ以上ないほど深刻なものだった。だが、ウォレスは、作物の収量を上げれば飢えを解決できると考えた。メキシコの農民たちの熱心な仕事ぶりには、感嘆すべきものがある。メキシコの貧しい農家がより多くの作物を生産できるようになれば、食糧を自給できるばかりか、余剰分を売って収入を得ることもできるだろう。当時、ウォレスのアイデアは急進的だと受けとられた。アメリカの農家が不況のあおりをまともに受け、出費がかさむ戦争が始まろうとしているときに、ワシントンの政府が他国の貧しい農家を助けるために拠出できる資金はほとんどなかった。実際のところ、アメリカとの国境付近で起こっている飢餓と戦わなければならないという義務は、アイオワ出身のハーバート・フーヴァーが大統領になる前に生み出した新しい概念だった。鉱山技師として財を成したフーヴァーは、個人的に食糧援助運動を始め、第一次世界大戦のときには何百万人ものヨーロッパの人々に食糧を援助していた。アメリカ政府が食糧援助や開発援助の外交的価値を認識するのは、第二次世界大戦後のことだった。

一九四一年、ウォレスは副大統領に就任すると、ロックフェラー財団に声をかけた。同財団は、多くの貧困国でマラリアや鉤虫（こうちゅう）症といった感染症と闘う活動をしていたのだ。その医療スタッフの一部は、貧困国の衛生水準を下げているのは栄養不足であるとの認識をすでにもち始めていた。

ウォレスは、ロックフェラー財団のレイモンド・B・フォズディックに、メキシコで作物の収穫量を増やす方法を研究するよう頼んだ。その依頼を受けてフォズディックは、調査のため一九四一年夏までに三人の専門家をメキシコの農村部に派遣した。選ばれたのは、ハーバード大学の植物育種の専門家ポール・マンゲルスドルフ、コーネル大学の農学者リチャード・ブラッドフィールド、そして、ミネソタ大学の植物病理学者E・C・ステークマンである。三人は、GMC製ステーション・ワゴンのサバーバン・キャリーオールに乗って、メキシコ全域にわたる何千キロもの道のりを移動した。

ウォレスと同様、三人の教授陣も「科学的な農業」の信奉者だった。歴史上初めて、アメリカの農家は農地を増やさずに作物の生産量を上げることができた。それならメキシコでもできるはずだと、彼らは考えていた。三人は報告書のなかで、一九四三年にメキシコ政府とともに合同調査プログラムを開始し、特別研究局を設置するよう提言した。このプログラムの実施のために、数人のアメリカの科学者たちが雇われた。彼らの役割は技術移転であり、トウモロコシと小麦、豆類の高収量品種の開発手法をメキシコの科学者たちに教え、研究を軌道に乗せるまでが彼らの仕事だ。

メキシコの農家はハイブリッド・トウモロコシの種子を毎年買えるわけではないため、ロックフェラー財団の科学者たちは、ハイブリッド種の前段階となる同系交配の種子を数種類混ぜて植えて、自然に他家受粉できるようにする方法を教えることにした。こうして得られる「合成種子」は、収量の伸びはハイブリッド種ほどではないにしろ、この地域で栽培されているトウモロコシの優良品種と比べて一〇パーセントから二五パーセントの収量の増加が見込める。さらに、農家は従来のように収穫した高収量品種の種子を保存しておき、翌年の種まきに使うこともできるのだ。

ステークマン教授が興味をもったのは、メキシコの第二の主食である小麦だった。スペイン語が堪能な教授は、菌類が引き起こす小麦の病気、黒さび病の専門家だ。当時のメキシコでも、この黒さび病が蔓延して小麦が次々と枯れ、小麦畑が黄金色から灰色へと変わっていた。この病気はあまりにも頻繁に起きるため、メキシコの農家の多くは小麦の栽培をやめていた。だが、肉がなかなか手に入らない国にとって、小麦は貴重なタンパク源だ。

ステークマンは、高校教師をしていた若い頃から、さび病を撲滅すべく研究に取り組んできた。馬車に乗ってグレートプレーンズ全域を回り、病気の発生した地域を調査したという経歴の持ち主だ。メキシコでさび病が流行しているのを目撃すると、ミネソタ大学から二人の「弟子」を呼び寄せ、この病気に対処する指揮をとらせることにした。ひとりはJ・ジョージ・〝ダッチ〟・ハラーで、メキシコでの任務の責任者となり、後年、ロックフェラー財団の理事長を務めた人物だ。そしてもうひとりは、大学を出たばかりの若者、その名もノーマン・ボーローグである。

メキシコの労働環境は、ボーローグが研究員としてアメリカで見たどんな環境よりもずっと旧式のものだった。戦時下にあるため、農機具からガソリンまで、何もかもが供給不足におちいっていた。さび病の流行を止める方法は、ただひとつ。さび病に耐性のある小麦を世界中の品種の中から見つけ出して、その形質をメキシコの品種に取り入れるしかない。これには、さび病が流行している地域で何百種類もの品種を育て、ひたすら待って、風に運ばれてきたさび菌の胞子を浴びても病気にならない品種があるかどうかを調べる作業が必要になる。さび病にならない品種を見つけたら、ボーローグがメキシコの環境で育つように改良する。

小麦の新しい品種を作るのは、長く退屈な作業だ。容赦なく照りつけるメキシコの太陽の下、ボーローグは畑で腰をかがめて、外科医のような精密さで、選んだ親株どうしを交配させる。ピンセットを使って、植物の「男性器」に当たる雄しべを一方の親から取り除き、もう一方の親から採取した花粉を手際よく雌しべ（子房）に付けて受粉させる。そして、ほかの花粉が入らないよう、花に袋をかぶせる。

その後は、自然の成り行きに任せて、ひたすら待つしかない。数カ月後、種を収穫する。その後、次の生育期まで、再び数カ月待つ。翌年、再び種を植える。だが、結果は満足行くものでないこともしばしばで、そうした場合には親株の組み合わせを変えて試さなければならない。そんな作業を繰り返していれば、一〇年かかっても、メキシコで栽培できる耐性種を見つけられない可能性もある。

ボーローグはそこまで辛抱強くない。さび病の病原体の変異速度は速く、年一回の栽培ではその速度に追いつかず、病原体の新たな株に対処することはできない。そんななか、ボーローグはある農民がメキシコ北西部のヤキ渓谷について話しているのを耳にした。そこでは小麦を一〇月に植えて春に収穫する。これは、メキシコの主な小麦産地である中部の高地とは正反対の生育期だ。ボーローグは三発機の席を予約し、シウダード・オブレゴンまで二日間かけて飛んだ。飛行機での移動距離は二〇〇〇キロだ。到着すると、ヒッチハイクでヤキ渓谷に向かい、試験に使える小麦の種を求めて、農場を訪ねた。

新しく収穫した種をヤキ渓谷とメキシコシティ近くの試験場のあいだで相互に輸送することで、品種の開発にかかる時間を短縮しようというのが、ボーローグの案だ。これにより、一年に二回の生育期で試験できることになる。この案は、農家が育てている場所で作物を育てなければならないという植物育種家の通念とは異なるものだった。作物の多くは、生長できる範囲を制限する環境から大きな影響を受ける。

ボーローグの上司であるハラーは、何度もこの「シャトル育種」の案を却下した。ハラーが懸念していたのは、シャトル育種に踏み切れば、ただでさえ不足している事業の財源や人材が枯渇してしまうのではないかということだった。一年に二カ所で小麦を育てれば、ボーローグの経費は二倍になり、メキシコシティにいるスタッフが一回に数カ月間、家族と離れなければならなくなる。ボーローグの型破りな方法がうまくいかなければ、従来のやり方での育種に使える時間が無駄になってしまう。最終的に二人の共通の恩師であるステークマン教授があいだに入って、この論争は決着し、ボーローグはやりたいことができるようになった。しかし、実験に成功しなければならないというプレッシャーは、高まったのだった。

ボーローグの予算はとことん削られ、再びヤキ渓谷を訪れたとき、政府所有の壊れた試験所に住まなければならなかった。野外用のコンロで豆を料理し、アヒルを撃ったり、盗賊を追い払ったりするために、二連銃を肌身離さず持っていた。夜は、ネズミを避けるために穀物倉庫の二階で寝た。

最初、農民たちは突然自分たちの畑にやってきたアメリカ人と、どう接するべきか決めかねていた。アメリカの画家グラント・ウッドの絵から飛び出てきたかのような、角張ったあご、幅広い肩、そして青い目。片言で話すスペイン語は、アイオワの両親から受け継いだノルウェーなまり。この地域の農家を支援するためにやってきたのに、ボーローグの持っている農機具はその農家よりも少ない。だが、彼はアイオワの農場で育った少年時代に、この地域の農家と同じくらい懸命に働くことを学んでいた。ラバの引くすきを農家から借りて畑を耕し、試験用の小麦が初めて実をつけると、鎌で刈りとった。そんな姿を見た近所の人たちは、すぐにボーローグに興味をもち、夕食や日曜の闘牛に彼を誘うようになった。

そんな外国人に魅せられた地元の少年のひとり、ロドルフォ・エリアス・カイエスは、ボーローグが夕食で分厚いステーキをむさぼる様子や、レスリングで男たちに挑む姿が印象に残っているという。「農民たちは彼のことが好きでした。偉い人なのに、農民と直接話をしていましたから」とカイエスは回想する。「彼は誠実で気取らない。それが私たちにとっては驚きでした」

ボーローグの仕事のペースは驚異的で、それを助手たちにも要求した。一一月にヤキ渓谷で種をまいたあとは、さび病に耐性のありそうな小麦を探して何キロも歩く。開花期には、畑で身をかがめて、最も健康な株どうしを交配させる。四月、収穫期に入ると最も実りのよい小麦を収穫し、それをトラックに乗せて、でこぼこ道を通って南に向かい、試験場があるメキシコシティ近くのトルカまで行く。五月初めには、その種をまく。

ボーローグは、そのせっかちな性格が災いしてときおり面倒を起こし、危うくそれまでの努力がすべて無駄になりそうなこともあった。一九四八年、次の生育期にまく予定の種と物資を満載したトラックを運転し、ヤキ渓谷に向かっていたときのことだ。途中のコッパー・キャニオン（グランド・キャニオンのように起伏が多い渓谷）に架かる橋が、洪水で流されていた。橋に代わって一本のケーブルが川に渡してあり、間に合わせで作られたいかだがつないであったが、そのいかだの操縦士が週末の休みに入っていて、渡るに渡れなかった。だが、その日、前に通ったトラックが川に入ってそのまま渡りきったという話を聞いて、ボーローグは一か八かトラックで川を渡ってみることにした。ところが、川に入ってから、川の水位が上がっていることに気づいた。まもなく運転席に浸水し、ボーローグは脱出して泳ぐ羽目になった。そのままヒッチハイクして道路工事の現場まで行き、作業員に事情を説明して手伝ってもらい、トラックを川から引き上げた。さいわい、物資も貴重な種も水に濡れていなかった。「もしトラックを流されていたら」と、ボーローグは回想する。「きっとクビになっていただろう」

ボーローグの始めた怒濤のシャトル育種は、四年ほどで成果を上げ始めた。四カ国から取り寄せた小麦の系統を使って、さび病に耐性をもつ最初の小麦をつくったのだ。科学者の多くは、この時点で開発は成功したと考え、この品種を農家に普及させる段階は、ほかの者にゆだねるだろう。しかし、貧しい国では、農家に自分の種に興味をもたせて、政府や企業が注目する状況をつくる役割は自分にあるのだと、ボーローグは理解していた。彼は農家が見学できる畑を用意し、ビールとバーベキューのビーフを振る舞った。

ボーローグが開発した新しい種をいち早く試したのが、カイエスの父親、ドン・ロドルフォ・エリアス・カイエスだ。ソノラ州の元知事で、元メキシコ大統領のプルタルコ・エリアス・カイエスの息子でである。ボーローグが初めて開発したさび病に耐性をもつ小麦品種のいくつかを植えると、カイエスの畑の収量は一気に増えた。それを見た近所の農家もすぐに同じ品種を植え、さらにその近所の農家も続いて、やがてボーローグの小麦はメキシコ中に広まった。ハイブリッド種とは異なり、農家は収穫した小麦のうち最良の株を次の種まきに使って、同じ結果を得ることができる。一九五一年までに、メキシコ産小麦の七〇パーセントがボーローグの品種となった。ボーローグのことを「最高の賢人」と讃える農家もいた。

高収量品種は土壌から取り込む水分と養分の量が非常に多いため、大量の水と化学肥料が必要になる。だが、そうして得られる収量は想像以上に多かった。この小麦のおかげでメキシコは外国産小麦への依存から脱却し、この地域は好景気にわくこととなった。

一九五〇年代初めには、数種類の新たなさび病がメキシコを襲ったが、ボーローグの研究チームは、そのたびにシャトル育種を駆使して、耐性のある小麦を見つけ出し、新しい種を提供して小麦の生産量を上げた。その結果、一九五〇年代半ばにはメキシコの小麦不足は解消された。ヤキ渓谷の小麦生産量が増えるにつれて、地域の農家の政治力も強まり、道路や灌漑設備が政府によって建設された。

メキシコの小麦農家の生産性が高まるにつれ、ボーローグは新たな問題に直面した。収穫量が上がって収入が増えると、多くの農家が初めて化学肥料を買えるようになり、その結果、収穫量はさらに増えることになった。だが、メキシコの小麦は丈が長く、実の重さで倒れてしまう。このため、ボーローグは倒れない小麦を開発しようと、茎の短い日本の品種を使って、丈が低くて丈夫な小麦を開発した。ボーローグが着いた当時、ヤキ渓谷の小麦農家の収量は一エーカー（約〇・四ヘクタール）当たり一一ブッシェルだったが、一九六〇年には、五〇〜七五ブッシェルにまで飛躍的に伸びた。

ボーローグの革新的な手法によって、彼が開発した小麦は予想外の方向に変わっていった。ほかの植物と同じように、小麦も日の長さの季節変化に影響を大きく受ける。日の出から日の入りまでの時間の長さは、特定の生物学的な変化を始めるシグナルとなる。たとえば、ホウレンソウは赤道の近くでは栽培できないが、それは、その地域の日の長さが足りず、開花に至る内部の連続的な働きを開始できないためだ。アメリカ産の春小麦は、実りのプロセスを始めるのに、北部の夏の長い昼が必要であるため、メキシコに移植することは難しい。作物の育種はそれを栽培する予定の地域で行わなければならないと育種家が考えるのは、主にこの光周性があるためだ。

しかし、ボーローグの開発した小麦品種は、それぞれ大きく異なる環境でよく育つ能力をもった親同士を掛け合わせたものだ。標高が海抜ゼロメートルに近いヤキ渓谷では、作物は昼の時間が短くなりつつある時期に栽培し始めるため、生育期には灌漑に依存している。一方、ずっと南のトルカ渓谷では、小麦畑は標高二五〇〇メートルの高地にあり、水は降水に頼っている。栽培は、日が徐々に長くなる春に始める。

ボーローグが何度も北と南を往復させて開発した小麦は、日の長さに影響を受けにくくなり、メキシコ全体だけでなく、世界中で栽培しやすい性質をもつようになった。「シャトル育種を始めた目的は、開発時間の短縮だった」と、のちにボーローグは話した。「しかし、できあがった小麦は、環境の変化に適応しやすいものとなった」

一九六〇年までに、発展途上国の大半で飢餓が起きつつあった。ヨーロッパの宗主国が植民地での食糧生産への投資に消極的だったうえ、新しく独立した国々では人口がこれまでにないペースで増加した。その後、アジアの国々が立て続けに干ばつに襲われた。アメリカは大規模な飢餓を防ぐため、自国産小麦の五分の一を援助した。まるで人口が多くなりすぎて、地球がもつ食糧の生産能力ではすべての人類を支えきれなくなったかのようだった。アメリカのスタンフォード大学の生物学者ポール・エーリックが著書『人口爆弾』のなかで大規模な飢餓が出ると予測すると、世界の人々の不安はますます大きくなった。

そこに、救世主のようにボーローグの小麦が現れた。彼の革新的な品種改良によって、新たな土地でもすぐによく育つようになる品種が生まれ、多くの植物学者を驚かせた。これによって、アジアは新たな品種を開発する必要がなくなり、飢餓の解決法を見つける時間が大幅に短縮された。インドとパキスタンは、ヤキ渓谷の農家から何万トンもの種子を購入した。

毎年一〇〇〇万人のペースで人口が増えていたインドでは、作物の収量は先進国のざっと三分の一から二分の一程度しかなかった。労働力の大半が食糧の生産に追われ、経済の近代化ができない状態だった。参考までに、当時のアメリカで農場に暮らしていたのは、人口のわずか一〇パーセントだった。

ボーローグの研究チームは、ヤキ渓谷で学んだことを応用し、メキシコの小麦でどんな成果が得られるかを実演する畑を用意して、インドの貧しい農家に見せた。化学肥料を使った畑の収量が、同じ広さの畑で従来の種と手法を使った場合の五倍にもなることを目の当たりにして、インドの農家はボーローグの種を熱望した。

この新しい品種によって、ボーローグの名はアジアに知れわたることとなった。彼はこの機会を利用して新聞に大きく取り上げてもらい、政府から農家への肥料の援助や融資、補助金を引き出そうとした。肥料工場の建設を奨励し、生産者に利益をもたらす価格を保証しなければ、国民の反発は免れないと、政治家に警告した。アジアの国々の内政にアメリカの科学者がここまで関与するのは異例だが、ボーローグには、当時のアメリカ大統領リンドン・ジョンソンという強い味方がいたのだ。ニューデリーの政府が農家に配慮した政策を採用しない限り、インドに食糧援助はしないと、大統領は詰め寄ったのである。

インディラ・ガンディー首相の行動は速かった。首相官邸の前にある花壇をつぶしてボーローグの小麦を植えたほか、政府は穀物の上限価格を撤廃して価格保障を導入し、肥料工場の増設を求めた。アメリカとヨーロッパ各国の政府をはじめ、民間の慈善団体や人道支援機関など、各方面からの援助によって、灌漑用水路が建設され、作物を市場に輸送するための道路が整備され、近代的な農業手法を教える指導員が農業地帯に派遣された。

インドの小麦生産量は、四年で二倍に増えた。収穫した小麦は既存の倉庫だけでは収まりきらず、学校を一時閉鎖して、校舎を倉庫代わりに使ったくらいだった。一九七〇年代半ばまでには、全国民を養えるだけの穀物を生産できるようになったばかりか、大量の備蓄を国家にもたらした。パキスタンはインドほどすんなりとは農業が成長しなかったが、最終的にはカナダと同等の小麦生産国となった。両国からは飢饉の脅威が遠ざかった。ボーローグの小麦はまもなく、トルコ、アフガニスタン、チュニジア、モロッコ、レバノン、イラクでも採用され、中国などほかのアジアの国々でも豊かな実をつけた。メキシコの小麦とその子孫は、世界中で何千万エーカーもの農地に植えられた。

アジアの農業革命は、めざましいものだった。一九七〇年から九五年まで、穀物生産量はアジアの人口の伸びを上回る勢いで増えた。緑の革命は、食糧不足の可能性を小さくしただけでなく、何億人もの貧しい農民に、現金収入を得られるだけの余剰作物をもたらした。農民たちはその現金で、教育を受け、薬を買い、生活を豊かにすることができた。インドでは、農業生産が飛躍的に伸びたおかげで農家の収入が増え、世界銀行によれば、一九六七年に六四パーセントだった農村部の貧困率は、一九八六年には三四パーセントまで下がった。インフレ調整した農産物の実質価格は着実に下がり、貧困層も食糧が買えるようになった。

誰もが緑の革命に参加したがっているようだった。ボーローグが小麦で成功したのに刺激を受けて、ロックフェラー財団とフォード財団は一九六〇年、フィリピンに小さな研究所を設立して、アジアで最も重要な作物であるコメで同じような品種改良をめざすことにした。最初に生まれたのは、成長が速くて高収量の品種IR-8だった。アジアの食糧はコメと小麦に頼っているため、この二つの作物を改良することによって、計り知れないほどの数の人々を飢餓から救うことができた。

「緑の革命」方式の研究への寄付を申し出る団体や人が増えたことから、世界銀行と、アメリカとヨーロッパにあるその主要な後援者は、財団が始めた研究を引き継ぐ新たな科学組織を設立した。その組織、国際農業研究協議グループ（CGIAR）は世界中に一〇を超えるセンターを設け、農林水産業すべてを取り扱う。最初は細々としか入らなかった研究資金は、やがて急流のように流れ込むようになった。

そんな世間の大騒ぎをよそに、ボーローグは畑で幸せな日々を送っていた。ある知らせが届いた一九七〇年一〇月二〇日にも、トルカの試験場で若い科学者数人と泥だらけになって、北のヤキ渓谷への出発に向けて種を採取していたところだった。そこに突然、それまで見たことないほど興奮した妻のマーガレットが現れた。メキシコシティから悪路を運転して、ビッグニュースを知らせにやってきたのだ。さっき家に電話があって、あなたがノーベル平和賞を受賞したって。

それを聞いたボーローグは、単なる冗談だと思った。誰かに担がれているのだと。自分は一介の育種家であり、政治家ではない。「嘘だろ。そんなわけない」と彼は妻に言った。「からかわれているんだよ」ボーローグはきびすを返し、急ぎ足で収穫に戻った。確認しなければならない株が何千と待っているのだ。

そこに、地元の記者を乗せたピックアップトラックが現れた。知らせは冗談ではなかった。孤独で、頑固で、せっかちなひとりの優秀な科学者が、世界的な英雄になろうとしていた。そして、飢餓を終わらせる取り組みにおいて個人でここまでやれるのだと、世界に示そうとしていた。

2章　寄せては返す波

ノルウェー　オスロ、一九七〇年

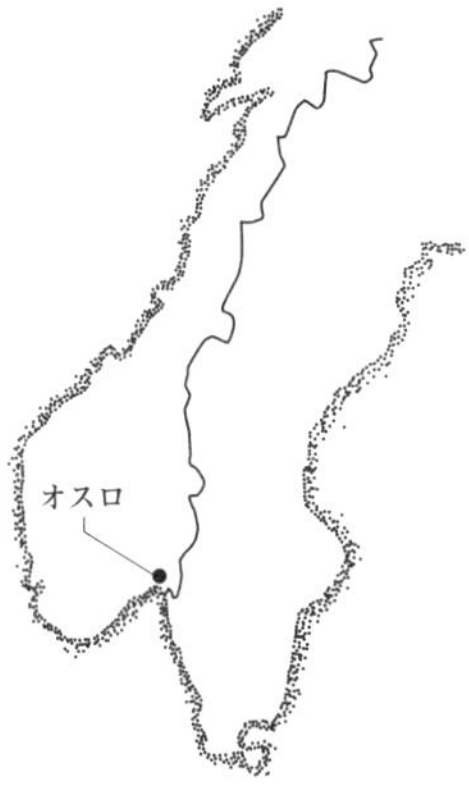

「飢饉」はやがて歴史の本の中にしかなくなるという楽観論は、一九七〇年一二月一〇日、ノーマン・ボーローグをメキシコの試験場から、オスロ大学の講堂の壇上へと引っ張り出した。ノーベル賞には農業科学の部門はないが、ノーベル委員会は、太古の昔から人類を苦しめてきた飢餓の不安を和らげたという点で、作物の育種家は平和賞に値すると考えた。

「世界は、人口爆発と原子爆弾という、大惨事をもたらす二つの脅威におびえてきました。どちらも人間の命にかかわる脅威だからです」と、ノーベル委員会の委員長オーセ・リオネーズは授賞式で話した。

「終末論がささやかれるこの耐えがたい状況のなかで、ボーローグ博士は登場し、問題を一気に解決してくださいました。博士は私たちに確かな希望をもたらし、緑の革命という新たなかたちの平和と生活を与えてくださったのです」

ボーローグの成し遂げた偉業は、無数の人々を飢餓から救っただけではない。人口危機を回避しようと取り組む政治家やソーシャルプランナー、経済学者に、数十年の猶予を与えたことも、彼の功績だ。人口が増加の一途をたどっているにもかかわらず、人口ひとり当たりの食糧供給量は増え続けた。これは二〇世紀で最も偉大な技術的偉業のひとつである。「人口の爆発的増加と食糧生産のあいだで繰り広げられている熾烈な競争をめぐる悲観論を、望みあるものに変えた」のがボーローグだと、リオネーズ委員長は述べた。世界中の国々が、ボーローグの行動、特に一刻も早く問題を解決できるよう賢明に取り組む彼の姿勢を見ならうべきだと訴えた。「ボーローグ博士には、待つ余裕はありませんでした。何かをやらなければならない、しかも今すぐ始めなければならないという、大切な思いが博士の胸にはあったのです」

世界で最も栄誉ある賞を受賞し、ボーローグ自身と彼の仕事への向き合い方は一変した。泥だらけのブーツを履いて自分の育てた植物のそばにひざまずき、その生態を詳しくメモしているときが一番落ち着けるという日焼けした科学者が、著名な人道主義者と見られるようになったのだ。受賞後、研究に使える時間は減った。大発見はもはや過去のものであり、研究に時間を割けないことに大きな不満もあった。だが、今やボーローグには、世界の良識を引き出すという、もっと大きな仕事がある。飢饉と飢餓を克服しなければならないとしたら、世界を鼓舞し、怒らせ、辱めるのは――世界が緑の革命の約束を成果にしないためにできることのすべてを実行させるのは――彼にしかできないのだ。

「この栄誉によって課せられた義務は、この栄誉自体よりずっと大きなものです」平和賞を授与されたあとの短い受賞スピーチで、ボーローグはそう話した。「緑の革命はまだ勝利を得たわけではありません……飢えとの闘いの潮流はここ三年でいい方向に変わりました。しかし、潮流には満ち潮もあれば引き潮もあります。今は満潮かもしれませんが、現状に満足し、努力の手をゆるめれば、たちまち潮は引いていくでしょう」

翌日のノーベル賞受賞記念講演で、ボーローグは人生の目標を新たな視点で語った。科学の講義は手慣れたものであったし、研究には常に起業家のような熱心さで取り組んできた。収量増加率、収量、そして自分の手法を取り入れた農家の数から、研究の成果を判断した。しかし、一九七〇年一二月一一日、ボーローグは貧しい農家とともに取り組んだ時期に形成された、自分の精神的・感情的な側面を明らかにした。

ボーローグは講演のなかで、世界の大国は緑の革命を支える道徳的義務を負い、誰にでも食糧を得る権利があることを認識すべきだと訴えた。飢えに苦しむ人間はすべてを失う。栄養を得ることができなければ、生きることさえもできない。すべての人々が食糧を得られないのなら、正義など存在せず、ほかの権利も意味を成さない。「食糧は、この世界に生まれた者すべてがもつ道徳的権利です」とボーローグは力説した。

それこそが、彼の哲学の根底にある考えだ。飢えた者にとって最善のことを実行し、貧しい農家が自給するための道具を与え、不作に備えて国際的な穀物備蓄を構築する。こうした取り組みのなかで直面する問題は、過剰によって生じる問題であり、不足によって生じる問題よりもましだと、ボーローグは主張する。彼の成功は――文明の成功は――飢餓と貧困から脱却した人々の数で評価されるべきだという。「忘れられた世界に暮らす、恵まれない何十億人」は、万国共通の緑の革命の恩恵を受けるに値すると、彼は話した。「これまで飢えは常につきまとい、餓死はその近くの陰に頻繁に潜んでいた」

科学者としてボーローグは、政治的に何らかの支持を表明することは避けてきた。アメリカの利害を訴えたり、ある発展途上国の政党のひとつを支持したりするようには見られなかった。彼の仕事には、あらゆる政治信条をもった指導者と協力することが欠かせなかった。オスロでは、もっと大きな力を引き合いに出した。

ルーテル派の家庭で育ったボーローグは、それまでで初めて、聖書に自分の思いを代弁してもらうことにした。「創世記」と、旧約聖書の預言者イザヤ、アモス、ヨエル、そして「われらの日用の糧を今日も与えたまえ」という主の祈りを引用した。

ボーローグはみずからの予言も披露した。彼および将来の世代は、緑の革命が提示した機会を無駄にしたなら、厳しい審判が下るだろう。「今後飢饉が起きるようなことがあったら、私たちは『犯罪的過失』の罪に問われるでしょう。情状酌量の余地はありません」とボーローグは警告する。「人類はその罪を決して許しません」

ボーローグの名声はアメリカ国内よりも海外のほうが高かったが、アメリカで始まった食糧価格の高騰が、飢餓への関心を高めるという彼の取り組みを後押しすることになった。一九七〇年代初め、ワシントンの官僚たちは、価格を暴落させる余剰作物の山を前に、どうすべきかと頭を悩ませていた。しかし、当時のソ連が中央の計画に基づく農業の非効率性を埋め合わせようと、世界中からひそかに大量の穀物を購入し始めると、官僚たちは懸念の対象をすぐに変えた。モスクワの政府は一九七二年のアメリカの輸出補助金制度を賢く利用して、アメリカ産小麦のおよそ三分の一を手に入れたのだ。マスコミはこの派手な買い物を「穀物大略奪」と呼んだ。当時のニクソン政権は、ソ連が小麦を大量購入した背景にある事情を理解していなかった。アメリカ政府が、自国産穀物の輸出業者に海外への食糧取引について公表するよう義務づけたのは、後になってからのことだった。

突然、世界の最貧国で何年にもわたって起きていたことがアメリカで起こり、自国出身の新しいノーベル平和賞受賞者にほとんど関心をもたなかった多くのアメリカ人にとっての危機となった。一九七三年八月までの一二カ月間で、小麦の価格は三倍に跳ね上がった。トウモロコシと大豆の価格は二倍以上になり、ウシやブタ、ニワトリの飼料代が高騰した。

商品価格の高騰は、アメリカのスーパーマーケットにも影響を及ぼした。一九七三年には、食糧の消費者物価指数は一四・五パーセント上昇した。ある推定によると、ソ連の穀物購入によって、アメリカの消費者が食糧に支払う金額は一年で二〇億ドルも上がったという。アメリカの食糧価格は一九七四年には、さらに一四・三パーセント上がった。

食糧価格の上昇は、一九七三年のアラブ諸国の石油禁輸によってガソリン価格が上昇したときと重なり、アメリカの多くの家庭が節約せざるを得なくなった。スーパーマーケットでは誰もが先を争って食品を手に入れ、パニック的に買いだめをする人が増えた。連邦政府は無計画に価格調整を実施した。大豆の供給量があまりにも減ったため、政府は禁輸措置をとった。

同じような問題の多くが、ヨーロッパ各国の政府と消費者も襲った。穀物と原油の価格はヨーロッパでも上昇した。第二次世界大戦中の食糧不足がまだ記憶に鮮明に残っていたため、欧州経済共同体も、小麦の供給量を節約し、小麦農家を保護するために、小麦の輸出制限をしようとした。

多数の専門家が、イギリスの経済学者トーマス・ロバート・マルサスの主張を引用して、世界中の消費者から注目を集めた。マルサスの一七九八年の著書『人口論』は、その悲観的な内容から経済学に「陰気な学問」という異名を与えることに一役買った。食糧生産は人口の増加に追いつかないため、人類は常に飢饉の脅威におびえて暮らす運命にあるのだと、マルサスは主張した。

もちろん、この点ではマルサスは間違っていた。農業の潜在的な生産能力を過小評価し、経済状況がよくなるにつれて産む子供の数は少なくなるということを理解していなかったのだ。しかし、一七五年後、マルサス主義の悲観論が再び広がった。一九七三年には、こうした世間の動向を題材に、チャールトン・ヘストン主演のSF映画『ソイレント・グリーン』が制作された。人口が増えすぎて食糧不足におちいった都市の住人が、巨大企業が製造した合成食品に頼って生活するというハリウッド映画だが、その合成食品の「原料」は人間の死体だという恐ろしいストーリーである。

世界中の人々全員に十分な食糧を行き渡らせることはできないと主張する人がいる一方で、食糧援助に取り組む人々もいた。アメリカとカナダの生徒たちはハロウィーンのとき、ユニセフの小さなオレンジ色の募金箱を持って家庭を一軒一軒回り、海外にいる飢えた子供たちのために何百万ドルもの寄付を集めている。ハロウィーンでのユニセフの募金は、一九五〇年代に始まった当初は小規模だったが、徐々に大きくなり、今では北アメリカの子供たちのシンボルとなっている。西ヨーロッパでは、戦後の荒廃から復興して豊かさが戻るにつれ、教会や社会貢献団体がアフリカへの食糧援助において担う責任は大きくなった。旧宗主国として、アフリカの貧困を見て心苦しく思ったのだろう。カリタス・インターナショナルの支部は、発展と社会正義への貢献にもっと力を入れるよう求める第二バチカン公会議と教皇の回勅に従って、ヨーロッパ中に広まった。アイルランドの子供たちは、人道支援組織〈コンサーン〉への寄付を求めて、近所や商店街を回っている。イギリスの家庭は断食して食べ物を節約した分を、カトリック海外開発基金に寄付している。ドイツ、オーストリア、スイスなどヨーロッパ大陸の諸国では、テレビやラジオで発展途上国における貧困と飢饉を描いたドキュメンタリーが放送され、それをきっかけに寄付の動きが国中に広まることがある。アメリカのワシントンに本部がある世界銀行は、貧困国における開発事業の主要な資金提供者であり、発展途上国の食糧需要に対するこの草の根の運動に出資して、アメリカ、ヨーロッパ、そして日本の支援者による農業部門への投資を急増させた。また、世界の最貧困層にある農民の援助を目的とした農業研究所の国際的なネットワークを、初めて構築する役割も果たした。

アメリカでは、政治的行動に新たな動きが現れた。ニューヨーク・マンハッタンのロウワー・イーストサイドにあるルーテル教会のアーサー・サイモン牧師は、キリスト教系の市民団体〈世界にパンを〉を設立して、飢餓の撲滅をめざすよう政治家に働きかけた。一九七四年五月に実施された最初の集会には、一〇ドルの会費を支払った熱心なボランティアが何千人も集まった。〈世界にパンを〉は、飢える者に食糧を与えよというキリスト教の教えに突き動かされ、アメリカの政治におけるキリスト教系勢力のひとつとなった。「それまで私たちは、教会で献金することはありましたが、政治活動を通して愛と正義を他者に与えるために、キリスト教徒として何ができるかを考えようとしたことはありませんでした」とサイモン牧師は話す。設立から一年足らずで、同団体の会員たちは国会で「食糧を得る権利」の決議を採択させることができた。

ボーローグがノーベル平和賞受賞に際して述べたように、当時は飢餓撲滅運動の絶頂期だった。食糧援助への関心がここまで高まったのは、第二次世界大戦が終戦したとき以来だった。終戦後、アメリカとその連合国は、ヨーロッパの再建とともに、紛争や民主主義の弱体化の原因となる飢餓の撲滅をめざすという大胆な考えをもっていたのだった。

食糧を得る権利は人間に欠くことのできない権利だという考え方は、一九七四年一一月にローマで開かれた世界食糧会議で広く知られるようになった。当時のアメリカ国務長官ヘンリー・キッシンジャーの呼びかけに応じて国連が開催したこの会議では、一三五カ国の代表者が、「すべての男女そして子供たちには、飢餓および栄養失調にならない不可譲の権利がある」と宣言した。そして有望な有望な将来を見据えるように語調を強め、この目標の達成を妨げているのは政治的意志だけだと結論づけた。文明社会には、飢餓を撲滅するための資源と技術はすでにあり、すべての人に十分な食糧を与えることは可能なのだ。その方法はボーローグが示してくれた。この会議の最大の成果は、国際農業開発基金という国連機関を創設したことだ。この基金によって、アラブ諸国が石油で得た莫大な富の一部を吸い上げ、発展途上国の農村部での事業に投入する。また、〈エスト〉(est) と呼ばれる人間の潜在能力プログラムを立ち上げたニューエイジ時代のクリエーター、ワーナー・エアハードは、ローマでの会議から着想を得て、飢餓撲滅への関心を高めるために非営利組織〈ハンガープロジェクト〉を設立した。

よく知られているように、キッシンジャーは、空腹のまま眠りにつく子供を一〇年以内になくすべきだと、ローマで宣言した。会議に出席した国のいくつかは穀物の援助を増やすと約束したが、キッシンジャーの思い切った表明にもかかわらず、アメリカの当時のフォード政権はその中に入っていなかった。穀物価格の高騰でアメリカの援助物資の量は急激に減り、小麦の大半は、南ベトナムのような政治的に慎重な対応が求められる国に送られた。

フォード大統領は、著名な科学者たちを集めて、飢餓との闘いにおいてアメリカは何ができるかと、助言を求めた。科学者たちの出した結論はやはり、政治的意志が重要だということだった。だが当時、ホワイトハウスの優先課題は、国内経済が混乱するなか連邦政府の予算を切り詰めることだった。穀物価格が下落しない限り、食糧援助の量が大幅に増えることはない。

さらに、地政学的な事情によって、飢餓との闘いに有効な計画のいくつかが立ち消えになった。緊急事態への対応や飢えた子供たちへの援助として使う大規模な穀物備蓄を管理する国際機関の創設を、学者や実業家、科学者からなるグループが提唱していた。この案は数十年も前からあり、ボーローグがノーベル賞受賞記念講演でも触れていたものだ。だが、この種の多国間組織が創設されると、世界の農業大国が、自国産の食糧を外交目標の達成のための「道具」として使える機会が減ってしまう。結局、この案が実現することはなく、国連の食糧援助機関である世界食糧計画（ＷＦＰ）が、緊急事態の発生時に各国に資金提供を求める役割を永続的に担わざるを得なくなった。

世界的な食糧危機は、その後まもなく、ローマでの会議とはほとんど関連のない理由によって解消されることとなった。各国が演説している最中にも、少なくとも適切な手段をもっている農家は仕事が忙しくなり始めた。供給は不足から過剰に転じた。欧米では、農家が高騰した価格と政府からの補助金の増額に反応し、作物の作付けを増やした。アジアとラテンアメリカでは、緑の革命の影響がさらに広がった。高収量品種と肥料を得たことで、多くの国が食糧自給への道を急速に歩み始め、インドは小麦とコメの主要な輸出国となる。ブラジルの広大な不毛地帯だったセラードは、土壌中に含まれる高濃度のアルミニウムなどの問題に、肥料と石灰、微量栄養素を使って対処する方法が見つかったこともあって、世界屈指の農業地帯へと生まれ変わった。中国でも農業の急成長の種がまかれ、何百万人もの人々が飢餓から救われることになった。

一九七五年から八五年のあいだに、トウモロコシ、小麦、コメの世界の生産量は人口増加の二倍以上の速さで増え、再び欧米で供給過剰の状態となり、価格が下落した。豊かな国々は余剰分を海外に押しつけようとしたが、メキシコやインドなど古くからの輸出先のいくつかは、緑の革命のおかげで、穀物の欧米への依存を大幅に弱めていた。アメリカ政府は突如として、年間一〇億ドルもの輸出補助金を注ぎ込んで自国産の余剰小麦を海外に出し、自国で穀物価格が下がらないよう奔走する立場に追い込まれた。同様に、当時のヨーロッパ共同体（ＥＣ）は小麦から牛肉、バター、牛乳にいたるまであらゆる食糧に輸出補助金を拠出し、膨大な量の余剰を削って、自国の農家を守った。商品を取引する多国籍企業が最安値の穀物を求めて欧米を牽制すると、欧米のあいだで補助金競争が激化して、世界の市場は大きくゆがみ、価格は下落した。先進国の補助金の増加と商品価格の下落の両方から、特に発展途上国の農家は大きな打撃を受けた。自国政府から先進国と同レベルの補助金を受けられない彼らは、価格下落の影響をもろに受けることになった。

人類は飢餓を克服したわけではなかったが、この新たな食糧余剰と価格下落によって、先進国に誤った達成感と安心感が生まれた。インドの経済学者アマルティア・センは、この状況を「マルサス派の楽観論」という言葉で表現している。食糧の供給が再び人口の伸びを上回り、大規模な飢餓の懸念が和らぐにつれ、いまだに十分な食糧を得られない貧困層が世界にはいるという事実が、人々の意識からすっかり消えてしまったようだった。確かに、世界の飢餓人口は一九七〇年代初頭の約一〇億人から減ってはいたが、それでも飢えに苦しむ人々は数億人単位でいたのだ。

食糧をできるだけ多く生産するという機運は、あらゆる場所からなくなりつつあった。キリスト教系の団体、社会運動、開発理念、そして、緑の革命でボーローグに協力してきた金融機関は、飢えた人々の支援から手を引いた。援助機関は教育や医療といった社会プログラムに関心を移し、農業開発に振り向ける資金や人を減らした。ボーローグが最も恐れていた充足感が、彼が生涯をかけて成し遂げた成果を侵食しようとしていた。引き潮が始まったのである。

ボーローグの懸念に理解を示していたはずの組織も、彼の言葉に耳を貸さなくなった。一九七〇年代に年次総会「ダボス会議」を始めたスイス・ダボスの世界経済フォーラムは当初、ボーローグが立ち向かっていた世界規模の問題にだけ対処するはずだった。毎年一月、各界の一流の知識人や経営者、著名人がアルプスに集まる。そのモットーは「世界の現状の改善に取り組む」だ。しかし、「最高の賢人」であるノーマン・ボーローグは一度も講演に招かれなかった（サハラ砂漠以南のアフリカで約九〇〇〇万人が栄養失調に苦しんでいた一九七一年、第一回のダボス会議では、飢餓の状況は主要議題にはならなかった。その後、同地域の飢餓人口が四億人を超えた二〇〇六年まで議題にならなかった）。

一方、宗教系の団体に目を向けてみると、サイモン牧師と〈世界にパンを〉は、飢餓と貧困に関する自分たちの訓戒が、ジェリー・ファルウェルのような伝道師の説教や叱責と競合することに気づいていた。こうした伝道師はケーブルテレビという新たな演壇に上がり、人道主義的な達成感を抱かせるのではなく、政治的影響力を高めることにエネルギーを注いでいた。同胞、特に「同胞である最も小さい者」のために自分は何ができるかというキリストの審判の日の問題よりも、同性愛者の結婚や堕胎、ポルノなど、同胞と何をするかに着目する「保守的な大衆（モラル・マジョリティ）」を生むことをめざしていたのである。ここで言う「最も小さい者」とは、十分な食糧を得られない人々のことを指すのは明らかだ。しかし、飢餓の撲滅を、この「保守的な大衆」の関心事項に含めるのは難しかった。大統領選でロナルド・レーガンに票を投じるよう信者たちを動かし、政治的影響力を高めたい教会の指導者たちにとって、飢餓は有効な争点ではなかったのだ。

安い食糧があふれているように見える世界で、飢えに苦しむ国が食糧を自給できるように支援するというボーローグの単純な考えは、だんだん複雑になっていった。広大な農地で肥料と農薬を大量に使用する緑の革命には、多くの環境保護主義者から疑いの目が向けられた。確かに、発展途上国には新たな種類の汚染が広がり始めていた。農薬と窒素肥料によって飲料水が汚染され、有用な生物の生命が脅かされるという、先進国ではすでに起こっていた問題が、発展途上国の一部で出始めたのだ。たとえば、フィリピンでは、農薬汚染で水田や水路に生息していた魚が死んだ。多くの場合、収穫量を増やそうとした熱心な農家が農地に肥料を与えすぎたことが原因だ。農家は肥料が多ければ多いほど収穫量が増えると考え、手に入れられるだけの肥料をまいた。肥料を多く使っても作物がすべてを吸収できるわけではなく、土に残った肥料が川や水路に流れ込むのだということを理解していなかったのだ。この過ちは、先進国の農家も犯していたことだ。科学者たちはその後、土に残る肥料ができるだけ出ないよう肥料を過不足なく適用する方法を探ることになるが、当時は、化学肥料や農薬による汚染によって、緑の革命に対して否定的な見方が広がった。

一方、社会科学者のなかには、緑の革命が農村の調和を乱していると主張する人がいた。自給農業をする共同体は飢えに苦しめられることが多いものの、農村の人々が食糧などを分け合いながら苦境を耐え抜く姿に、学者たちは感心していた。飢えた人は食糧を多く持っている人から食べ物を分けてもらう代わりに労働をしたり、共有の農地から食糧を得たりすることができた。農村部におけるこうした力のバランスが、緑の革命によって変わってしまったと、反対派は主張した。作物を余分に収穫できるようになると、お金を稼げるようになる。そうなれば、効率化をめざす農家は農地を広げようとし、ほかの農家を閉め出すことになる。ほかの農家は、種や肥料、除草剤といった、緑の革命に必要なものを買うために借金しなければならなかった。不作になったときのリスクも大きくなった。欧米の現代の穀倉地帯と同様、借金の返済が滞った農家に対して銀行は厳しく対処した。

「緑の革命」型の研究は縮小していった。国際農業研究協議グループ（ＣＧＩＡＲ）の予算は設立以来伸びていたが、資金提供者が希望する融資対象の多くには、環境に優しい方法でより安全な食糧を生産したいという、食糧が豊富にある国の欲求が反映されていた。作物の収量をこれまでよりも上げるという、国際農業研究協議グループが従来から最も力を入れてきた取り組みは縮小し、貧しい農家にとって最も重要な目標は達成されないままとなった。

ボーローグはこうした無視や批判に苦しめられた。一九七九年、六五歳になった彼は、第一線から退いた。メキシコの国際トウモロコシ小麦改良センターを離れ、テキサスＡ＆Ｍ大学での教職に就くことにしたのだ。窓のない小さなオフィスは、書類の束と、世界各地の農民と一緒に写った写真で埋め尽くされていた。しかし、成し遂げた偉業は多方面から攻撃にさらされ、アフリカのような地域で生産量を上げるために彼が行なった行なったことが有効に利用されていないという懸念をだんだん強めながら、ボーローグは世界を飛び回り、ノーベル賞受賞者という肩書きを駆使して、発展途上国の飢餓に関して自己満足におちいっている欧米を批判した。

講演、編集者に宛てた書簡、そして雑誌の取材で、ボーローグは、貧しい農家が限られた畑で生産できる作物の量を増やせれば、農地を広げる必要もなくなり、貴重な動植物の分布域を保護することもできると訴えた。環境保護主義者も賞賛してくれるはずだと力説した。また、化学肥料についても擁護した。人類はカロリー摂取量の四〇パーセントを、化学肥料で育てた作物から得ているのだと、グラフをいくつも示し、指をさして説明した。有機農業では、発展途上国の人口の大半を支えることができない。最貧国はこれまで何世紀にもわたって有機農業をやってきたが、それがもたらしたものは何だったのか。飢餓が深刻になっただけではないか、とまくし立てた。

アジアの製造業に好景気をもたらす素地をつくったのは、緑の革命だった。ボーローグの小麦が登場する以前、アジアの人々のほとんどは食糧を自給するだけで精一杯だった。だが、高収量品種が登場すると、人々の生活にも余裕ができ、工場で働ける労働力が生まれた。実際、欧米諸国の経済も、自国の食糧安全保障を獲得してから、上向いている。世界で栄養失調に苦しむ人の多くは小農であることから、食糧不足を解消する最も確実な方法は彼らの農業を支援することだと、ボーローグは訴えた。

こうしたボーローグのロビー活動でも、多くの人々の心は変わらなかった。彼は短気を起こすことも多く、環境保護運動が世間の支持を広げている時代に、環境保護主義者を「エリート主義者」と呼んだりした。「彼らは非現実的な理屈を並べ立てることはできる。だが、貧困の中では暮らさず、浮世離れした生活を送っている。飢えや苦痛、貧困に近づこうともしない。だが、私はそうした中で暮らしてきた」

だが、彼の怒りの大半は、農業開発への資金援助から背を向け始めた世界銀行に向けられた。ボーローグは、飢餓との闘いに退却の合図を出していた世界銀行の高官を叱りつけ、農家に補助金を出さないよう貧困国の政府に求めていた役人を非難した。インドは農家に補助金を出すことで、緑の革命を可能にしたのだ。貧しい農家を解決策としてではなく問題とみなす彼らの考え方をばかにし、「能なしだ」と吐き捨てた。

ハーバード大学出身の経済学者エリオット・バーグは、聡明な男だったが、ボーローグとは違った見方で世界を見ていた。ミシガン大学の経済学教授で、同大学の経済発展研究センターの所長を務めたこともあるバーグは、一九八〇年、アフリカに対する新しい戦略を練るよう、世界銀行から依頼を受けた。アフリカに数年暮らした経験があり、政策改革と民営化計画の専門家だとみなされていたのだ。

一九八一年、バーグは『加速するサハラ砂漠以南のアフリカの発展』と題した意欲的な報告書を提出した。その中で彼は、農作物の輸出に高い税金をかけ、輸入した食糧への依存を高めていることが、この地域の経済発展を妨げる一因となっており、その状況を打開するには農業の大変革が欠かせないと主張した。そして、アフリカの農家の支援にもっと力を入れるよう、世界銀行に資金を提供する富裕国に求めた。

これは、緑の革命の方策の一部と言ってもいい方策だった。農業の発展と食糧安全保障を提供するという計画が記されたバーグの報告書だったが、実際には、アフリカの農業を奈落の底に突き落とすような使われ方をした。報告書に盛り込まれていた第二の勧告のほうが、危機的な自国の財政を立て直し、かつラテンアメリカの経済危機にも対処しようとしていた富裕国には魅力的だったのだ。欧米諸国はアフリカの農家の支援を求める声にはほとんど耳を貸さず、報告書の中から財政を緊縮化する政策だけを取り入れた。さらに、アフリカ諸国の政府は民間に任せたほうがいい分野にまでかかわり、経済のさまざまな側面に手を出しすぎていると、世界銀行は論じた。

ヨーロッパの宗主国は、一九六〇年代にアフリカ諸国の統治から手を引いたとき、有能な経営者や高学歴の起業家を旧植民地に残さないことが多かった。そのため、その空白を埋めようと、政府が民間の領域に介入した。バーグの報告書に書かれているように、広大な国土をもつザイール（現在のコンゴ民主共和国）には、独立の時点でアフリカ人の医師も弁護士も技術者もいなかった。一九六〇年には、高校に通う年齢の若者のうち、教育を受けていたのは三パーセントにすぎなかった（インドでは二〇パーセントいた）。このような状況はアフリカ全土で見られた。モザンビークでは、宗主国のポルトガルから独立したあと、当時の指導者層のうち、大卒者は両手で数えられるほどしかいなかった。

その結果、できたばかりの未熟な政府は多くの事業を国有化し、政府が管理する独占企業を設立して、製造業から、鉱業、運輸、公益事業まで、ありとあらゆる事業を公務員が経営した。農業分野では、政府が経営する企業が、種や肥料を農家に供給し、作物の買い上げ、加工、販売まで行っていた。

世界銀行の新しい戦略とは、次のようなものだった（国際通貨基金（ＩＭＦ）もこれに従った）。貧困国は、経済と社会の発展の促進に欠かせない融資を増やしてもらうのと引き替えに、政府の規模を縮小し、非効率的な独占企業を解散して、民間企業が自由に事業に取り組めるようにしなければならない。そして、財政規律、予算の整理、通貨変動の抑制、膨大な国際債務の削減に力を入れる。それは、政府の政策の健全化であり、自由市場理論の賛美であった。だが、「構造調整」と呼ばれることになるこの改革は、人々の生命を奪うことになった。アフリカの農業が大打撃を受けたのである。

アフリカ諸国の政府はこうした融資条件を曲解して、裕福で影響力の強い支持者たち（都市部のエリート層と軍部）に有利な予算編成を正当化した。そして、政府組織の縮小に着手して、農業関連の事業をばっさり切り捨てた。貧しくて十分な教育を受けられない農村部の庶民には政治的な影響力がないため、農業を軽視しても、政府関係者にはほとんど影響がなかったのだ。新しい品種の研究に取り組んでいた政府の研究機関は予算を削減され、科学者や農学者を養成する農学校は廃墟と化した。灌漑事業の予算もなくなった。農家に最新の科学知識を広めたり助言を行ったりする農業相談事業も、継続が難しくなった。相談員は農村部を回るのに自転車も使えず、徒歩かヒッチハイクで移動せざるを得なくなり、訪問できる農家の数もだんだん減っていった。農家への補助金も削減された。政府は種子や肥料、穀物販売にかかわる事業から手を引き、これらの事業を民間に任せることにした。

問題は、ほとんどの国で、そうした事業を引き受ける民間企業がないことだった。政府の事業のただひとつでも、運営できる企業はなかったのだ。「構造調整」の目的は、政府が厳しく管理する構造から、市場の「見えざる手」に――アダム・スミスが『国富論』に記したような、物品とサービスの競争を促す自然な力に——委ねる構造に変えることである。だが、アフリカ諸国の大半では、市場の力は見えず、特に農業分野では、存在していなかった。その結果残ったのが、飢えに苦しむ国々だった。

たとえば、エチオピアでは、政府が自国産の穀物の価格と流通を一五年にわたって管理していたが、一九九〇年三月に政府が穀物市場から撤退し、民間取引の制限がすべて撤廃され、市場が自由化された。農産物の購入、保管、販売を政府が運営する体制は一九七〇年代にアフリカ中に広まったが、そうした体制は概して運営がまずく、政府にとって財政的に大きな負担となっていた。とはいえ、ほかに採用すべき体制もなく、少なくとも貧しい農家を支援している振りにはなった。実際のところ、「ないよりはマシ」だったのである。

構造調整のもとで、政府はこうした市場機能を維持する役割を手放して、民間企業に委ねた。しかし大半の地域の民間企業は、肥料や種子の販売や買い付け、輸送といった仕事を行う資本とインフラが不足していた。北はエチオピアから南はモザンビークまで、東はタンザニアから西はガーナまで、政府の介入がなくなり弱い自由市場システムだけがある世界に、農民たちは命綱なしで放り出されたのだ。新しい市場と民間事業の開発を並行して進めることのなかったこの改革は、アフリカ諸国の命を救うどころか、致命傷だけを与えたのだった。

さらに悪いことに、こうした改革によって受け取れると約束された新たな融資と、バーグが推奨した増額された援助が、アフリカ諸国に届くことはなかった。それに追い討ちをかけるように、資金援助の規模は大きく縮小した。最大の資金提供者で、ほかの提供者の見本となっていた世界銀行は、貧困層の大半が生活を農業に依存しているにもかかわらず、サハラ砂漠以南のアフリカへの総融資額のうち、たった九パーセントしか農業開発に割り当てなかった。欧米諸国の首都に暮らす役人にとって、貧困層の大半が農民であるという事実は、農業が貧困の原因であることの証拠であり、貧困の解決策ではなかったのだ。農業でアフリカの貧困問題を解決するなどできないと決めつけ、農村開発に背を向けて、都市を原動力とした成長に全力を注いだ。ほかの資金提供者も世界銀行に追随した。富裕国から貧困国への開発援助のうち、農業に対する援助の割合は、二〇世紀の最後の一〇年間に一七パーセントから三パーセントに縮小した。当時、アフリカの農業にかかわっていた官僚のひとりはこう話す。「世界銀行のアフリカでの評判は、ガタ落ちしました。我々はお化けのような恐ろしい存在に見られるようになりましたよ」

世界の貧困層の味方だったはずの世界銀行は、まったく逆の立場に置かれることとなってしまった。そもそも世界銀行は第二次世界大戦中に、戦争で荒廃したヨーロッパの再建の資金援助をするために設立された。一九六八年、アメリカの元国防長官だったロバート・S・マクナマラが総裁に選ばれると、発展途上国の貧困層に関心を大きく向けるようになった。

マクナマラは国防長官時代、最貧国での貧困の悪化は戦争の火種になるということを認識するようになった。一九七三年九月、世界的な食糧危機が本格化するなか、彼はケニアのナイロビで開かれた世界銀行の年次総会——アフリカで初めて開催された年次総会——での演説を利用して、資金の拠出額を増やすよう世界の富裕国に働きかけた。アメリカをはじめとする工業国は、自国にそれぞれ貧困層を抱えているが、それでも彼らはお金を使うことができる。しかし、それ以外の国の人々は不衛生な環境で飢えに苦しみ、先進国よりもずっと劣悪な状態で暮らしているのだと、マクナマラは訴えた。「これは、絶対的貧困です。生活があまりにも制限され、生まれ持った可能性に気づくことさえできない状態、生活があまりにも劣悪で人間の尊厳が傷つけられる状態なのです。その一方で、発展途上国の人々のおよそ四〇パーセントが送っている、ありふれた生活の状態でもあります」彼は続けた。「我々には、貧困に苦しむ人の数を減らせる力があります。有史以来、文明社会に暮らす人類が受け入れてきた基本的な義務を果たさず、こうした貧困が起きるのをただ黙って見ていることなど、我々にはできないはずです」

次にマクナマラが発した言葉は、まるでボーローグの忠告のようだ。「貿易の拡大、国際社会の安定の強化、社会的緊張の緩和など、開発援助には数多くの分野があるのは確かです。しかし、私は、開発援助の根本は道徳的な援助にあると思います。裕福な者、そして力を持った者には、貧しい者や弱い者を助ける道義的義務があるという原則は、人類の歴史の中で少なくとも理論上は認識されています。これこそが、連帯意識というものではありませんか」

世界の貧困層の大半が農村部に暮らし、その土地で食糧をつくって生き延びているという現実をとらえたマクナマラは、貧困を解消する最も効率的な方法は、自給自足の農家が収穫できる作物の量を増やし、自分たちの食糧だけでなく、作物を売れるようにすることだと訴えた。灌漑事業、農村部と市場を結ぶ道路の整備、農業相談員の育成、小農が融資を受けられる仕組みを見つけることなど、マクナマラの主張は意欲的なものだった。

一九七四年から七八年までの予算年度を対象とする次の五カ年計画で、世界銀行は農業関連の融資に九九億三〇〇〇万ドルを割り当てた。これは、その前の五カ年計画（一九六九〜七三年）での融資額二六億一〇〇〇万ドルの四倍近くにのぼる。この資金はアジアとラテンアメリカで緑の革命を進めるに当たって欠かせないものだった。アフリカの農業関連事業への融資額も、ほぼ同程度に上昇した。一九七四年から七八年のあいだに、サハラ砂漠以南のアフリカでの農業関連の融資額は合計で一六億ドルにのぼり、これは全世界のポートフォリオの一六パーセントを占めた。世界銀行の設立以来二五年間、全体の四パーセントにすぎなかった農業開発に対する融資額は、七〇年代半ばまでには三分の一を占めるまでに上昇した。

しかし、一九八〇年代までには、世界銀行の中のムードは、最大の資金提供国であり、以前より総裁を輩出してきたアメリカの国内政治と連動するように変わった。ロナルド・レーガンが大統領に選ばれると、世界の貧困層の支援に力を入れるマクナマラの姿勢に保守系の人々が機嫌を損ね、マクナマラの任期は終わった。世界銀行は自由市場の理念を世界中に広めることに集中すべきだと、彼らは考えたのだ。一九八一年七月、世界銀行総裁の後任には、バンク・オブ・アメリカの元総裁Ａ・Ｗ・クラウセンが選ばれた。その夏の終わり、新たな考え方をまとめたバーグの報告書が発表された。その新たな考え方に対するコンセンサスは、イギリスのマーガレット・サッチャー首相や西ドイツのヘルムート・コール首相をはじめとする、保守系の指導者が台頭するにつれて、ヨーロッパで形成された。

こうしてマクナマラ時代の道徳的な理念は消え、いかにして投資の元を取るかという冷徹な考え方が入ってきた。販売と利益と輸出可能な商品を重んじるこうした打算の下では、家族を養えるだけの作物を育てる農家の能力は、考慮すべきものが何もなく、軽視されていた。収穫した作物は家庭の中で消費される。自由市場を推進する立場の人々から見れば、貧しい農家が自給できるように支援することは、魅力的な投資とは言えないのだ。世界銀行の野心的な官僚にとって、アフリカの農業プロジェクトを提案することのリスクは高くなった。そんなことをすれば、出世は望めなくなる。

偽善が蔓延した。アメリカとヨーロッパは引き続き自国の農家に気前よく補助金を出したが、貧困国、特にアフリカ諸国が自国の農家に補助金を与えるのを阻止するよう世界銀行に働きかけた。ほとんどの貧困国の予算は、他国からの援助で賄われていた。援助国は自分たちが出した資金を、競争相手となる農家の発展の支援に使ってほしくなかったのだ。欧米諸国は、補助金は無駄だと言い張り、自国にとっては有効だが、あなたの国には有効でないと主張した。自分たちが受け入れる意志のない自由貿易と自由市場を採用するよう、アフリカに迫ったのだ。ある融資交渉の場で、アフリカのとある国の経済担当閣僚が、「アメリカでは農家へ補助金を出しているのに、なぜ我々の国に対して農家へ補助金を出すなと言うのか」と尋ねた。すると、世界銀行のアメリカ人が、こう答えた。「我々には愚かな行動をとる余裕があるが、あなたの国にはない」補助金に関するこのアンバランスによって、アフリカの小農は国際市場で非常に不利な立場に追い込まれることになった。補助金で生産された欧米の安い食糧が国際市場で幅を利かせるようになると、アフリカの農家の生産量は落ちた。どの発展途上国でも、安い食糧が欧米から入ってくるとまもなく、自国産の食糧は市場から排除されていった。食糧の自給を実現するというアフリカの希望は――飢饉と飢えに立ち向かう最善の防波堤は――もろくも崩れ去った。

この政策は、補助金で生産された作物のやっかいな在庫を整理できる市場を作ったという点で、欧米諸国の政府にとって救いの手となったに違いない。アメリカの農家が作物価格の下落をまねく余剰に苦しんでいた時代にレーガン政権の農務長官を務めたジョン・ブロックは、あからさまに言った。「発展途上国は自給すべきだという考え方はもはや時代遅れだ……アメリカの農産物のほうがたいてい安く手に入るから、それに頼ったほうが食糧安全保障は確保しやすくなる」

やせた土壌と変わりやすい気候で苦しみがさらに増した貧しい小農のことを考え、開発援助の専門家の中には、生産量を上げる支援をすることは、かえって彼らの貧困を長引かせるだけだと主張している人もいる。小農たちが貧しいのは、自給自足の生活に縛られているからだ。製造業や観光業、サービス業といった分野で仕事を見つけて現金を稼ぎ、食糧を買えるようになって、食べ物を自分でつくる生活から解放されなければならない。世界銀行など開発機関の視点では、食糧の自給自足よりも、食糧に関して自立することのほうが重視される。最貧国にとって、自国で食糧を生産するよりも、食糧の輸入に必要な現金を稼げる仕事を開発するほうが理にかなっている。

これは「比較優位」と呼ばれている。食糧は外国産のほうが安いから、農業に投資するよりも、労働者の賃金が安い製造業に投資したほうがいいという考え方だ。たとえばハイチでは、農民たちは稲作をやめ、下着の製造工場で働くようになった。食糧の生産量は大幅に減ったが、価格が安く維持されている限り、ハイチは必要なものを輸入でき、かつての農民たちが工場で作った下着の輸出で得たお金で、食糧を買うことができる。ハイチの元農業大臣のフィリッペ・マチューはこう話す。「私は任期中ずっと支援を求めてきましたが、返事は常に『ノー』でした。農業は発展の手段ではないのです」

世界銀行につられて、ほかの組織や人道支援機関も、貧困国の農業部門と小農を支援することが貧困と闘う最も効果的な方法だという考えに、徐々に疑問を感じるようになった。彼らの関心は、食糧の生産から、公衆衛生や教育といった社会福祉の改善に移った。アメリカ、ヨーロッパ、日本、カナダ、オーストラリアといった富裕国による農業プロジェクトへの資金提供は、一気に縮小した。世界銀行によれば、農業への政府開発援助は一九八四年の八〇億ドル（二〇〇四年のドル価格で換算）をピークに、二〇〇四年には三四億ドルまで落ち込んだ。緑の革命の支援に乗り出していた一九七〇年代後半から八〇年代前半には、富裕国のアジアに対する農業開発援助は年間でおよそ四〇億ドルだったが、八〇年代半ばになると、アジアの農業に対する財政支援は縮小し始めた。アフリカの農業に対する開発援助の年間額は八〇年代半ばにいったん三〇億ドルを超えたが、その後再び一九七五年のレベル（二〇〇四年のドル換算で一二億ドル）に下落した。援助額の落ち込みは、特にアメリカが大きかった。農業開発に対するアメリカの二国間援助は、一九八〇年には一九億八〇〇〇万ドルだったが、二〇〇三年にはその一〇分の一まで落ち込んでいる（一九九九年のドル換算）。

慈善家もほかの援助対象を探すようになった。宇宙空間や情報空間で知的な生活を送ること、エイズの治療、人間のゲノムの解読、温暖化対策などだ。飢餓に立ち向かったボーローグはすでにノーベル賞を受賞した。ほかの分野での受賞を目指さなければならない。

ボーローグは行く先々で怒りをあらわにし続けたが、世間の関心は徐々に薄くなった。彼が世界に与えた解決の機会は、無駄に浪費されつつあった。とりわけアフリカでは、一九八〇年代に入って飢餓が深刻になった。しかし、アフリカの農業生産が増やされることはなく、アフリカは緑の革命から排除されていった。信じられないことだが、アフリカは農業から撤退するように言われたようなものだ。「ボーローグ博士は偉大な人物だったから、誰も逆らおうとはしませんでした」と、のちに世界銀行で農業と農村開発の責任者となるケヴィン・クリーヴァーは話す。「ですが、博士はアフリカに適した技術をもたらしませんでした」

ボーローグの緑の革命は、時代遅れとなった。世界は変わったのである。

3章　アフリカへ

エチオピア北部、一九八四年

アフリカも変わりつつあった。だが、その歩みは間違っていた。悪い方向に向かっていたのだ。人類発祥の地である東アフリカでは、構造調整の世界で除外された貧しい農民たちが、原初からあるみじめな生活に逆戻りしていた。新しい開発理論によって見放され、干ばつに見舞われるなか自給せざるを得なくなった何百万人ものそうした農民は、陽光が容赦なく照りつける下で、エチオピアの大地溝帯から南に延びる不毛の地をはいずり回って、死に物狂いで食糧を探した。一九八四年から八五年へと変わる頃には、日が昇ると、にわか造りの難民キャンプと食糧配給センターの針金の囲いに、新しくやってきた大勢の人々が、やせ細った体を押しつけている光景を毎日目にするようになった。親たちは自分の子供を、わずかな命でも救えればとやって来た外国の人道支援組織のスタッフに託す。干ばつが終わり、再び雨が降り始めた頃には、一〇〇万人の小農とその子供たちが飢え死にしていた。

エチオピアの共産主義の独裁者、メンギスツ・ハイレ・マリアムは、飢餓が国中に広がるなか、その大惨事が世界に知れ渡らないよう画策した。彼の軍事政権は、北部の反政府勢力との戦いで、干ばつを武器として利用した。飢えは銃弾よりも多くの人を殺す。そのあいだ、メンギスツは首都アディスアベバで贅沢な暮らしを送り、共産主義政権と社会主義者の同胞の一〇周年を祝っていた。

世界がエチオピアの飢饉を目の当たりにしたのは、外国の勇敢なカメラマンが飢饉の発生している地域に入ってからのことだった。画像が世界中に配信されると、衝撃も広がった。飢饉は、「震源」がアジアからアフリカに移っただけで、いまだに世界を苦しめているのだと、世界の人々は気づかされたのだ。飢えに苦しむアフリカ人が最初に写真で発表されたのは、一九六〇年代後半に起きたナイジェリアのビアフラ飢饉の頃だったが、緑の革命以後に飢餓のイメージとして長く人々の心に刻まれることとなったのは、エチオピアの惨状だった。ロックミュージシャンは世界各地でコンサートを実施して、この恐ろしい現実のなかで手に手を取り合って援助しようという機運を世界にもたらした。新旧の援助機関には、資金が流れ込んだ。その動きのなかでユダヤ系の反飢餓組織〈メイゾン〉が創設され、〈世界にパンを〉と宗教連合を組んだ。エチオピアの飢餓にあえぐ地域には、食糧援助と思いやりが一気に寄せられた。ボーローグがかつて予言したように、「飢饉の犠牲者をうわべだけの後悔で救う」急激な動きが再び始まったのだ。

しかし、この動きも、欧米諸国によるアフリカへの経済援助をほとんど変えることはなかった。実際、この飢饉によって、構造調整政策の支持者は自分たちの歩んできた道は正しかったとの確信をさらに強めた。彼らにとって、大規模な飢餓は、アフリカの農民が不安定な気候や腐敗した政府の残虐さに対して、絶望的なまでに脆弱であることを示すものだった。小農は過去にも増して問題視されるようになり、解決策とはみなされなくなった。彼らは畑で食糧を自給しようとするのではなく、工場で働いて輸出用の下着を作るべきだ。自由市場と国際貿易によって、彼らの生活は何とか成り立つだろう。食糧援助もある。世界には穀物が大量に余っているのだ。共産主義政権が問題を隠しさえしなければ、気前のよい世界の国々がエチオピアの人々を救ってくれる。

こうした考え方に反旗を翻した数少ない動きが、思いもよらない場所から現れた。日本の競艇界の大物で、八十代の慈善家である笹川良一が、エチオピアの悲劇に対する日本の援助を集め始めたのである。食糧や医療品をエチオピアの飢えた人々に送りながら、なぜ世界の富裕国はアフリカの農業革命を支援しないのかと、笹川は疑問に感じていた。そもそも、アジアで起きた奇跡的な緑の革命のような大変革を促せば、飢餓を防げるのではないか。笹川は、ある男の電話番号をダイヤルした。その人物なら、何かやってくれそうな気がしたからだ。

テキサスA&M大学のオフィスで、ノーマン・ボーローグが電話に出た。「サハラ砂漠以南のアフリカでは、なぜ緑の革命がもたらされなかったのか?」受話器の向こうの声が、そう尋ねてきた。

ボーローグにとって、それは思いもかけない電話だった。すでに七〇歳になり、長老の教師としての身分に落ち着いていたうえ、木材加工大手のウェアーハウザー社からの誘いもあった。自分はラテンアメリカとアジアで活動してきたのであって、アフリカについてはほとんど知識を持ち合わせていないと、笹川に告げた。

笹川から資金提供の申し出があったものの、本当に十分な資金をもらえるかどうか、成功するまで笹川の熱意は続くのかどうか、ボーローグは疑問に感じていた。世の中の情勢が変わって、緑の革命の勢いがそがれる事例を、幾度となく目の当たりにしてきたのだ。世界から飢餓を撲滅したいという強い熱意はあったが、大学時代にレスリングで鍛えたとはいえ、年老いてしまった彼には、アフリカの問題に取り組むには並々ならぬエネルギーとスタミナが必要であることがわかっていた。不安定な土壌、やっかいな害虫、多様な気候と闘わなければならないばかりか、世の中全体が彼に対して否定的な見方をしていた。これは若い人がする仕事ではないでしょうか、と彼は言った。「新しいことを始めるには、年をとりすぎています」とボーローグは笹川に答え、電話を切った。

翌日、再びボーローグの電話が鳴った。受話器の向こうから、笹川の声が飛び込んできた。「若者よ、私は君より一五歳も年上なんだよ。アフリカに行こうではないか。これ以上、時間を無駄にするのはよそう」

せっかちで粘り強い男が、同じ性格の男を説得した。日本からの熱心な呼びかけに勇気づけられたボーローグは、いつの間にか新たな挑戦への思いを抱き始めていた。つまるところ、彼の伝説は揺らぎ始めていたのだ。アフリカに緑の革命をもたらせば、自分の一生を捧げた仕事を完遂でき、反対派が誤りだったことを証明できる。生涯最高の仕事になるかもしれない。

一九八五年、二人は緑の革命に取り組んだベテランたちと、アフリカでの経験が豊かな専門家を、スイスのジュネーブに招いて会議を開いた。アフリカで作物の収量を二倍、三倍に上げる可能性について議論するためだ。会議には、アメリカのアトランタにカーターセンターを設立して困難な人道問題に対する解決策を具体化しようと取り組んでいたジミー・カーター元大統領も参加した。会議の結果、広大なアフリカ大陸に暮らす小農には、収量を上げられる大きな可能性があり、適切に支援すれば取り組みは成功するだろうとの見解が導き出された。少なくとも農家が一家を支えられるだけの食糧を生産できるようにするのが目標であり、そうなれば、小農は問題ではなくて解決策になる。高収量品種と肥料、近代農法を取り入れたパイロットプロジェクトを実施して、その可能性を示し、草の根の運動が花開けば、農業の変革は勢いを増すだろう。アフリカの食糧危機は農家が悪いのではなく、怠惰な政治指導者の失政に原因があると、ボーローグは考えていた。アフリカの農家は大きな可能性を秘めていると、何度も口にした。「しかし、『可能性』は食べられない」

一九八六年、笹川アフリカ協会が創設された。笹川アフリカ協会は資金を出し、ボーローグは経験を伝える。カーターは外交関係と政治的信条の力で貢献した。

最初の目的地はガーナだった。その後、エチオピアやモザンビーク、マリなど十数カ国に活動範囲を広げた。ボーローグは種子と肥料、技術的な助言を提供して、構造調整や市場原理主義、アフリカの不安定な地理と政治の厚い壁に立ち向かった。後日、ボーローグはこのように振り返る。「自分がどんな世界に足を踏み入れているのか、想像もつかなかったよ」

かつて人類という種を生み出したほどの豊かな大陸が、世界のほかの地域に比べて、農業の開発という点でなぜこれほどまでに遅れてしまったのか。笹川アフリカ協会のチームは、アフリカが抱えたその大きな矛盾に直面していた。なぜアフリカには、農業の力がないのか。そもそも、なぜアフリカは農業を発明しなかったのか？　時間という点で、アフリカはほかの地域に比べて有利だったはずだ。それに、アフリカの人々はどの地域の人々よりも古くから、食糧を生産してきた。太古の姿を残すアフリカのサバンナで、数多くの野生植物の種子を集めて暮らしてきたのだ。しかし、それは農業ではなかった。狩猟採集民から農耕民への移行には、ほかの地域よりも長い時間がかかるだろう。

その理由のひとつとして、アフリカの人々は狩猟採集民として高い能力があるからというのが挙げられる。また、もうひとつの大きな理由として、進化生物学者のジャレド・ダイアモンドが論じるところの、アフリカの地理的な不運がある。豊かな生物多様性に恵まれたアフリカだが、栽培種への改良に最も適した植物や、家畜化が最もしやすい動物のなかで、アフリカ原産のものは非常に限られている。現在の小麦と大麦の祖先は中東の「肥沃な三日月地帯」に分布していたものであるし、コメと大豆はアジアが原産だ。トウモロコシとジャガイモ、トマトはアメリカ大陸で生まれた。トウモロコシ、小麦、コメ、大豆は人類に必要なカロリーの大半をもたらす主食となり、やがて貿易や植民地支配によってアフリカにも入った。歴史的にアフリカが農耕に利用してきたのは、モロコシやミレット、テフといった雑穀に限られていた。その結果、アフリカの農業発展は何千年にもわたってヨーロッパやアジア、南北アメリカに遅れをとり続け、住民は食糧の自給にすべての時間と労力を費やす生活から脱却できず、社会の成長が妨げられて、経済発展が遅れることとなった。

一九六〇年代にボーローグが緑の革命を起こしたとき、世界における飢餓の中心地はアジアであり、アフリカについては楽観的な見方が広がっていた。アフリカ諸国は次々に独立を果たし、政治的な野心も高まっていた。豊富な天然資源がもたらす富は、それまでのようにヨーロッパに持っていかれるのではなく、自国内で生かされ、国民に還元されるだろう。それは、農業生産についても同様だった。アフリカは食糧を自給できるだろうとの期待が高まった。

だが、その当時でも、アジアはアフリカよりも有利だった。アジアの農家は稲作用に灌漑設備を設けていたが、アフリカの農家はほぼ完全に雨に頼っていた。アジアには、収穫した農作物を市場に運べる道路網や鉄道網があり、川も縦横に流れていた。一方、アフリカには舗装道路さえもほとんどなく、その数少ない舗装道路も、ヨーロッパの宗主国がアフリカ大陸の貴重な天然資源を自国に持ち帰れるよう、港と鉱山を結んでいただけだった。アジアには、貿易と市場に関してより開かれた高度なシステムが構築されていて、生産過剰を吸収する仕組みが整っていたが、アフリカの市場は実質的に数百年前と変わっていなかった。アフリカの大半の地域では、農家が収穫した作物はロバに運ばれ、道端で仲買人と価格交渉をして仕入れた作物を、商人が屋台で売る。また、農学の立場から見て、アジアはアフリカよりも単純だった。アジアの人々はコメと小麦が主食であるため、ボーローグらのチームはこの二つの作物に的を絞ることで大きな成果を上げることができた。アフリカの食糧供給は、サヘル地域ではミレット、西部ではキャッサバとコメ、東部と南部ではトウモロコシと、多岐に渡る。特に、トウモロコシはアフリカの経済的なリスクを高めることになった。もともとトウモロコシは他家受粉するため、品種改良で組み入れられた特徴が子孫に受け継がれにくい。ヘンリー・ウォレスが気づいていたように、高収量のトウモロコシを育てたい農家は、毎回、種子を買う必要がある。これは、自給自足の農家には大きな出費だ。アジアでは、こうした出費はない。収穫した小麦やコメの一部を保管しておき、翌年、それを種としてまくことができるからだ。これらの作物は自家受粉するため、ボーローグのような育種家がいったん改良すれば、世代を重ねても性質が変わらない。

こうしてアフリカの農業は、世界のほかの地域よりも遅れることとなった。サハラ砂漠以南には、適切に手入れすれば、自給には十分すぎるだけの耕作可能な土地があるにもかかわらずだ。アフリカの東部の高地と南部のサバンナは世界屈指の肥沃な農地に恵まれていたが、その土壌に含まれていた栄養分の大半は、土地が酷使され、作物に吸い取られてしまった。人口が増えるにつれ、農家には畑の土を休ませて栄養を回復させる余裕がなくなってしまったのだ。ラテンアメリカでは一ヘクタール当たり平均で七八キロ、南アジアでは一〇一キロの肥料を畑に使っているが、アフリカの貧しい農家はたった八キロしか使っていなかった。一〇〇〇ヘクタールの畑で利用されているトラクターの数を比べると、ラテンアメリカはアフリカの八倍、アジアは三倍あった。また、農地と市場を結ぶ道路網の規模は、ラテンアメリカは二・五倍、アジアは六倍、アフリカよりも大きかった。アフリカの灌漑設備は、それよりもさらに遅れていた。

アフリカの自給自足農家は、貧困層のなかで最も貧しくなった。外国からの援助がなければ、増え続ける人口を支えるだけの食糧を生産することはできない。しかし、融資機関と援助組織は構造調整の厳しい予算措置に固執していて、そうした援助は入ってこなかった。補助金もなければ農村部への融資もなく、価格保障も農作物保険もない。世界のほかの地域の大半なら、規模の差こそあれ、農家が受けられる恩恵を、アフリカの農家は享受できない。アメリカをはじめ、恵まれた国々では、不作のときは政府からの援助がある。しかし、アフリカでは、ひとたび不作になれば、人々は息絶えてしまう。アフリカの農家は、非常にリスクの高いビジネスで、リスクを一〇〇パーセント負わなければならないのだ。

飢餓の広がりはとどまることを知らず、アフリカ全土に及んだ。ボーローグが訪れた一九八〇年代半ばまでには、アフリカは世界で飢餓に苦しむ貧困国が最も多い地域となり、最も原始的な農業を営む地域となっていた。

アフリカの農家は、指導者から大した援助を受けてこなかった。アジアで緑の革命が根付き始めたとき、アフリカ諸国の大半では農業が壊滅的な状態におちいっていた。宗主国との独立戦争は、独立後に内戦へとかたちを変えた。その結果、大量の農民が命を落とし、一生治らない重傷を負うことになったほか、広大な農地が荒れ地になり、道路や市場といった農村部のインフラは破壊された。アフリカの干からびた大地に、水ではなく血が流れることも日常茶飯事だった。

一九六〇年代後半のビアフラ飢饉につながったナイジェリアの内戦に始まり、アフリカ大陸では北から南まで、武力紛争と飢餓がたいていペアになって「死のタンゴ」を踊った。紛争が起きたあと飢餓が発生することもあれば、飢餓によって紛争が引き起こされることもあった。国連食糧農業機関の推計では、二〇世紀の最後の三分の一のあいだに、アフリカで一二〇〇億ドル以上に相当する農作物が紛争による被害を受けたという。

たとえば、一九八四年、アフリカ東部に飢饉が広がったとき、スーダン政府は手を焼いていた南部地域の農家を狙って攻撃して、危機をさらに悪化させた。ナイル川沿いにあり、肥沃な大地が広がるこの地域は、植民地時代には宗主国が切望した地域で、スーダンの穀倉地帯だった。しかし、攻撃が始まって数年がたつと、広大な農地が民族紛争と宗教紛争の戦場となり、その状態が二〇年も続くこととなった。スーダン南部に三〇エーカー（約一二ヘクタール）の農地を所有していた農家のフィリップ・マジャクは、二〇〇万人が命を落とした戦闘で最初の妻を失うと、一九八〇年代半ばに農地を捨てて、首都ハルツームの郊外にある、土ぼこりの舞う難民キャンプに逃れた。一七年後にも、まだ彼は同じ難民キャンプに暮らし、作物を育てるのではなく、家具の彫刻を彫っていた。「私の家もトラクターも破壊されました。七〇頭いたウシは盗まれ、畑は荒れ果てました」鉄条網のフェンスに囲まれたキャンプの中で、マジャクは話してくれた。「今までの努力が水の泡です。平和になるまで、戻らないつもりです」

エチオピアでは、飢饉と戦闘の「タンゴ」が特に激しかった。一九七二年には、干ばつによってエチオピアの農村部で飢餓が広がるにつれ、ハイレ・セラシエ皇帝に反旗を翻す勢力も強まった。一九七四年、メンギスツ・ハイレ・マリアム率いる軍人の陰謀団がクーデターを起こし、特に飢餓への対応を故意に怠ったとして皇帝を告発した。メンギスツによる新しいマルクス主義政権は、あらゆる反対派を無慈悲に次から次へと粛清し、国内各地にいる数々の反乱軍と戦闘を繰り広げた。雨が降らず、干ばつの脅威が増すと、特に、政府から排除された反乱軍の活動地域の一部で、一九八四年の飢饉が勃発した(飢饉は八九年から九〇年にかけても起こり、共産主義政権に立ち向かう新たな反政府勢力を勢いづけた。九一年、反政府勢力は国中に広がり、メンギスツは亡命する事態に追い込まれた。だが、いくらもたたないうちに、戦いの勝利者たちは、紅海に面した隣国エリトリアの独立をめぐって内紛を起こすことになる)。

アフリカで起きた残虐行為は、銃や鉈(なた)を使って起きたものばかりではない。汚職や悪い統治、経済政策の大失敗も、アフリカ大陸全体とそこに暮らす農民たちを苦しめた。時には、冷戦時代にアフリカ諸国の指導者を手先として利用する先進国の援助やそそのかし、完全な無視もあった。

植民地から独立した後の政府が援助国のソ連から取り入れたマルクス主義に染まった国では、土地は国有地となって集団農場にされ、起業家精神に満ちた小農を無気力な労働者に変えた。アフリカ諸国の新たな支配者たちは、冷戦時代に東西の支援国から忠誠と引き替えに融資を受けるよう迫られ、自分たちのための大きな記念碑を建てて、国を借金地獄におとしいれた。自分や祖先が生まれ育った灌木地帯に壮大な都市を建設し、国際便がまったく就航していない立派な国際空港を造り、セメント工場を造って、ホテルや大きな会議場といった近代的なコンクリート建造物を建てた（ザンジバルでは、世界最大のセメント製の水泳プールを湿地に建設しようとしたが、建設後すぐに泥に埋まった）。官公庁の入るビルにもたっぷり資金を投入した。その中で働くのは、食糧を消費するだけで、何も生産しない官僚たちだ。こうした建造物を建て終わった頃には、人口の大半を占める、食糧を生産する小農たちを支援する予算はほとんど残っていなかった。

ナイジェリアでは、歴代の指導者が、石油で得た何十億ドルもの利益を、世界中に設けた個人の銀行口座に振り込んだ。なかには、札束をスーツケースと紙袋に詰め込み、それを持ってのんきに国外に出ようとした者もいた。当時、国民の半数以上が一日二ドル相当にも満たない金で生活していたにもかかわらずだ。

ヒョウ皮の帽子がトレードマークのザイール（現在のコンゴ民主共和国）大統領、モブツ・セセ・セコは、祖国が内戦におちいり始めたときに、フランスとスイスで優雅な生活を送っていた。モブツはスイスの銀行に設けた秘密口座に莫大な資産を隠し、レマン湖の静かなほとりに、ブドウ畑に囲まれた保養地を購入していた。ルイ一四世様式の家具を配した、寝室が一六部屋もあるプール付きの邸宅で、アルプス山脈を望める豪華な別荘だ。ガレージにはブルーのメルセデス、ワインセラーには三〇〇本のボトルが並び、バスルームの蛇口はゴールド製。書斎のデスクには、大理石のフレームに収められた、リチャード・ニクソン大統領の家族の写真が飾られ、そこには手書きで「国の繁栄と平和、自立を願う」と書かれていた。

こうしたアフリカ諸国の指導者たちは、一般市民のことなど、ほとんど考えなかった。ましてや小農のことなど、眼中になかったのだ。

アフリカ有数の著名人で、国連の事務総長を務めたコフィー・アナンは、一九八〇年代と九〇年代に優秀な国連職員として世界を飛び回っていたとき、農業の軽視――そして、のちに起きる飢餓――を、アフリカ最大の恥のひとつだと嘆いていた。「一アフリカ人としても心が痛みますが、世界各地でアフリカと同等かそれよりひどい状況でも問題が解決されているのを目の当たりにしたアフリカ人としては、さらに心が痛みます」と、アナンはのちにインタビューで語っている。「年々、農業は縮小しています。『世界のほかの地域ではできているのに、アフリカは何をしているのだ。そして、市民に対して何をしたんだ』と言いたいですね。打ちのめされ、責められた気分になります。なかには、農業をまったく無視している政府もありますし、農業を犠牲にしていきなり工業国をめざし、農業も工業も失敗する政府もあります。工業化を急ぐ事例というのは、ガーナにもありました」

ガーナ人であるアナンは、独立後、初代大統領に就任したクワメ・ンクルマの八年にわたる政権が行ったことを思い返した。当時、ガーナはカカオ農家が上げる収益によって、アフリカ有数の富裕国となっていた。しかし、ンクルマには、ガーナを農業国ではなく工業国にしたいという欲求があった。「ンクルマはトリニダードから顧問を招き入れましたが、その顧問は、農業に力を入れ、できるだけ成長させるように勧めたようです。しかし、ンクルマは『ガーナをサトウキビ畑が広がる国にしないつもりだ』と言って、その助言は受け入れませんでした。そして突然、軽工業と重工業の担当大臣を設けました。一種の社会主義モデルですね」

ンクルマは自分自身を、当時現れ始めていたアフリカ統一への動きの先駆者だと考え、アフリカ大陸の発展について自分の構想のほうが優れていると言い張った。統一の実現にかなりの自信をもっていたのか、コートジボワールのフェリックス・ウフェ゠ボワニ大統領と賭けをすることに同意した。「ウフェ゠ボワニは数多くの農業事業に取り組み、市場の開放にも力を入れていました」とアナンは回想する。「『そっちはいわゆる社会主義路線で行くんだろうが、我が国は資本主義の姿勢を貫く。一〇年後、どちらの国のほうが大きな成果を上げるか、見てみようじゃないか』というような賭けだったようです。一〇年もたたないうちに、ンクルマは失脚しましたが、しばらくのあいだ、コートジボワールのほうがガーナよりも勝っていました」

あくまでも、しばらくのあいだ、だ。ウフェ゠ボワニは自分のことを「ナンバーワンの小農」だと呼んでいた。だが、時がたつにつれて、ほかの小農——主に、自国のカカオとコーヒーの農家——の労働を食い物にして、自分の気まぐれな欲望を満たすようになった。彼の大好きな事業のひとつは、故郷の小さな町ヤムスクロを、光り輝くオアシスに変えることだった。行政と経済の中心地だったアビジャンから北に二四〇キロ離れた奥地で、バナナとマンゴーの木々を切り倒して、街灯が並ぶ大通りを建設した。ヨーロッパのオペラ劇場と見まがうばかりのロビーを備えたホテルが、やや干からびているもののよく手入れされたゴルフコースの隣にそびえる。大理石など上質の石材を使った官公庁やエリート校の建物は、降りそそぐ陽光の下で輝いていた。ウフェ＝ボワニの大宮殿は堀で囲まれ、その水の中にワニが放たれていた。そのワニは、白髪交じりの年老いた博物館員が鶏肉を与えて世話をしていた。

この異常な権力願望の中心にあったのが、バチカンのサンピエトロ大聖堂に対抗して設計された、壮麗なローマカトリック大聖堂だ。ウフェ＝ボワニは、この大聖堂をローマ教皇に捧げようと考えていた。しかし、「ナンバーワンの小農」を自称する（「アフリカの賢人」とも呼ばれたがった）大統領が国民に贈ったのは、自国のGDP（国民総生産）に一時期ほぼ匹敵するまでに膨れ上がった対外債務と、ガタガタになった経済、そして、農村部でのみじめな生活と紛争だった。これらすべての要因が重なって、冷酷無慈悲な内戦が勃発し、恵みの大地は荒れ果てて、人々は飢えに苦しむこととなった。

だが、農村部の荒廃のひどさでは、モザンビークに匹敵する国はほとんどないだろう。モザンビークはインド洋に面した南北に細長い国で、宗主国のポルトガルとの約十年にわたる戦争の末に独立を果たしたが、その戦争はそのまま二〇年にわたる内戦へとかたちを変えた。一九八〇年代半ばまでには、一四〇〇万人の国民の四分の三近く（その大半が小農だ）が、戦闘によって故郷を追われた。袋を運ぶ子供たち、荷物の束を頭に乗せて背中に赤ん坊を背負った女性たち、そして、荷車を引く男性たち――。行き場をなくした移住者で道路があふれ返る状態が、何年も続いた。飢えや栄養失調は当たり前。乳児死亡率は約二〇パーセントと、世界最悪となり、モザンビークの子供たちの三分の一近くが五歳になるまでに死んだ。そんななか、政府の予算の四〇パーセント以上が戦争に注ぎ込まれた。三二億ドルにのぼる対外債務は、年間の輸出総額がたった八〇〇〇万ドルという経済の足を引っ張った。広大な大地には地雷が埋められて耕作ができず、食糧生産がストップした。モザンビークは、同じくポルトガルの植民地で独立後に内戦に突入したアンゴラとともに、畑で地雷を踏んで手足を失った農民が続出する「世界の切断患者の中心地」という、不名誉な肩書きで呼ばれることとなった。

モザンビークは、アメリカのワシントンを拠点に活動する人口危機委員会がまとめた人的苦痛指数（Human Suffering Index）で、最高位にランクされるまでに状況が悪化した。一三〇カ国の生活環境を比較した中で、モザンビーク国民の生活状況が最も悪いということである。その中で最もみじめな生活を送っていたのが、小農たちだ。農村部での戦闘から逃れてきた、一七八家族からなるある集団は、畑を捨て、〈九月七日村〉という仮の集落をつくって、みんなで暮らしていた。九月七日というのは、一九七四年の同日に、宗主国のポルトガルがモザンビークの独立に向けて動き出すことに合意したことに由来する。それは喜ばしい日だった。一〇年に及んだ奥地での戦争を終わらせ、実質的に宗主国を追い出すことができたのだから。

ポルトガル人は、わずかな技能しか必要のない地位も含め、ほぼあらゆる地位を占めていた。このため、彼らが国を出て行くと、道具と言えば鍬（くわ）や鋤くらいしか手にしたことのない人々に国政を任せることになった。政府の中で大卒者は一〇人もいないのではないかと、新しい指導者たちは推測していた。モザンビークで読み書きのできない人は、人口の九三パーセントを占めていた。ポルトガル人は、自分たちのものだと思っていた国を離れなければならないことに腹を立て、首都マプトの郊外にあるインド洋に面した新しい豪華ホテルの空調のダクトにセメントを流し込んで、宿泊施設として使えないようにした。自動車は海に沈め、国有銀行の鍵を持ち去ることまでした。ポルトガル人が出ていったら、靴磨きの少年も国を出るだろうというジョークが当時のマプトで広まるほど、ポルトガル人は経済のあらゆる側面を支配していたのだ。

植民地支配の終わりは、戦いの終わりではなかった。独立後、新しくできたマルクス主義政権に反対する国民は奥地に身を潜め、ゲリラ戦を始めた。こうした反政府勢力は、南アフリカの白人政権にさまざまなかたちで支援されていた。隣国を混乱したままにさせておいて、反アパルトヘイト勢力が国境を越えられないようにしたいと、南ア政府は強く考えていたのだ。モザンビークの内戦は農村部の荒廃をさらに進め、畑を捨てて〈九月七日村〉のような大きな集落に逃れざるを得ない小農の数をさらに増やした。

農業は先細りになった。肉や野菜だけでなく、電球やガソリンまで、ありとあらゆるものが不足して、経済活動は麻痺した。沿岸部の都市ベイラでは、魚までもが足りなくなったが、そんなことが起きた海沿いの都市は、世界中でベイラだけかもしれない。「魚がどこへ行ったのか見当もつきませんが、とにかく魚の姿を見なくなったんです」と、ある食糧雑貨店の店主は言う。店内には、トマト缶とジュース以外、食べ物も雑貨もなかった。「クリスマスと独立記念日のために、いくらか肉は手に入ったが、魚はまったく手に入らなかった」モザンビークの海の恵みの大半は、軍用の兵器と引き替えにソ連と東ドイツの手に渡っていたのだ。

だが、そうして手に入れた兵器は、どれひとつとして〈九月七日村〉に逃れた農民を守れなかった。村を離れて単独で農耕をすることは、危険に満ちていた。このため、村人たちは毎朝、竹で造った小屋を出て、作物を植えられる安全な土地がないか一緒になって探した。午後、村人たちはその前日よりもいい収穫を手にして帰ることは少なかった。やることがない男たちは木陰で輪になって座り、近くに生えている植物を使って醸造した酒を飲んでいた。女性たちは、飲み水が安全に手に入る最も近い場所に何度も通った。食糧援助が、彼らの生命線だった。

戦闘の影響が及ばない安全な畑をもっている農家でさえも、最大限に作付けすることはできなかった。ジャガイモを栽培するマティアス・ミチャクは、種子が手に入らなくなった。国中が物資不足におちいっていたからだ。「必要な量の半分しか手に入りませんでした」と彼は話す。「作付けしたジャガイモは一トンでしたが、本当なら二トンの作付けが可能でした」ミチャクは、集約農業の失敗を取り戻そうとしていた社会主義政府から特別な援助を受けている、数少ない個人農家のひとりだった。ミチャクの農場はマプトの北にあり、設備と言えば、簡素な点滴灌漑設備と旧式の農機がいくつかあるだけだった。一九八六年、彼は取材を受けながら、手押しの耕耘機を動かしていた作業員に、ここから離れて耕耘機をアイドリングするよう指示していた。音があまりにうるさすぎて、会話できなかったのだ。しかし、エンジンを切れとは言わなかった。「いったん切ると、エンジンをかけ直すのが大変なんです」とミチャクは言った。「部品が壊れているんですが、この国にはスペアがないんですよ」

彼の農場からそう遠くない場所では、作業員のグループがサッカー場ほどの広さの土地を切り開いていた。これは、「グリーンベルト」と呼ばれる農業試験場の予定地で、政府はそこで農業指導を実施しようと考えていた。イネやトウモロコシ、レタス、トマト、コーヒー豆の育て方、家畜の飼い方を教える拠点にしようというのだ。これはモザンビークの農業の未来になると、その事業の責任者であるやる気のなさそうな男性は言った。「ただし、戦闘が終わったあとの話ですが」アジアの農業が機械化を進め、緑の革命に全力で取り組んでいるときに、モザンビークが農業活動の見本として示せるのは、玄関口の階段に座って木の熊手を作っていた作業員だけだった。

これが、一九八六年にボーローグが訪れたときのアフリカだ。当初、笹川アフリカ協会から得た資金は年間約三〇〇万ドル。アジアの緑の革命に対する支援として入った資金と人の数に比べれば、かなり小さい規模の支援を手に、ボーローグはカーターセンターと共同で、最終的に一五カ国の数百万カ所の畑で実証実験を行った。根本的にアフリカの農家には何の問題もなく、アジアとメキシコの農家が高収量品種の種子と肥料を手に入れたときと同じ結果を、アフリカの農家も得られるはずだと、ボーローグは考えていた。

楽観と自信に支えられて、一九八六年、ボーローグのチームはまず熱帯の西アフリカの国、ガーナに入った。一行は、金の産地として知られるアシャンティ州のクマシに向かった。そこでは、首長たちが、黄金をちりばめた王座だけでなく、黄色い粒のトウモロコシという「新たな黄金」の将来までも支配する。深い轍（わだち）が刻まれた道路で揺られながら、ボーローグはフフオという小さな村に着いた。

手と鉈だけを使って、わずかな赤土から食糧を生産する農民たち。そんな人々は、ボーローグの一行と、収量を三倍にするという約束を熱烈に歓迎した。肉と牛乳が不足している人々のために、ボーローグはタンパク質の含有量が非常に高いトウモロコシの新品種の種子を持ってきた。また、土壌を生き返らせるための肥料と、除草剤も配布した。これで、農民たちは耕せる土地を広げることができる。農家はこうした品物を、笹川アフリカ協会が提供する低金利の融資を利用して購入し、ボーローグの指示に従った。

農民たちは生まれて初めて、種をまっすぐに等間隔でまいた。コカコーラの瓶のふたで測った量の肥料を定期的に与え、適量をきっちり守って除草剤を散布した。これで、草を抜くのに使っていた時間を節約でき、草を抜いて土が乱されたときの水分の消失を防ぐこともできる。

収量は年を追うごとに増えていった。そして一九八九年、奇跡的な出来事が起きた。「作物は本当に大きくて、どの茎にもトウモロコシの実が付いていました」と、農民のひとり、エマニュエル・ボアテングは、驚きに目を見開いて語った。「それまでは、茎に実が付いていないことが多かったんです」

フフオでは、一エーカー（約〇・四ヘクタール）当たりの収量が、一〇〇キロ入りの袋でせいぜい五袋しかないことが常だった。それが、一五袋までに一気に増えた。はるばるアメリカからやって来た白髪頭の長老は、約束を守ったのだ。実りはあまりにも豊かで、ボーローグまでもが収穫の手伝いをした。収穫に当たって、彼は厳格なルールを設けた。たとえば、害虫が倉庫に入り込まないよう、収穫したトウモロコシの皮は畑でむく、というものだ。だが、あるとき、皮が付いたままのトウモロコシを、農民たちが村に持ち込んだ。

「椅子を持ってこい」とボーローグは怒鳴った。それからずっと、日が暮れてからも、彼は女性たちと一緒に皮をむいた。「トウモロコシを育てるのにやってきたことを、全部台無しにしようとしているんだぞ」と彼は農民たちを叱った。その夜フフオでは、すべての皮をむき終わるまで誰も眠らなかった。

「あの日は、本当に参ったよ」とボアテングは回想する。「まったく、ひどい一日だった」

だが、収穫は良かった。「大」がひとつでは足りないくらいの大豊作で、一五年後もまだ、村人たちの語り草になっていたくらいだ。トウモロコシはガーナの人々の主食だが、それまでフフオの村人たちは、日干しれんがで築いた家に保管する以外に、売れるだけの収穫を生産したことはおろか、自給できるだけのトウモロコシを得たこともなかった。大豊作の年、農民たちは笹川アフリカ協会から借り受けた少額の融資を返せるだけの現金を手にし、収入を学校や道路の建設に充てる計画を始めた。

「ボーローグは私たちのヒーロー、救世主です。私たちに何ができるかを示してくれました」とボアテングは話す。「彼がやってくれたことに対して、本当に感謝しています。祈るときはいつも、彼にこんな祈りを捧げます。『神様、彼は高齢です。どうか、健康で長生きさせてください』」

ボーローグのアフリカでの計画は、農村を訪れて彼の農法を紹介し、農家に可能性を示したあと、次の農村に移動するというものだ。一九八九年の収穫が終わると、彼はフフオの村を去った。農民たちはボーローグの教えを忘れず、彼の農法を実践し続けた。

笹川アフリカ協会のチームは、ボーローグの農法をアフリカ全域に広めようと活動を始めた。一九九〇年初頭にはエチオピアを訪れた。八四年の飢饉を「二度と起こしてはならない」という一見立派な誓いが疑念へと変わり、勢いを弱めていた頃だ。当時、エチオピアの食糧不足は世界で最も深刻だった。八九年から九三年までの食糧援助は、穀物が年間で五〇万トンから一〇〇万トン近くあった。だが、食糧不足が解消されるのではないかという希望は芽生え始めていた。共産主義の独裁者メンギスツが反政府勢力の台頭で国を追われ、内戦中に食糧が武器として利用されるのを目の当たりにした新政権が誕生して、国内の農業を活性化させるとの決意を表明したのだ。

ボーローグのチームは、エチオピアの中でも肥沃な四地域を選び、合計一六〇カ所で試験栽培を始めた。ガーナのときと同様、どのように植えて収穫すれば生産量が上げられるかを農家に示し、ハイブリッド種子や効果の高い肥料と雑草防除法を紹介し、小規模な融資をした。一九九五年までには、こうした試験栽培地の数は五〇〇〇カ所近くにまで増えた。収穫量が増えるにつれて、志も大きくなった。エチオピア政府は、三万二〇〇〇カ所の畑に種子と肥料、融資を提供する、全国農業普及強化プログラムを開始した。

農業が拡大するなか、ボーローグとともにアフリカで活動するカーターセンターを設立したアメリカのジミー・カーター元大統領が、エチオピアを訪れた。自身も農家だったカーターは、笹川アフリカ協会のスタッフから大豊作のことを聞き、ぜひ実際に畑に来て見ていただけないかと誘われた。スケジュールは詰まっていたが、作物が青々と育っている光景を思い浮かべ、行くことに決めた。エチオピアのメレス・ゼナ

ガーナの村で住民に囲まれるノーマン・ボーローグ。この村では、ボーローグの農法を採り入れて、作物の収穫量が大幅に増えた。（笹川アフリカ協会のクリストファー・R・ダウズウェル提供）

ウィ首相に電話をかけ、執務を中断して、一緒に視察に行くべきだと強く誘った。畑に到着した二人は、自分たちの目を疑った。目の前にずらりと並んでいるのは、アメリカと同じくらい高く強く育ったトウモロコシだった。メレスは即座に強化プログラムの規模を一〇倍に拡大するよう命じ、国中の農家がその恩恵を享受できるようにした。一九九六年には、強化プログラムの対象の畑は三二万カ所に増えた。

メレスは、一九九八年に少なくとも二〇〇万の農家に新しい技術と手法を広めることを、政府の公式目標として発表した。エチオピアの国立種苗会社は、ハイブリッド・トウモロコシを広域的に配布し始め、ヘンリー・ウォレスらが共同で設立したアイオワ州の企業、パイオニア・ハイブレッド社も自社のハイブリッド種を紹介した。肥料の投入量は倍増した。高地地方でまとまった量の降水があったことにも助けられ、収量は一気に増えた。一九九〇年代後半におけるエチオピアの穀物の収穫量は平均で年間一一〇〇万トン近くになり、八〇年代の収穫量を四〇〇万トン上回った。一九九九年までには、四〇〇万人がプログラムに参加した。

こうした成果にもかかわらず、ボーローグには懸念があった。かつての緑の革命のように国際社会からの広い支援がなければ、この取り組みは持続しないのではないかとの不安だ。また、農業への支援の停止を求める構造調整が、彼の栽培試験で示された進歩の実現を妨げていたのも心配だった。作物が余った地域から不足している地域に輸送することで利益を得る仕組みを確立しようとする民間企業があまりにも少なく、その穴を埋めようとする政府機関もなかった。

この問題は、ボーローグが去ったあと、ガーナのフフオでもすでに起きていた。アジアでの緑の革命とは異なって、収穫量はすぐに落ち込み、農家が豊作にわいた日々は過去のものとなっていたのだ。構造調整の圧力に屈して農家への支援を制限したガーナは、肥料にかかわる補助金、穀物価格の安定、あるいは、農業の経営の維持に必要な低金利の融資という、緑の革命で実証されている手法を実行できなかった。政府は、国外の融資元からの指示に従って、農業の予算を削減し始めた。また、ほとんどのアフリカ諸国と同様、ガーナの民間セクターも政府が開けた穴を埋められず、肥料や種子、保管や流通の施設を提供できなかった。地域の銀行は、農家への融資に三三パーセントの金利をかけた。農村部と市場を結ぶ道路の修復にも予算が付かず、雨期になると道路は通行できなくなった。

「ここに座っていると、来る日も来る日も農家がやって来て、私に言うんです。外国の政治家は私たちが発展しないようにしているのではないか、と。これは、いったいどんな理屈でしょうか?」一九九〇年代、ガーナの農業普及局の職員クワメ・アメザは、そう尋ねてきた。首都アクラにある庁舎の外で、アヒルとヤギが芝生の上を歩いていた。「笹川アフリカ協会が導入した技術に、農家はずいぶん助けられました。しかし、農家はその技術にどうやってお金を出すのでしょうか。こうしたサービスを提供するのは政府ではなくて民間の役割だというのが欧米の考え方ですが、ガーナの民間セクターには、まだそこまでの力はないんです」

その結果、ガーナには壊滅的な被害がもたらされたが、それは予測できたことでもあった。融資も簡単に受けられず、肥料の投入量は一気に落ち込み、旧来の種子が植えられて、収量も右肩下がりになった。作物市場が有効に機能していないため、農家は作物を余分に育てる動機をもてなくなった。たとえ作物を余分に育てたとしても、売却される前におんぼろの倉庫で腐ってしまうことがよくあった。どこの農村でも、ボーローグのチームが去ってしまうと、生産量は減少した。フフオでは、ボーローグのトウモロコシの栽培をやめて、カカオやショウガといった欧米が欲しがる換金作物に切り替えたいと考える人々が増えた。記録的な大豊作から一〇年後、フフオのトウモロコシの収量は、ボーローグが訪れる前の水準に落ち込んでいた。

フフオの農民たちは、自分たちのヒーローの期待をひどく裏切ったと感じていた。そのひとり、クワク・オウスは嘆いた。「生産量を増やせるんだということを示してきましたが、『それが何になるんだ？』と、ときどき疑問に感じることもありました」

ボーローグも、それと似たような気持ちを抱いていた。自分の活動に反対する世界の数々の開発機関に、おもちゃの鉄砲だけを持って自分ひとりだけで戦っているように感じていた。しかも、その戦いは日に日に不公平さを増していった。アフリカ諸国に農業を縮小するように求める富裕国は、自国の農家に気前よく補助金を払って、貿易で優位に立とうとしていた。ガーナで起きたような農業の衰退は、エチオピアやモザンビーク、マリなど、ボーローグが革命の種をまいてきたすべてのアフリカ諸国で起きるのではないかと、彼は気が気でなかった。これまでの仕事が水泡に帰そうとしていた。

新しい世紀の到来を間近に控え、笹川アフリカ協会からの援助が減ってきているなか、ボーローグは、協会のガーナ事務所の所長を務める女性、ベネディクタ・アピア・アサンテと、アッカにあるホテルで朝食をとっていた。八五歳になった彼が紅茶を注ごうとすると、ポットが震えた。

「ご覧の通り、私はもう長くない」と、ボーローグは弟子に打ち明け、ティーカップを見つめながら言った。「ガーナの農業が躍進するのを、私は見届けることができないだろう。だが、君なら見届けられる。あとは任せたよ」

アピア・アサンテは、涙で声を詰まらせ、言葉が出てこなかった。これほど諦めきった師匠は見たことがない。師匠を失望させた国と世界に、心の中で怒りをぶちまけた。

気が重くなるような朝食のあと、ホテルの部屋に戻ったアピア・アサンテは泣いた。「躍進なんて、いつ来るの?」と、彼女は何度も自分に問いかけた。「いったい、いつ来るっていうの」

4章 不公平な補助金

マリ　ファナ、二〇〇二年

二一世紀に入っても、アフリカで農業の躍進が起きる見込みは、ほとんどなかった。国連は、二〇一五年までに世界の飢餓と貧困を大幅に減らすという誓いを立て、それに向けた取り組みを始めた。また、二〇〇一年九月一一日にアメリカのニューヨーク市とワシントンでテロ攻撃があったことがきっかけとなり、世界の最貧国での悲惨な生活や政府への不満を和らげなければならないという機運が高まった。だが、こうした動きは、他国よりも自国の農家への関心を高め続けていた欧米諸国の政治行動によって弱められた。自由市場の長所を広め民間の投資を促すために、欧米がアフリカの農家への支援をやめただけでも、アフリカ諸国にとっては十分大きな打撃だった（結局、自由市場は広まらず、民間の投資も活発にならなかった）。二一世紀初めには、欧米諸国の政府が自国の農家に支払う補助金が増額された。こうした行動は、ボーローグがアフリカの大地にもたらしたあらゆる進歩を台無しにした主

たる偽善行為であり、過去に類を見ないほどの飢餓をもたらすこととなった。

二〇〇二年五月のある蒸し暑い日、アフリカ諸国が恐れていたニュースが、マリの綿花畑にある、今にも壊れそうな小屋のトタン屋根に設置された簡素なテレビアンテナを通して飛び込んできた。アメリカの議会が、自国の農家に支払う補助金の額を引き上げる、新しい農業法案が可決されたというニュースだ。農家のディアンバ・クリバリーは、自動車のバッテリーにつないだ自分の白黒テレビを見つめ、不安げに、次の言葉に耳を傾けた。アメリカの綿花農家が、最大の補助を受けるという。補助金を受けたアメリカの農家は綿花の生産量を増やし、「白い黄金」の供給量を上げ、世界の市場で価格の下落圧力を増すだろうと解説されていた。生産した綿花のほぼすべてを世界の市場に売る、補助金を受けていないマリの農家は、収入が減るということだ。

「不公平だ」とクリバリーは言った。「私たちにとって、アメリカの農家もマリの農家も、みんな同じ家族のようなものだ。兄弟のひとつのグループが儲けを全部持っていって、ほかのグループが何にも受け取れないということは、あってはならない」

白い頬ひげを生やしたクリバリーは、先進国の農場からは消えて久しい、異様な病気に苦しんでいた。野球ボールほどの大きさの甲状腺腫が首にできていた。「ヨード欠乏症だよ」と、彼は事もなげに答えた。

クリバリーは五五歳だが、平均寿命が四八歳のこの国では長老だ。家は日干しれんがで造られていて、部屋はひとつか二つしかない。そうした小屋が集まった集落の外で、彼のまわりを大勢の子供たちが歩き回っている。彼の甥や姪、孫たちだ。彼らの多くは、お腹が膨れ上がっている。西アフリカの農村部ではよくある、慢性的な栄養失調の兆候だ。

「経費を支払えなかったら、君ならどうする?」と、クリバリーは肩をすくめた。彼は、世界の中でも特に所得が低い国であるマリで、親類縁者含めて八六人の大家族の長老のひとりだ。不公平な世界の農業システムは、つらい矛盾を生んだ。本来、農業は食糧や栄養を得るためのものだが、二一世紀初めには、農産物の貿易における不平等によってアフリカ全域に栄養失調と飢餓が広がっていた。西アフリカでは、ガーナのトウモロコシとコメの農家が、アメリカから輸入された安いトウモロコシとコメによって大打撃を受けていたほか、セネガルのトマト農家が、ヨーロッパから入ってきた安いトマトによって生計手段を失っていたが、それと同じような苦境に、マリの綿花農家も直面していた。

前年の二〇〇一年、クリバリーはそれまでで最高の約四〇トンの綿花を収穫したが、それでも何とか収支が合う程度だった。二〇〇二年の作況は良さそうだが、綿花の価格が下落する一方で、肥料や綿繰りのコストが上がっているため、赤字になるだろうと、クリバリーは予想している。今年も、甲状腺腫の治療や子供たちの栄養失調の改善は先送りせざるを得ないと、彼は言う。

アメリカの農業法案が可決されたことで生活の苦しさは増すだろうと、クリバリーは確信していた。彼には、マリからアメリカに送りたい「ニュース」があった。「私たちは、兄弟を守っているんだ。私らが平和じゃなければ、あんたたちも平和にはならないんだよ」

二〇〇一年九月一一日のニューヨーク市とワシントンでのテロ攻撃から九日後、ジョージ・W・ブッシュ大統領は、首都で開かれた両院合同会議の席上で、多くのアメリカ国民が抱いていると彼が信じていた疑問を口にした。「なぜ、彼らは我々を嫌悪しているのか？」その疑問に対し、大統領はいくつか答えを出した。「彼らはこの会議室の光景を——民主主義的に選挙で選ばれた政府を——嫌悪している。彼らは我々の自由を——宗教の自由、言論の自由、選挙の自由、そして、自由に集まって議論を戦わせることを——嫌悪しているのだ」

　発展途上国の農家、特に、西アフリカの綿花農家は、農業法に署名した八カ月後のブッシュ大統領なら違う答えを出したはずだと言うだろう。法律に署名したことで、大統領はアメリカ政府が自国の農家に支払う補助金の額を引き上げ、同様の補助金を出す余裕のない発展途上国、特にアフリカに暮らす何百万人という農民の貧困を悪化させたのだ。

「自分の自由がどこで終わり、他人の自由がどこで始まるかがわかっていないんじゃないか」と、マリの綿花農家組合の職員モディ・ディアロは嘲笑した。ディアロはアメリカの自由を嫌悪しているわけではなく、実際には、大いに賞賛していた。自分やマリの国民、さらには世界中の人々に、そうした自由があればいいと思っていた。だが、彼はこう続けた。「自分の自由を謳歌するのはいいが、誰かを傷つけてはいけない。もし私に金があったら、好きなように自由を満喫するだろうが、それと同時に、隣人を傷つけていないか必ず気を配るよ。アメリカ人は、自分たちの補助金が発展途上国の経済をぶち壊していることを知っている。世界を経済的・軍事的に支配したい。それが、アメリカがやろうとしていることだ」

　ディアロの陰鬱な解釈は、別の皮肉も表していた。アメリカに対する彼の見方は、アメリカの政治家が伝えようとしている姿と正反対のものだったのだ。9・11ショックのあと、貧困国の不安と苦悩が不満やテロを助長する可能性があるということを、アメリカ人はよく理解するようになった。発展途上国の貧困を和らげることは、アメリカは、寛大な心と善意を世界に向けて強調する必要があった。アメリカの外交政策の主要な柱となった。二〇〇一年一一月、カタールのドーハで世界貿易について交渉する「ドーハラウンド」が、世界の貿易システムへの最貧国の参加を本格化させることをめざして、アメリカの主導で始まった。新たな国際貿易ルールをめぐるこれらの交渉は「開発ラウンド」と呼ばれ、複数年にわたって進められる。

その数カ月後の二〇〇二年三月、アメリカとヨーロッパは、メキシコのモンテレーで開催された開発資金会議の最前線にいた。この会議で世界有数の富裕国は、最貧国の経済発展を促すため、新たに数十億ドル相当の援助を行うと誓った。このドーハとモンテレーの戦略は、開かれた貿易と援助の増加という大打撃を貧困に与えることとなった。

モンテレーに到着したブッシュ大統領は、アメリカの対外援助を三年かけて五〇パーセント引き上げると約束し、発展途上国への貢献を高めることが、民主主義に則ったより良い行動と経済的自由につながると語った。「我々が飢餓と闘うのは、希望がテロの解決策となるからだ」と、各国首脳に向けて言った。「我々が飢餓と闘うのは、機会は人間の尊厳にとって根本的な権利だからであり、それが信頼にとって必要なことであり、良心の求めであるからだ」また、大統領はモンテレーでこうも述べている。「飢餓との闘いに真剣に取り組むには、貿易の拡大に本腰を入れなければならない」

農業法案が可決されたのは、それから二カ月後のことだった。補助金を受けられないアフリカの農家は、国際貿易で圧倒的に不利な立場に追い込まれた。「まったくの偽善だ！」首相の経済顧問を務めていたマダニ・トゥーレは、アメリカの農業法が成立して数週間後、マリの首都バマコで声を張り上げた。その立場上、補助金が及ぼす影響について自分の意見をはっきりと言う。インタビューの途中で、激しい雷雨が起きた。ひょうと雨が、執務室の波形のトタン屋根を打ち鳴らす。壁にできた小さなひび割れから、水がしみ出てくる。照明が点いたり消えたりを繰り返すと、やがて完全に消えた。バマコの全域で停電になったんだと、トゥーレは怒鳴った。まるで彼の発言を裏づけるかのような出来事だ。「世界全体が、我々のような国で貧困を減らす必要があると同意したのかと思っていた。だが、アメリカが綿花の補助金を続ければ、我々の経済は破綻への道を突き進むことになる」

偽善を訴える叫びは、ガーナ全土にも広がった。「アメリカは、自国の食糧安全保障を確保するために農家に補助金を払い始めたが、我々は同じことをやらせてもらえない」と、ガーナの農業普及局の局長フランクリン・ドムコは語気を荒げた。「我々が補助金という言葉を出しただけで、開発援助国はうるさく言ってくる。彼らは、我が国をがんじがらめにして、ぶっ壊したいんだ！」

アメリカのテキサスA&M大学では、農業法の影響を頭に思い描いたノーマン・ボーローグが、自分の机を拳で叩きつけた。アメリカの補助金が上がれば、笹川アフリカ協会のプログラムで世話をしてきたマリやガーナをはじめとするアフリカのどの国でも、同じ作物を育てる農家の収入が減る。「私は生物学者で、経済学者ではないが」とボーローグは声を張り上げた。「この政策が有効でないのは、私でもわかる」

アイゼンハワー行政府ビルの中で開かれた農業法の署名式で、ブッシュ大統領は、アメリカの農家を支援するこの法案を讃えた。「この法案は惜しみない支援であり、農家のセーフティネットとなる」と、ブッシュ大統領は、式典に大勢集まった笑顔の農業関連組織のトップやロビイストたち、そしてラジオを通して聴いている農家の人々に向かって言った。

演壇を降りるとき、ブッシュ大統領は拍手喝采を上げる農家の人々のほうを向いた。そのとき、最初に握手していんぎんに祝意を述べたのは、全米綿花評議会の議長ケネス・フッドだった。同評議会は、綿花業界で影響力をもつ事業者団体で、ワシントン有数の影響力をもつロビイスト団体だ。フッドは、ミシシッピ州ガニソン近くで綿花と穀物の広大な農場を営む農家でもあり、高収入の農家を補助金の対象から外すという提案の勢いを弱めることに成功していた。

アメリカに二万五〇〇〇軒ある綿花農家は、すでに三〇億ドルの補助金を受けとっていて、平均では全米で最も裕福な農家となっていた。アメリカ農務省によれば、専業の綿花農家一軒当たりの純資産は、土地と農業以外の資産を含めて、平均で約八〇万ドルだった。それが今度の法案で、農家の中で最も高い一六パーセントの補助金を受け取ることになった。

何百万人もの人々が綿花に頼っているマリでは、国営の綿花会社から受け取れる金額が約一〇パーセント減ると、政府から農家に通告があった。世界最大の綿花輸出国であるアメリカでの生産過剰が

ミシシッピ州の綿花農家で、全米綿花評議会の議長ケネス・フッド。2002年。

一因となった世界的な綿花の余剰で、その価格は一九九五年以来、六六パーセントも下がっていた。だが、アメリカの農家は補助金――ブッシュ大統領が言うところの「セーフティネット」――によって価格下落から守られ、さらなる生産増を促されて、世界的な供給過剰を悪化させることになった。最も基本的な医療や教育を国民に提供するのにも苦労していたマリ政府には、農家に補助金を支払う余裕はなかった。世界で価格が下がれば、農家は損をする――これが彼らの現実だ。その現実は、輸出による収益を主に綿花に頼っている国家全体にも当てはまる。

マリ南部の主要都市ブグニで農業組合を設立したモディ・ディアロは、その影響を熱心に語った。インタビューを受けるために、自分の綿花畑からおんぼろのスクーターに乗って来てくれた。緑色のズボンの両膝には穴が開き、紫色のTシャツはぼろぼろだった。綿花農家として、補助金をもらうアメリカの農家をねたむようなことはなかった。マリの農家にも同じだけの補助金を出してほしい、というのが彼の願いだ。腹が立つのは、アメリカ国内の政治があまりにも無分別に、はるか遠くのマリまで影響を及ぼし、彼や近所の仲間たちに大打撃を与えていることだ。世界最大規模の職業である農業にとって、五年ごとに補助金の額を設定し直すアメリカの農業法は、アメリカ政府のさまざまな経済活動の中でも、その影響を受ける人々の数が特に多い。だが、世界に大きな影響を及ぼすにもかかわらず、農業法は国会議員が地元の農家に最も多くのお金をもたらせる法律であり、視野の狭い国内の政治的な考慮によって、その大半が構築される。「何よりも悪いのは、補助金がアメリカ国外のあらゆる地域の貧困層に打撃を与えることだ」と、ディアロは腹を立てる。「アメリカ人が補助金をもらうこと自体はかまわないが、その額はほかの国の人々が生きていけるくらいの水準に収めないといけない。農家が生産し続けられ、かつ発展途上国も食糧を生産できて生き延びられるように、補助金の額を調整すべきだ」

四二歳のディアロは、シラノ・レストランのベランダで金属製の椅子に座っている。それは、うだるような暑さの日の午後早い時間だった。その夏に開催されるワールドカップ予選を宣伝する大きなサッカーボールに似せた黄色の風船が二個、レストランの日よけにつるされている。

決然とした屈強な男であるディアロは数年前、価格下落に抗議するため、地元の農家とともに綿花栽培のボイコット運動を実施した。その結果、生産量は急落し、マリのＧＤＰ（国内総生産）を三パーセントも押し下げた。栽培期が半ばを過ぎた頃、社会の不安定化を恐れた政府は、価格を前年のレベルにまで戻したが、作付けをしなかった農家には遅すぎた。世界でも特に貧しい農民たちにとって、払った犠牲は大きかった。彼らはたいていウシに鋤を引かせて畑を耕す。ディアロによれば、地域の三万七二三六軒の綿花農家のうち、トラクターを持っているのは五軒だけだという。広大な畑を耕すアメリカの綿花農家の場合、一軒で複数台のトラクターを所有していることもあるくらいだ。マリのほとんどの農家にとって綿花は主要な換金作物であるため、不作になったり、価格が下落したりすれば、学校は建設されず、診療所の医薬品は底をつき、食糧は買えなくなる。マリでは、五歳以下の子供の半数近くが、標準体重に達していない。

「言っておきたいのは」と、一〇エーカー（約四ヘクタール）の自分の農場に戻ろうとスクーターにまたがりながら、ディアロは言った。「アメリカは発展途上国の貧困を減らすと言っているが、そのアメリカ国内の政策で貧困が増えているということだ」

アメリカの農家は、政府からの補助金によって世界の市場で圧倒的な優位に立った。商品価格が下落すれば、政府が大量の補助金を注ぎ込み、ほかの国々の農家が撤退を余儀なくされるなかで、アメリカの農家は手を緩めることなく生産を続けられる。主にこのような理由によって、たとえば、アメリカの綿花農家が二〇〇二年に生産量の最大七四パーセントを輸出でき、世界貿易の約四〇パーセントを支配できるわけだ。綿花農家の従来の得意先であるアメリカの繊維産業が衰退し、他国が綿花をもっと安く栽培できることを考えれば、これは驚くべき数字である。補助金をもらえないアフリカの農家にとって、補助金をもらえるアメリカの農家に立ち向かうのは、薬物に頼らない健全なアスリートが、ステロイド漬けのアスリートと競争するようなものだ。

補助金は、アメリカ農家の収入と生活を守る一方で、外国に役立つ行為をしようというアメリカの寛大な包容力の大半を台無しにした。農業法が制定されたとき、地球の裏側に暮らすモディ・ディアロが見抜いたように、議会選挙の年に国内政治に気を遣う狭小な心が、対外政策に打ち勝ったのである。

アメリカの農業補助金の増額は、ヨーロッパ諸国の政府が自国の農家に支払う膨大な額の補助金とともに、二〇〇一年一一月にカタールのドーハで始まった世界貿易交渉を最終的にぶち壊すことになる。西アフリカの綿花生産国は、アメリカが綿花農家への補助金を大幅に引き下げない限り、一切の貿易交渉に応じないという姿勢をとった。アメリカは、ヨーロッパが補助金を維持する限り、現行の補助金の体制を変えるつもりはなかった。いわゆる開発ラウンドの交渉で、世界で最も発展の遅れた国々の何百万人もの人々の利益になるような変化がひとつもなければ、交渉のメリットは何だ？——それが、西アフリカ諸国の立場だった。西アフリカ諸国はその立場を守り、新たな世界貿易協定を一切受け入れなかった。世界貿易機関のルールの下では、協定を結ぶにはすべての加盟国の合意が必要だったからだ。「国際貿易に加える必要がある唯一の商品――綿花――が公正に取り扱われないとしたら、国際協定に参加する意義はあるだろうか?」と、マリの商業産業相ショゲル・コカラ・マイガはのちに問いかけてきた。

そして、貿易交渉の進展の欠如は、富裕国の開発援助の大半を台無しにした。たとえば、二〇〇一年、アメリカからマリへの援助は合計で約四〇〇〇万ドルだった。だが同じ年、マリは綿花の取引で約三〇〇〇万ドルの損失を被った。つまりアメリカは、一方で手を差し伸べておきながら、もう一方で富を奪っていたのだ。

こうした「ギヴ・アンド・テイク」は、アメリカだけがやっていることではなかった。その年全体で、世界の先進国の集まりである経済協力開発機構(OECD)の加盟国三〇カ国が世界の最貧国に対して与えた開発援助は、合計で五二〇億ドルだった。だが、三〇カ国が自国の農家に与えた援助は、その六倍近くに当たる三一一〇億ドルだった。国連のある報告書によれば、こうした富裕国の補助金が世界貿易に与える影響によって、最貧国は推定で五〇〇億ドルの輸出収入を失っているという。つまり、援助は貿易での損失によって相殺されてしまうということだ。

9・11以降、貧困との闘いの最前線は、マリと西アフリカにあった。イスラム教徒が多い国を示した地図の上に、世界の最貧国を示した地図を重ねると、西アフリカ諸国だけが浮かび上がる。西アフリカと中央アフリカの貧困にあえぐ人々の多くは、人口密度の高いヨーロッパの都市に流入し、住居や仕事、文化や宗教の認識をめぐって社会的な緊張を高めている。と同時に、欧米の外交筋は、もうひとつの移民の動きに関する報告を戦々恐々と注視していた。それは、西アフリカから北のサハラ砂漠を通り、アルジェリアの国境を越えて、宗教的な訓練を受けに行く人々の流れである。西アフリカ諸国の世俗主義政権は、不満を抱く人々を世界中から集めるテロ組織の新人発掘地にはならないと誓っていたが、貧困の増加とともに人々の不平不満が高まっていることを警戒していた。

マリの首都バマコにあるアメリカ国際開発庁のオフィスで職員に話を聞くと、アメリカからマリへの援助は、貧困と不信感への対策が目的で、主に公衆衛生と教育のプログラムやプロジェクトに利用され、民主主義を広めるものだという。だが、マリで本当に貧困を減らそうと思ったら、国内最大の雇用を生み、最大の輸出商品を生産する綿花産業の効率性と利益の改善にかかわる援助に集中すべきではないだろうか。

なぜ？

「それはできない」と、米国国際開発庁（ＵＳＡＩＤ）の職員は言った。

「バンパーズがいるからだ」と彼は言った。

そのデイル・バンパーズはアーカンソー州選出の上院議員で、一九八六年に法案の修正案を作った人物だ。その案には、こう記されている。対外援助の財源は「アメリカで栽培または生産されている同様の商品と国際市場で競合する輸出商品の場合、他国での輸出用の栽培または生産にかかわる試験や育苗、予備調査、品種の改良や導入、コンサルタント業務、出版、あるいは訓練」に使用してはならない。言い換えれば、アメリカ政府は、アメリカ農家が生産する作物と競合する作物については、他国に開発援助できないということだ。バンパーズが作成した修正案は、ブラジルやアルゼンチンといった国々で大豆の栽培品種を開発する国際開発庁の研究プロジェクトに対する、アメリカ大豆協会からの抗議に対処するためのものだった。これらの国々は、大豆の主要な輸出国となり、アメリカの大豆農家と熾烈な競争を繰り広げている。

バンパーズは一九九九年に上院議員を引退したが、二〇〇七年のインタビューで、この問題についてはあいまいな記憶しかなく、主に覚えているのは補助金をめぐってアメリカとヨーロッパのあいだで起きた「大騒動」だと語った。話を聞いたのは、ワシントンの法律事務所にある彼のオフィスだった。「ヨーロッパ側は、我々が農家に支払っている補助金の額が高すぎると考えて怒っていたが、我が国の農家はヨーロッパ側の補助金が高すぎると思っていた。欧米が言い合いのけんかをしていたんだ」アフリカには、こんなことわざがある。「ゾウどうしがけんかすると、草が踏みつぶされる」一九八〇年代にアメリカとヨーロッパが繰り広げた保護貿易主義的な戦いで、踏みつぶされたのはアフリカだ。あれは失策だったと、バンパーズは言う。「我々はアフリカの人々を助けたかったんだ」と彼は言い、ほかの上院議員たちとともに、飢えた子供たちに食糧を支援するジョージ・マクガヴァン上院議員の取り組みを強く支持していたと述べた。「人が自分で説明できない理由によって、物事をこれほどまでにめちゃくちゃにできるなどとは、信じがたいことだ」と彼は考え込んだ。

アメリカが他国の農家への政府開発援助を制限し始めたのと時を同じくして、世界銀行や国際通貨基金（IMF）などの開発機関が、アフリカ諸国の政府に農家への支援をやめるよう命じていた。補助金は自由貿易にとって無駄であり呪われたものだと考えられ、構造調整の第一の対象となっていたのだ。もちろん、そのあいだにも、世界銀行と国際通貨基金で大きな力をもつアメリカとヨーロッパは、補助金を自国の農家に気前良く出すことをやめられず、アルプスの酪農家やスカンジナビアのテンサイ農家、ラインラント地方のワイン商人、グレートプレーンズの小麦農家など、自国の農家をぶくぶくと太らせた。自国にとって良いことは、貧困国にとって良くないことだとするこの二枚舌は、地政学と世界貿易に最も顕著で永続的な不公平をもたらした。イングランドとウェールズのカトリック教徒で構成されるカトリック海外開発機関は、EU（ヨーロッパ連合）の補助金制度に関する二〇〇二年の研究で、平均的なヨーロッパの乳牛はEUの酪農に対する補助金のもとで一頭当たり一日二・二〇ドル、つまり年間八〇〇ドルの援助を受けていると算出している。これは、世界人口の半数の収入を上回る額だ。

結局のところ、西アフリカ諸国は世界銀行やほかの開発機関に、地域を貧困から脱却させるエンジンとして綿花を取り入れるよう推奨されていたのだ。ほぼすべてが手で摘まれる西アフリカの綿花は、高品質と考えられ、生産コストの低さを追い風に世界の競合国よりも優位に立つはずだった。だが、アメリカ、ヨーロッパ、そして規模は小さいものの中国の綿花農家が受け取った五〇億ドルの補助金によって、その開発戦略は打ち砕かれた。世界銀行と国際通貨基金による合同報告書の推定では、アメリカの補助金を廃止すると、アメリカの綿花の生産量が落ち込み、綿花の国際価格が短期的に上昇するという。一方、アフリカ諸国には年間およそ二億五〇〇〇万ドルの収入増が見込める。大量の人々が一日一ドル以下で暮らしている国では、かなりの金額だ。

「それは、いったいいくらなんだ?」二億五〇〇〇万ドルという金額を聞いたとき、甲状腺腫に苦しむマリの高齢の農民、ディアンバ・クリバリーが尋ねてきた。ここ何年ものあいだ、専門家が次から次へとやって来ては、作物の生産量と農村部の収入を上げるために、土壌や種子、農法の試験をしていった。

だが、彼の甲状腺種はさらに大きくなり、子供たちの不格好な腹もますます大きくなった。なぜ誰も、先進国の補助金を試しにやめてみようと思わないのか、とクリバリーは思った。

だが、アメリカ人もヨーロッパの人々も――農家も政治家も――農業補助金なしでは生きられない状態になっていた。二〇〇二年のアメリカの農業法が制定されたあと、ミシシッピ州の民主党議員で下院農業委員会の一員であるロニー・ショウズが、アフリカを支援するためにアメリカの綿花農家への補助金を引き下げるべきだという提案を一笑に付した。「自国民を貧乏にすることに、どんな得がある？」と彼は言い張った。

もともと貧困や絶望が大きな問題となっていた時代に善意で始まった欧米の補助金制度だが、月日がたつにつれて、それへの依存度が高まり、やめるにやめられない状態となった。農家が社会の中でも裕福になり、ワシントンでの強力なロビー活動により多くの資金を注ぎ込めるようになるにつれて、補助金の規模を縮小しようという政治的な意志は薄れていった。実際、西ヨーロッパとアメリカはソ連との軍拡競争で固い同盟を結んでいたにもかかわらず、農業をめぐる競争については、小麦などの商品を他国が購入する際の価格に補助金を上乗せすることで、その対立を激化させていた。

アメリカ政府が補助金制度を創設したのは、世界恐慌のときに農村部の貧困に対処するためだった。一九三〇年代にアメリカ中西部で砂嵐が発生した「ダストボウル」の際には、グレートプレーンズから飛んできた砂がホワイトハウスの屋根を覆った。当時、全国民の二五パーセントが農業を営んでいて、概して彼らはアメリカの最貧層にあった。この状態を放置すれば、経済と国内の食糧供給にとってリスクが高すぎると、ワシントンは判断した。新たな計画の下で、市場価格が一定の水準を下回ったとき、農家はトウモロコシ、綿花、小麦などの作物を生産するために、連邦政府から金銭的な援助が受けられることとなった。これで、商品価格が低いときにも、生産量を高い水準で維持できる。

政策立案者が農家に代わって介入するこのやり方は、ほかの産業では前例がない。アメリカ政府は、長年にわたって農家を国の経済と政治の発展の中枢であるとみていた。独立国になって間もない頃から、農業はアメリカを開拓して独自の文化を定着させるうえで、必要な原動力だった。家族経営の農場を育成することも、一部の富める者だけに土地を支配させるよりも民主的だった。こうした理念から一八六二年にホームステッド法が制定され、アメリカ国民が一六〇エーカー（約六五ヘクタール）の公有地を無償で所有できるようになり、その際の少額の申請料も免除された。最終的に、アメリカの国土の一〇パーセントにあたる約二億七〇〇〇万エーカー（一億九〇〇〇万ヘクタール）が、ホームステッド法の下で入植者に与えられた。

アメリカ政府は第一次世界大戦後、農業という産業の性質上、農家は経済において特別弱い立場に置かれていると考えるようになり、農業への関与を強めた。農家は母なる自然の恵みを受けて生業を営んでいるのに加え、彼らがほとんど制御できない商品市場の景気の波にさらされてもいる。やっかいなことに、豊作になると概して価格は下落するため、多くの場合、豊作は厳しい生活につながる。実際に供給過剰の状態になると、農家はそこから脱却するのに苦労を強いられる。ほとんどの農家は年一回作付けするだけであり、農機具や経験、気候によって農家がとれる選択肢は限られてしまう。

第二次世界大戦後、荒廃していた西ヨーロッパでは、政府は戦争のあいだ続いた飢えと食糧配給の経験を国民に二度とさせないと固く決意していた。共通農業政策（ＣＡＰ）では、ヨーロッパ諸国で必要なほぼすべての作物を農家が生産するよう奨励することで、農村部での復興を促進した。その目標は、基本的な食糧を自給し、厳格な生産指向の補助金政策となる方法を探ることだった。共通農業政策は、ＥＵの土台のひとつとなった。

一九六〇年代に、西ドイツとフランスがヨーロッパ共同市場の設立に向けて動き出したとき、フランスは、ドイツ製品を受け入れるのと引き替えに、自国の農家の保護を主張した。六〇年代末には、生産量を上げるための莫大な生産補助金と、高い関税障壁によって作物価格の高値を保障して、ヨーロッパ以外で生産された食糧との競争を避けるという政策に、ヨーロッパの農家は護られることとなった。共通農業政策は、西ヨーロッパの食糧自給率が上がるにつれて、その効果を発揮した。だが、その効き目はありすぎた。一九八〇年代までに、ＥＵは主要な農産物についてほぼ永続的な余剰に苦しむこととなり、その中の一部は新たな補助金の助けを借りて輸出され、世界の商品相場を大混乱におとしいれて、発展途上国の農業を土台とした経済に不況をもたらした。輸出されない余剰在庫はＥＵ域内に保管せざるを得ず、ヨーロッパのメディアが言うところの「ワインの湖」や「穀物の山」が生まれた。共通農業政策による支出は、ＥＵの総予算の三分の二を占めるまでになった。納税者からの異論が相次ぐと、共通農業政策の出資額には上限が設けられたが、農家への必要不可欠な補助金は引き下げられなかった。二一世紀に入る時点でも、この支援の額はまだ年間一〇〇〇億ドル前後に及んでいた。

こうした補助金の一部は、アイルランドやイギリスで長靴を履きレインコートを着ているテンサイ農家や、スイスやフィンランドでパーカともどもひきを着ているテンサイ農家にも入った。そもそも、テンサイやサトウキビなど砂糖の原料となる作物の栽培は、主に赤道近くの熱帯地方の国々で経済を支える柱だった。サトウキビは世界の最貧国の多くで栽培され、古くから発展途上国の経済を支える作物だった。成長力が強いため、いったん作付けすれば、投資も高度な維持管理もほとんど必要がない。

一九七〇年代まで、EU諸国は砂糖の純輸入国であり、アフリカやカリブ海の旧植民地の多くから砂糖を購入することで、それらの国々の経済を支えていた。その後、共通農業政策の補助金を受けるヨーロッパのテンサイ農家が参入し、砂糖の生産国というイメージからはほど遠い地域で——赤道よりもずっと北極圏寄りで——砂糖産業が繁栄した。ヨーロッパにおける砂糖の生産コストは発展途上国の一部の国々よりも二〜三倍高いにもかかわらず、二一世紀に入る頃には、EUは全種類の砂糖の輸出でブラジルに次いで世界第二位、白糖の輸出に限れば世界一となった。

ヨーロッパのテンサイ農家への「甘い」補助金によって、最大で年間六〇〇万トンの生産余剰が生まれ、そうした砂糖が世界の市場に投げ売りされた。すでに補助金によってたっぷり稼いでいた農家は、余剰在庫を処分するために安値で売却した。EUから輸出された余剰の砂糖は一時期、世界の年間輸出の約二〇パーセントを占めるまでに膨れ上がり、世界の砂糖価格を押し下げた（アメリカも関税と割り当て量の障壁によって自国のテンサイ農家を保護したが、輸出はほとんどしなかった）。

EUは価格下落への対策として、加盟国がモーリシャスやフィジーなどかつての植民地の一部から砂糖を優先的に輸入するというシステムに目を向けた。しかし、EUの砂糖生産者は、価格の下落を招くおそれがあるとして、EU域外の砂糖が市場に入るのを許さなかった。このためEUは粗糖を高値で輸入し、域内で精製したあと、等量の白糖を世界の市場に流した。EUはこのために、年間八億ドルの税収をさらなる補助金として投入し、世界的な余剰を拡大させた。

ＥＵがとった砂糖への補助金に対する発展途上国の怒りが現れたのは、二〇〇二年に南アフリカのヨハネスブルクで開かれた「持続可能な開発に関する世界首脳会議」のときだった。ヨーロッパ諸国の首脳たちは演壇に上がり、世界の貧困を減らすためにＥＵが取り組んできた支援、特にしいたげられた農家への支援について力説した。だが、いざ富裕国の農業補助金を削減する交渉に入ると、ＥＵは一致団結して自分たちの農家を守った。

発展途上国の交渉担当者が、農業補助金のすみやかな削減を求める宣言をサミットに求めると、ＥＵの代表者たちは二度も退席して非公開の会合を開いた。そうした態度に、発展途上国側は激怒した。国際援助機関のオックスファムのひとりは、ＥＵの代表者たちが食事するカフェの近くに、小さな袋に入れられたヨーロッパの砂糖を大量に投げ捨てた。袋には、「実際の味よりは甘くない！　一〇〇パーセントＥＵ産の砂糖」と書かれていた。「ヨーロッパで製造され、アフリカで投げ売りされる。原材料は、隠し味の補助金（七〇パーセント）と人工の価格（三〇パーセント）。スポンサーは、年間一六億ドルを出すＥＵの消費者と納税者。警告、アフリカの農家に壊滅的な被害をもたらします」

ヨハネスブルクのサミット会場から南東に数時間、車を走らせると、ダーバンの北に広がるサトウキビ畑が見えてくる。そこには、アフリカの農家が受けてきた影響がはっきりと現れている。その年に全国の最優秀サトウキビ生産者に選ばれたモニカ・シャンドゥは、教会から丘をいくつか越えて五キロほど離れた家に、徒歩で帰る途中だった。車もトラクターも、買うお金がないのだ。まだ完成していないコンクリートブロックの家といくつかの土壁の小屋が集まった土地に、家族や親類とともに暮らすが、電気もなければ、屋内に水道も通っていない。四人の子供と二人の孫がいる彼女は、四エーカー（約一・六ヘクタール）の畑で、昼も夜も鉈を振るって、最優秀賞を受賞した作物を手で刈りとっていた。経費を差し引くと、年間でたった二〇〇ドルしか残らない。「価格がとにかく低すぎるんです」と、シャンドゥは聖書を握りしめて、歩くペースを守りながら言った。

ヨーロッパのテンサイ農家とは違って、シャンドゥをはじめとする南アフリカのサトウキビ農家は、国際価格に翻弄される。二〇〇二年に南アフリカで生産された二六〇万トンの砂糖のうち、その半分以上が輸出され、ヨーロッパによって投げ売りされている砂糖と競合する。農業経済学者の計算によれば、EUが砂糖の生産量を削減して国際市場への売却をやめれば、砂糖の価格は二〇パーセント改善され、南アフリカの砂糖の輸出による収益は約四〇〇〇万ドル増加するという。また、サトウキビ農業の経済的発展が実現すれば、さらに六〇〇〇万ドルの利益が生まれるだろう。この合計一億ドルの潜在的な収益が失われることで、EUが南アフリカに拠出する開発援助の一億二〇〇〇万ドルが、ほぼ相殺されてしまう。

モニカ・シャンドゥの損失は、ドミニク・フィヴェの利益になる。フィヴェは、フランス・パリの北一六〇キロにある、肥沃なソンム県で有名なテンサイ農家だ。切り妻造りの大邸宅に暮らし、手入れが行き届いた芝生に覆われた庭には、オークやライラックが育つ。父親から受け継いだ六〇エーカー（約二四ヘクタール）の農場で、EUの有利な生産量割り当ての下でテンサイを育て、シャンドゥに適用される国際価格の三倍近くある、政府が保証した価格で売る。経済協力開発機構の推定によれば、広さ三三エーカー（約一三ヘクタール）の平均的なテンサイ畑を所有するフランスの農家は、約二万三〇〇〇ドルの補助金を受け取っているという。フィヴェの畑、そして収益は、その倍だ。テンサイはほかの作物と比べて儲けが平均で約五〇パーセント良いため、所有している四二〇エーカー（約一七〇ヘクタール）の農地全体をテンサイ畑にしたいと、彼は言う。だが、自分の割り当て分を超えたテンサイは、シャンドゥのように安い国際価格で売らなければならないため、トウモロコシと小麦も栽培している。

フィヴェは、大きな力をもつ農家のロビー活動団体、テンサイ生産者総同盟の地方支部長を務めている。ヨーロッパ委員会がヨハネスブルクで開かれる開発サミットの数カ月前に、共通農業政策の改革の新たな提案を出す直前、彼はフランスのストラスブールにある欧州議会場の外で、一万人の仲間の農家とともにデモに参加した。その一カ月後に改革案が発表されたとき、砂糖の制度に変更はなかった。「生活費に見合う価格を保障してもらう必要があります」と、フィヴェは『ウォール・ストリート・ジャーナル』紙の記者ジェフ・ワインストックに語った。補助金をやめればフランスの農村部は荒れ果て、フランス全土に騒乱が起きるかもしれない、と彼は懸念する。「自分の子供たちに何かを残してやらなければならないのです」

農業法が成立して間もない二〇〇二年六月初め、世界の綿花畑で見られる貧富の差が、それまでにないほど如実に現れた。マリのニジェール川流域に位置する小さな村、コロコロに雨が降り、綿花農家のサンガレ一家は例年より早く降り出した雨をできるだけ利用しようと、一五エーカー（約六ヘクタール）の畑を耕し始めた。兄弟のひとりが、一枚刃の鋤にやせこけたウシを二頭つないだ。雑草と石、硬い土の塊に覆われた畑で、彼は裸足で鋤のうしろを歩き、ウシの前で歩いている若い甥とともに、なるべくまっすぐ耕されるように誘導した。

彼らは汗だくになりながら心配していた。今回も無駄な努力に終わってしまうのだろうか――。前回の収穫後、経費を差し引いたあとにサンガレ一家に残った現金は二〇〇〇ドル足らずだった。これで、二〇人を超える家族と親戚を一年間養わなければならない。綿花の国際価格が過去三〇年で最低レベルに落ち込んだ今、綿花一ポンド当たり数セントしか得られなくなると、彼らは政府から告げられている。その一方で、肥料と殺虫剤のコストは上がっている。今年は、ウシの数を増やせるだけ稼げるだろうか。小さな子供を学校に通わせられるだろうか。一年間、家族みんなを養っていけるだろうか?

「買うものを減らさないといけません」と、サンガレ一家のひとりは言う。家族の数人が木の下に座り、将来について思案している。「綿花の価格のせいで、私たち家族は破滅に追いやられています」

コロコロ村に雨が降ったのと同じ六月のある日、マリから遠く離れたアメリカのミシシッピ川流域（ミシシッピ・デルタ）に位置する一万エーカー（約四〇〇〇ヘクタール）の綿花プランテーションに、綿花の苗木がずらりと並んでいた。その農場を経営する四人兄弟の長男で全米綿花評議会の議長を務めるケネス・フッド――二〇〇二年に農業法が成立したとき大統領と最初に握手した男――は、一二万五〇〇〇ドルで購入したケース社のトラクターのエアコンの効いた運転席に乗り、肥料を散布していた。その巨大なトラクターは、農場が所有する一二台のうちの一台で、計器類はデジタル表示され、四輪駆動で、エアクッションのシートが装備されている。六一歳のフッドは、ボタンダウンのオックスフォードシャツを身にまとい、GPS（全地球測位システム）を操作して、散布する肥料の量を確認している。

ここミシシッピ州ガニソンでは、綿花の国際価格が最低レベルに落ち込んだことによる影響は、はっきりとは見られない。フッド一家は区画を拡張しつづけていた。翌日、フッドはニューオーリンズに向かい、リッツカールトン・ホテルで開催される全米綿花評議会の会合で議長を務め、「焦ることなどない」と発言していた。

前年、フッド一家はおよそ七五万ドルの補助金を受け取った。新しい農業法案が通ったため、次に受け取る金額はさらに増えるだろう。ミシシッピ州全域で、約一七〇〇軒の綿花農家が何億ドルもの補助金に頼っている。こうした巨額の補助金は、綿花産業を存続させるために必要不可欠なものとして重宝されてきた。マリの農村部と同様、綿花はミシシッピ・デルタの経済にとって最も重要な産品だ。綿花、およびそれに依存するさまざまな企業は、この地域に三〇億ドル以上の収入をもたらす。デルタの中には、綿花農家に物品やサービスを提供したり、綿花農家で働いたりするなど、綿花にかかわりのある職が、すべての職の半数を占める郡もある。

ミシシッピ・デルタの綿花農家が補助金に頼るのは、彼らが綿花栽培にかけるコストが世界屈指の高さだからだ。一エーカー（約〇・四ヘクタール）の畑で綿花を栽培するのに、六〇〇ドルかかるこ

2002年、綿花畑を耕すマリのサンガレー家の家族。撮影日は、前出のケネス・フッドの写真と同じ（2002年）。

ともある。一日に一五〇梱（一梱の重さは約二二〇キロ）を刈りとる能力のある綿摘み機は、一台三〇万ドルもする。綿花農場の大半は灌漑されている。種子は、害虫への耐性を与えるために遺伝子が組み換えられているため、価格も割高だ。春には高価な肥料をまいて生長力を高め、秋には収穫のために、枯れ葉剤をまいて綿花の丸いさやを露出させる。

デルタの綿花農家は、トウモロコシや大豆、小麦をもっと安く育てることもできるが、転作するとそれまでの投資の大半が無駄になってしまう。「この綿摘み機は、綿花にしか使えないんだ」と、シボレーのピックアップトラックのボンネットにもたれながら農家のエド・ヘスターが言った。地平線のあたりで、農薬散布用のヘリコプターが弧を描いている。確かに、彼には転作する必要はない。フッドの農場から道路を南に下ったミシシッピ州ベノワに位置する彼の四二〇〇エーカーの（約一七〇〇ヘクタール）農場は、新たな農業法が成立する前の時点で約四〇万ドルの補助金を受け取っていた。「まだ綿花が一番だと思う」とヘスターは言う。

「デルタには綿花農家が必要だ。そして、彼らは補助金なしでは存続できない」とフッドは主張する。それでは、マリの貧しい農家のことはどう思うのか。ミシシッピでは、彼らに同情する意見はあまりなかった。生活していけないのなら「アフリカの農家は綿花を栽培すべきでないのかもしれない」と、フッドは言う。

そうなれば、アフリカの西部と中央部で綿花に頼って暮らす二〇〇万世帯が、無一文になってしまう。作物の輸出がゼロになる国も、何カ国か出てくるだろう。マリの国営綿花会社のバカリー・トラオレ社長には、もっと良いアイデアがある。彼は、アメリカの綿花農家の収入を奪うつもりはない。彼をはじめとするマリの国民には、何も得られないということが何を意味しているのか、よくわかっている。「(アメリカにとって)より良いのは、綿花栽培にでなく、農家にお金を払うことです」とトラオレは言う。そうすれば、マリの農家が手積みした安い綿花が、世界の市場で競争力をつけられる。さらに、サンガレ一家は夢のひとつを叶えることもできる。長男のマドウは、綿花でお金を稼いだら、末っ子のバラを高校に通わせて、フランスかアメリカの大学――マリよりも良い仕事があり、将来性がある国の大学――に入れたいと話す。その後、バラが異国で働いてコロコロ村に暮らすほかの兄弟に仕送りすれば、綿花価格に振り回される生活は楽になる。だが、綿花から得られる収入が減るなか、その夢も消えつつある。「バラやほかの子供たち全員に、私たちよりも良い暮らしをしてほしいんです」とマドウは話す。「もっとたくさん食べ、健康になり、高い学歴をもってほしい」この願望は――子供たちにより良い生活をしてほしいという思いは――サンガレ一家だけでなく、アメリカの農家にもあるはずだ。「誰もがそう願っているのではないですか」と、マドウは問いかける。

アフリカ中の農家がより良い生活を望んでいるのは確かだ。しかし、世界の貿易システムがアフリカの農家に不利な方向へと傾きつつあるなかで、国際開発の取り組みは彼らを突き放し、自力で生きるよう強いている。アメリカの農業法が効力を発揮するなか、飢餓はアフリカ全域に広がって、人々の夢を破り、命を奪った。

エチオピアでは、二〇年にわたる怠慢と偽善が、新たな大飢饉を引き起こそうとしていた。

5章　余剰と罰

エチオピア　アダミ・ツル、
二〇〇三年

雨が降らず、干ばつが国土全体に広がる頃には、エチオピアはすでに飢饉に突入し始めていた。最良の種子でも、最も栄養豊かな肥料でも、さらには、最も優れた科学でさえも、大惨事の発生を押しとどめることはできなかった。実際、ノーマン・ボーローグと彼の弟子たちが成し遂げた進歩が、図らずも飢饉の進行を早めることになってしまったのだ。二〇〇二年初めまで、彼らはエチオピアの農家が豊作に恵まれるよう支援してきたが、農産物市場を近代化し、余った作物を輸送できる農村部のインフラを改善するための国際的な資金援助がなければ、また、たとえ生産過剰になって価格が八割も大暴落したとしても農家が栽培を続けられるようなセーフティネットを政府の支援で設けなければ、豊作は農家の破滅につながってしまう。アメリカの農家が不安定な市場から身を守るためにかつてないほど高額な補助金をかき集めているとき、エチオピアの農家は価格の下落とともに破綻した。生産コストが作物から

得られる収益よりも突然高くなり、多くの農家が食糧の増産をやめてしまった。構造調整の時代、何とも皮肉なことに、エチオピア農家は豊作に恵まれながらも、農業を続けられなくなったのだ。

ボリチャ高原では、不作は飢えにつながり、テスファエ・ケテマのように、死にかけた子供を背負って治療食糧配給テントを訪れる小農が多数出現することにつながる。高原の下、大地溝帯の湖によって形成された氾濫原では、大規模な商業農場で小麦やトウモロコシが栽培されているが、不作は破綻を意味する。エチオピアのモデル農家であるチョンベ・セイヨムは二〇〇三年五月、干からびた自分の農場で硬い土の塊を蹴り飛ばし、涙を流した。一〇年前、彼は、緑の革命を起こす政府の取り組みに意気揚々と参加した若者だった。だが今、信じられないことに、まわりの人々が飢えに苦しむなかで、自分の灌漑設備を停止した。前年、トウモロコシやキャベツ、トマト、豆類、バナナ、パパイヤを豊かに実らせた二〇〇エーカー（約八一ヘクタール）の農地は、土ぼこりの舞う荒れ地へと変わり果てた。正気の沙汰とは思えない行動であることは、彼にもわかっていたが、水を汲み上げるポンプを動かす軽油を買えなくなってしまったのだ。「最悪だ」荒れ果てた畑をとぼとぼと歩きながら、彼はつぶやいた。「こんなはずじゃなかったのに」

一九九〇年代、チョンベの一家は着実に事業を拡大して、エチオピアの複数の地域で農場を運営するようになり、農機や簡易な灌漑設備にも資金を投入した。二〇〇二年には、運営する農場の総面積は四〇〇〇エーカー（約一六〇〇ヘクタール）を超えていた。豊かに育ったトウモロコシや小麦が地平線に向かって波打つ様子は、まるでアメリカのイリノイ州やアイオワ州の風景を見ているようだった。二〇〇〇〜〇一年、そして二〇〇一〜〇二年のシーズンには、最高の収穫量を上げた。にもかかわらず、二五万ドルの赤字となった。

チョンベとアメリカ中西部の農家の類似点は、農場の風景だけだった。チョンベには、穀物の価格を固定する先物取引契約もなければ、リスクに備える作物保険も政府による価格支援もなく、作物を可能な限り生産するよう奨励する国の補助金もない――これらすべての恩恵を、アメリカの農家は受けられるのだ。チョンベにとって、灌漑設備やトラクター、良質な種子、広い農場を手に入れることは、失うものが増えることを意味する。すでに彼は、これらほぼすべてを失っている。

笹川アフリカ協会とエチオピア政府は、とにかく生産量を上げることに力を入れてきた。一九九〇年代後半には収穫量は倍増し、二〇〇〇〜〇一年のシーズンには、穀物の収穫量が一三〇〇万トンという豊作に恵まれた。次のシーズンには、雨に恵まれて、再び一三〇〇万トン近くの収穫を上げることができた。エチオピアは、サハラ砂漠以南で屈指の穀物生産国として、南アフリカと肩を並べるまでに急成長したのだ。一九八四年に未曾有の飢饉を経験していることを考えれば、驚くべき発展だった。

2003年、エチオピアのアダミ・ツル近くの乾き切った畑で、近隣の農家と並ぶチョンベ・セイヨム（中央、白いTシャツ）。飢饉の前年の豊作で作物の価格が暴落し、チョンベは灌漑システムを停止した。

生産量を上げようと取り組むなか、豊作になったときにどうすべきかを考えていた人は、エチオピア国内でも国外でもほとんどいなかった。政府がエチオピアの市場の状況を評価すべく、経済学者と開発理論家を招集して緊急会議を開いたのは、二〇〇二年三月になってからのことだった。参加者たちは、トウモロコシと小麦の余剰在庫を国内の食糧不足の地域（国際的な食糧援助団体によって食糧が供給されていた）に輸送する方法を検討したが、国内の輸送ネットワークは依然としてロバに大きく依存し、地域の市場は作物の貯蔵と買い取りのための資本が大幅に不足していた。輸出する道も探ったが、生産地と港を結ぶ道路は荒れ果てているうえ、国外のバイヤーとのつながりもほとんどなかった。

構造調整を推し進めたり、作物栽培のみを注視して、農業全般を視野に入れなかった代償は、あまりにも大きかった。一九九〇年、政府は農業から手を引いて民間に委ねようとしたが、民間は空いた隙間を埋めることはなかった。加えて、国外の資金提供者が農業への投資を棚上げしたため、資金はほとんど入らなかった。アメリカは平均で年間約二億五〇〇〇万ドルの食糧をエチオピアに援助していたが、その額は、同国への農業開発援助の一〇〇倍近くもあった。エチオピア自体は、エリトリアとの紛争に一日一〇〇万ドルを注ぎ込んでいた。その資金を農村開発に使うこともできたはずだ。

こうして、エチオピアの記録的な豊作は、大惨事へと変わった。貯蔵施設が不足しているため、収穫された作物は一気に市場に流れ込んだ。また、国内の市場は発達が大幅に遅れているうえ、輸出市場もないに等しかったため、トウモロコシと小麦が全国的にだぶついて、一〇〇キロ当たり一〇ドルだった穀物価格は二ドルまで急落した。農家が受け取る金額は、栽培コストを大幅に下回った。

二〇〇二～〇三年のシーズンには、エチオピアの肥料の投入量が二七パーセント低下し、ハイブリッド種の種子の売れ行きは前年から七〇パーセントも落ち込んだ。チョンベのような大規模な商業農家は、さらに経費を切り詰めるために、農地の一部での栽培をやめ、灌漑設備を停止した。エチオピアの緑の革命は、急停止しただけでなく、一気に逆行し始めた。二〇〇二〜〇三年のトウモロコシの栽培量は、前年より少なくとも四分の一は低下すると予測された。そこに干ばつがやって来て、収穫量はさらに落ち込むこととなった。

二〇〇三年初め、大豊作に対処する緊急会議が開かれた一年後、政府は国際社会に向けて緊急の声明を発表した。食糧を援助してほしい――。

矛盾が惨事を一層ひどくした。食糧を求める一方で、干ばつに強い小麦地帯とトウモロコシ地帯の肥沃な土地は、休閑地となっていたり、十分活用されていなかったりしていたのだ。さらに、外国からの食糧援助が届く一方で、推定三〇万トンの余剰穀物が、収穫して市場に運んでも採算がとれないとの理由で、エチオピアの農村部で腐ったまま放置されていた。

干ばつが苦しみを広げた。だが、それはこの悲劇では脇役の悪党にすぎない。ボリチャの緊急食糧配給テントを巡回していたエマニュエル・オトロが、飢えで瀕死の状態となった子供たちの親と話しているあいだ、干ばつになる前に、市場が機能を停止したのだ。驚くべきことに、慢性的な飢餓が起きている国で、飢饉の最中に、穀物栽培はまったく儲からないビジネスになっていた。

二五万ドルの赤字を出したチョンベは、そんな日が来るとは思いもしなかった。しかし、二〇〇三年までに二回の豊作に恵まれたあと、「破産寸前におちいった」と彼は言う。価格が急落し、銀行から融資の返済を迫られて、「価格が最低のときに売らなければならなかった。誰もが収穫物を市場に持ち込んだ。いくらでもいいから、付いた値段を受け入れるしかなかったんだ」たとえ価格が種子と肥料、燃料、人件費といった経費を下回っていても、彼には支払わなければならない経費、特に、灌漑の整備と農地拡大の資金として借りた融資の利子があった。

状況は逆戻りしつつあった。二〇〇一〜〇二年のシーズンには、アディスアベバの西のウレガにある農場でトウモロコシ、モロコシ、大豆を全部で二七〇〇エーカー（約一一〇〇ヘクタール）植えた。だが翌年植えたのは、五〇〇エーカー（約二〇〇ヘクタール）にとどまった。「同じことが起きるんじゃないかと考えると怖くてね」そう話すチョンベの丸い顔には、恐怖が見え隠れしていた。「植えすぎると利益が出なくなるんじゃないかと思うんだ。経費が、収穫のときの価格よりも高くなってしまった」

チョンベの隣人で友人のブルブラ・チュレも、同じような恐ろしい状況に置かれていた。彼も二〇〇二年に最高の収穫を上げたにもかかわらず、二〇万ドル近くの赤字を出した。翌年、栽培面積を二七〇〇エーカーから五〇〇エーカーに減らした。二〇〇三年五月、休ませた畑には雑草が生え、飢えた人々に食糧を与えるのではなく、ウシに草を食べさせていた。「作付面積を減らせば、食糧不足が起きることはわかっている」とブルブラは言った。「怖いよ。でも、少なくともお金は失わない」

まるでジェットコースターのように乱高下するチョンベの農業人生は、エチオピアの農業を表しているかのようだ。彼の父親は、エチオピアの小麦地帯である南部のバレ地方で農家をしていた。その地域で初めてジョン・ディア社のトラクターを所有し――そもそもトラクター自体を持っている農家はほとんどいなかった――収穫用のコンバインも何台か持っていた。チョンベはこうした農機に乗って畑で作業するのが大好きで、作物の栽培をしているだけで満足だった。しかし、一九七〇年代半ば、ハイレ・

セラシエを退位させた共産主義政権が国内の農業を国有化し、農家の畑を没収して、すべての歩みが突然止まってしまった。チョンべの父親は農業をやめざるを得ず、亜麻の種を絞って料理用の油を作る仕事を始めた。そのとき、チョンべは家族に誓ったことを覚えている。「持っていたものすべてが奪われてしまった。僕は教育に投資する。学校で得た知識は奪われないから」

一九八四年の飢饉で同じ国の人々が数多く死んでいく姿を、当時アディスアベバの大学に通っていたチョンべは、なすすべもなく見ていた。彼の一家はできるだけ食糧を生産すべきだったかもしれない。しかし、彼にできたのは、飢えた難民たちのためのシェルターの建設を手伝うことだけだった。一九八〇年代半ば、チョンべはエチオピアの大学を卒業した後——一家の中では初めての大卒者だった——スコットランドのエディンバラに行き、土木工学を学んだ。これで、近代的な建造物を建設する知識は身についたものの、心はまだ農場から離れられなかった。

共産主義政権が倒れ、メレス・ゼナウィ率いる新政権が農業生産を上げる笹川アフリカ協会の取り組みを受け入れると、チョンべは一九九三年にエチオピアに戻った。一家は再び農業を始め、チョンべは土木工学の学位を投げ捨てて、起こりつつあった農業の革命に加わった。ようやく、作物の栽培を再開できたのだ。

慢性的な飢餓に苦しむ国で商業的な農業を実践するのは立派な取り組みであり、落ち度のない計画だと、チョンべは考えた。「食糧を生産し、人々に雇用を提供して、国を助けたい」彼は聞かれるたびにそう答えた。自分が育てた作物を誇りに思い、青々と育ったトウモロコシの緑のカーペットや、黄金色にさざめく小麦畑の写真を、事務所の壁に掲げていた。

そして二〇〇三年、ズワイ湖の近くのアダミ・ツルにある、荒れ果てた二〇〇エーカー（約八一ヘクタール）の畑で、チョンベはがっくりと肩を落として立っていた。「灌漑を止めたんだ」そう言う彼は、まだ自分の行動が信じられないように見えた。ところどころ抜けた歯を見せて、力のない笑顔を見せる。「飢饉が起きているのに、灌漑を止めたんだ」

チョンベには、ほかに選択肢がなかった。彼は種苗会社と契約して、ハイブリッド種を作るためのトウモロコシを栽培していたが、作物の価格が下がってハイブリッド種の需要が落ち込むと、種苗会社は注文を取り消した。「農家の経営状況が悪化しているから種子が売れないんだと、会社から言われたよ」とチョンベは話す。だが、それはすでにわかっていたことだ。彼でさえも、自分の畑には一番安い種子を使っていた。「自分もハイブリッド種は買えないんだ」

種苗会社との契約がなければ、灌漑設備を動かす軽油の費用、一日一〇〇ドルを払うためのお金がない。だから、灌漑を止め、作物の栽培をやめ、畑を荒れたまま放置した。種になるトウモロコシもなければ、野菜もない。雨が降らなければ、バナナやパパイヤの木は枯れてしまう。

チョンベは荒涼とした大地を早足で歩いて、小川のほとりに立つ大木の木陰に向かった。そこは、畑仕事の合間に焼けつくような日差しから逃れて涼める、お気に入りの場所のひとつだった。木陰に着くと、二匹のサルが驚いて、木の上に逃げていった。その振動で、葉っぱや実が落ちてくる。チョンベがふざけて声を上げると、サルたちも鳴き声を返した。

チョンベは木陰で、背の高い草をかき分けて、小さなモーターとポンプ、それにつながった複雑な配管を見せてくれた。この灌漑設備で、ズワイ湖から流れる小川から水を引いて、畑に送っている。

ポン、ポン、ポンというポンプの音に合わせて、チョンベは畑仕事をしたものだ。だが、今はその音はなく、静寂だけがあたりを包んで、落ち着かない気分にさせる。「小川にたっぷり水が流れているとき、ここに来るのが大好きだった。座ってコーヒーを飲むんだ」チョンベはそう言うと、目を閉じてため息をついた。「ここは楽園だったんだ」と吐き捨てるように言った。彼の楽園は滅んだ。何もかもが茶色に変わり果てた。土と雑草があたり一面を覆っていた。

チョンベは用水路に沿ってとぼとぼ歩きながら、降りそそぐ日差しに目を細めた。パイプを支え、用水路を形成していた土の構造物が、崩れ始めている。かつて作物が育っていた畑で、彼は土の塊を蹴飛ばし、ひざまずいて、土をすくい上げた。「もったいない」と彼は言った。「この事態は防ぐこともできたんだ。もし政府が穀物を買い上げることができたら、これほど価格が下がることはなかった。もし誰かが融資をしてくれたら、栽培を続けることができた。もし民間セクターが機能していれば。もし市場があったら……」チョンベは指のあいだから土をこぼすように落とした。それと同じように世界は、緑の革命をエチオピアの手から落としたのだった。

畑の表土が風に舞い上がり、どこかに運ばれていくのを、チョンベはじっと見つめていた。「これほど悲しいことはない」と彼は言った。「豊作のときにも、何かが間違っていると訴えたんだ。でも、それは遅すぎた」

エレニ・ガブレ=マディンは二〇年間、訴え続けた。

一九八四年に祖国のエチオピアが飢饉に見舞われたとき、彼女はアメリカのコーネル大学で経済学を学んでいた。ある晩、キャンパスのカフェテリアで夕食をとっているとき、突然、食べ物を投げ合う遊びが始まった。あらゆる食べ物が宙に舞い、ごみ箱に投げ捨てられた。その光景を見たエレニは、テーブルの上に立ち上がって声を張り上げた。「やめて！」祖国の人々が飢えに苦しんでいるときに、仲間の学生たちが食べ物を無駄にしているのを見て、たしなめずにはいられなかったのだ。

それは自分にとって「人生のターニングポイント」となる瞬間だったと、エレニはのちに語っている。カフェテリアでの出来事のあと、彼女は祖国で起きていることについて深く考えるようになった。エチオピアの肥沃な南部が食糧の余剰に悩まされながら、なぜ北部で多くの人々が飢え死にするのか。彼女は、農業市場がうまく機能しない理由を探る研究に打ち込んだ。

エレニは、エチオピアの時代遅れの穀物市場に関する博士論文を仕上げると、ワシントンの国際食糧政策研究所と世界銀行で研究を続けた。そこで彼女は、アフリカを破滅に追い込んでいる開発理論に存在する、成長力を弱らせる矛盾を精査した。農民たちがアジアの緑の革命に追いつこうと奮闘していた頃、構造調整のなすがままにされていたエチオピア政府は、農業市場から急いで手を引こうとしていた。一九九〇年代末にエチオピアで起きたように、生産量が増加すれば、欧米の要求を受けてぽっかり空いていた穴に市場をさらすだけだった。この改革は「赤ん坊を風呂に投げ入れるようなものだ」と、エレニは二〇〇一年に指摘している。

市場の改革とともに民間の市場開発に着手しなかったことで、構造調整の専門家は歴史の教訓を無視したのだと、エレニは考えている。発展途上国の農業市場を変えた重要な要素が、一切アフリカに適用されなかったのだ。

たとえば、アメリカ中西部の農家は、一八四八年にシカゴ商品取引所が設立されたことで資産を大きく増やした。それ以前は、農家は価格についてほとんど何の情報もない状態で収穫した穀物を市場に運んでいた。しかも、市場に穀物を持ち込むのはたいてい収穫の直後で、価格が最も低いときだ。それに、穀物を保管しておく倉庫も十分になく、品質を保証する標準的な格付けもなかった。たいていの場合、農家は取引員の言い値を受け入れるしかなかった。余剰が出ているときに市場に到着して買い手がつかない場合、あるいは価格が輸送費を下回る場合には、農家は穀物を家に持ち帰らず、ミシガン湖に捨てることになった。

シカゴ商品取引所は、品質の均一性、穀物の定期的な検査の基準を設けた。また、農家が事前に決めた値段で将来の収穫物を売却できる「先物契約」の仕組みを構築した。これで農家は、収穫期に安値で作物を売る必要がなくなった。その後、農家は銀行から融資を受ける際、先物契約を担保として使えるようにもなった。さらに、穀物を売るためにわざわざシカゴの市場まで運ぶ必要もなくなり、契約した買い手に直接出荷できるようになった。

商品取引所の設立によってなくなった、農家の意欲をそぐような事情は、エチオピアでは一五五年たった今も農家を苦しめている。そうした事情が原因で、チョンベは灌漑設備を止め、テスファエは飢え死にしかけた息子を緊急食糧配給テントまで運び、かつてアメリカの農家がミシガン湖に穀物を投げ捨てたように、多くの農家が作物を収穫しないまま畑で腐らせている。

過去二〇年間、いくつもの商品取引所が発展途上国に設立された。その大半が、ラテンアメリカやアジアにある。ブラジル、インド、中国といった新興の食糧生産国では、商品取引所が農業の大変革の原動力となった。しかしアフリカでは、市場を整備しようという動きはまったくなかった。アメリカは自国の民主主義のモデルを広めようと、相当な資金と時間、努力をアフリカに注ぎ込んだ。だが、アメリカの民主主義を広める際に、穀物取引のモデルの普及に同じだけのエネルギーを注いだ者はいなかった。

こうしてエチオピアでは、二一世紀に入る頃、農業生産が増える一方で、中世から変わらない穀物市場の仕組みが残ることになった。農家は余った作物を、土と木の枝で造った自宅に現れた商人に言い値で売る。商人は買いつけた作物をロバの背中かおんぼろのトラックに積み、アディスアベバにある中央市場に運ぶ。そして、輸送費の分を価格に上乗せして、穀物を別の商人に売る。その商人は、品質を確かめつつ穀物を詰め替え、手数料を上乗せした新たな価格でさらに別の商人に穀物を売る。その別の商人も同じように品質を確かめ、穀物をロバやトラックに乗せ替えて、国内のさまざまな場所に配送する。こうして届けられた穀物は、さらに輸送費が上乗せされた価格で売られる。

この複雑な販売ルートと道路、通信のネットワークは、良くても改善が必要といったもので、多くの地域ではまったくなかった。さらに、価格の決定や情報の交換、生産物の品質の格付け、契約の合法的な履行を行う機関もなかった。エレニが研究で指摘しているように、売り手と買い手、農家と消費者を結ぶ、信頼できる仕組みがなかったのだ。彼女の研究によれば、エチオピアで生産されたすべての穀物のうち、市場に届くのは三分の一しかないという。さらに、エチオピアの農家が受け取る金額は、消費者が支払う最終価格の三分の一しかないこともあるという。「市場側の仕組みは、まったく考えられてきませんでした」二〇〇二年にエチオピア政府が開いた危機サミットのあと、エレニは憤慨するように言った。「それは、次世代の問題だとみなされていました。『とにかく食糧を生産しよう』ということに重点が置かれていたのです」

危機を脱するには、市場の問題の解決が大切だと、彼女は主張する。二〇〇二年一二月、エレニはワシントンで開催されたセミナーで、初めてノーマン・ボーローグに会った。ボーローグに近づいた彼女は、差し迫った質問を投げかけた。「アジアの緑の革命では、穀物の生産量が急激に増えたとき、市場にどう対処したのでしょうか?」そのときボーローグは、「私を見つめ、こう答えただけだった」とエレニは回想する。「アジアでは市場の心配をする必要はなかった。とにかく科学的な手法を確立することに専念すれば良かったんだ」アジアではすでに農業市場がしっかりと確立されていたのだと、ボーローグはエレニに答えた。

エレニがこのエピソードを話してくれたのは、二〇〇三年五月、アディスアベバの中心部にある雑然とした野外の穀物市場を歩いていたときだった。豊作が飢饉を生んだという衝撃的な事実を受けて、エレニは、近代的な市場なしでエチオピアが食糧の自給を実現することはできないという思いを強くした。特に、農家のリスクを軽減する商品取引所が必要だ。「リスクをとるべき取引員の中に、それをできる能力がある人がいないんです」と、エレニは値段交渉をする取引員たちやロバのあいだをすり抜けながら話した。「だから、農家がすべてのリスクを背負わなければなりません。彼らが市場の不安定性にも耐え続けている限り、新しい技術や肥料の利用は進みません。市場が改革される以前には、政府がそうしたリスクを吸収していました。でも今では、すべて農家が背負い込んでいるのです」

騒がしい市場の真ん中で、エレニは、穀物取引員協会のヨセフ・イラク会長を見つけた。ヨセフの事務所は屋外トイレよりもやや広いくらいの小屋だった。デスクが部屋のほぼすべてを占領し、魚のような形をした電話が、ひっきりなしに鳴る。四方の壁は、イエス・キリストと聖母マリアの肖像画が埋め尽くしている。窓の外には穀物の袋が山と積まれていて、部屋の中にはわずかな光しか入ってこない。穀物の袋を積み込むあいだエンジンをアイドリングしているトラックから排気ガスが流れてきて、部屋に立ちこめている。あちこちで鳴るクラクションやロバの鳴き声に負けないように、取引員たちが声を張り上げる。

二〇〇〇年から〇二年の豊作が未発達の民間セクターにどれだけの打撃を与えたのか、ヨセフが説明してくれた。価格が暴落したとき、ヨセフと仲間の取引員たちは、価格が再び上昇するまで、大量の穀物を購入し保管するための資金が調達できなかったという。ヨセフのような市場の事業家が余剰穀物を集めて、価格変動のリスクを引き受けるのではなく、農家自身がすべてを背負い込むことになった。

ヨセフの考えでは、栽培面積を減らしたエチオピアの農家は合理的な判断をしただけだという。「農家が抱える問題は多すぎます」と彼は話す。「私たちは、穀物を貯蔵する倉庫を建設したり、穀物を輸送するトラックを調達したりして、手を差し伸べるべきでした。でも、そのための資金がなかったんです。倉庫を建てる資金を調達しに銀行に行くと、担保がいると言われました。でも、担保にできるものがないので、融資は受けられませんでした。食糧を必要としている地域に穀物を輸送するためのトラックを買おうと思っても、やはり担保が必要でした」

ヨセフは、イエス・キリストの絵の下で、椅子にもたれかかった。そして、小さな部屋を指し示すように、両腕を広げた。「私に担保物件があるように見えますか?」そう問いかけるその口調には、皮肉が入り混じっていた。

もしトラックを持っていたら、農家から直接作物を買い付けて消費者のもとに届けたいと、ヨセフは言う。「私は取引員です。でも、農家とは話をしません。ちょっと変ですよね？」ヨセフをはじめ、アディスアベバの取引員の大半は、何人もの仲買人を介して取引する複雑な仕組みに頼っていて、そのために価格が高くなり、余剰のある地域から食糧不足の地域に穀物を流通させるルートが複雑になりすぎていた。

エレニが、長距離の取引をひとりでやろうと奮闘した取引員の貴重な試みと、彼が抱えている不満を教えてくれた。西部で取引員をするアブドゥは、トラックいっぱいに穀物を積んで九〇〇キロ離れたエチオピア北部に向けて出発した。北部では需要が多く、価格が高いと聞いたのだ。二週間半をかけて、穴だらけの道路と未舗装の悪路をトラックで走り抜いた。積み荷の一部は、袋が破れてしまった。途中、いくつも検問所があり、そのたびに賄賂を支払わなければならなかった。そうしてようやく目的地に着いたものの、事前に聞いていた価格で買ってくれる買い手を見つけられなかった。「結局」とエレニは言った。「彼は安値で売って赤字になり、二度と同じことをしませんでした」

市場にまつわるこうした話を数多く耳にしてきたヨセフは、あきれた顔をした。「仕組みを近代化しなければなりません」と、うんざりしたように言った。「政府に何回も書面で訴えてきましたが、返事は一度ももらっていません」

二〇〇三年の飢饉が起きる前、数々の「兆候」があった。中でも特に長く続いたものは、一九八四年の飢饉のあと、アメリカとEUの国際開発機関によって設置された飢饉早期警戒システム・ネットワーク（FEWS NET）とエチオピア食糧安全保障ネットワークが発したものだ。当然ながら、誰もが干ばつの兆候に細心の注意を払い、アメリカ海洋大気局とアメリカ地質調査所が提供する衛星画像を注視していた。だが、地上で地域の実情を調査する数多くの地上調査員が発した市場からの警告は、大半が無視された。地上調査員はペンとノートという旧来の道具を持ち、市場や農場、家庭を定期的に巡回して、需要と供給、価格への影響を記録する。薄暗い土壁の小屋に入り、今にも倒れそうな貯蔵庫に入って家庭の食糧の備蓄量を調べ、肥料やハイブリッド種を使う意向があるか農家に話を聞く。

だが、二〇〇三年の飢饉に至るまでのあいだ、市場からの警告にかかわる真実を――市場に積み上がった余剰作物が、価格の下落と農家の意欲の減退につながるという事実を――誰も見抜くことができなかった。「余剰は多くの人々の目には、問題として映らない」と、早期警告ネットワークのエチオピア代表を当時務めていたアレム・アスフォーは話した。背が高くやせていて、普段は柔らかい口調で話す彼は、警告を強く発し続けてきた。「私たちは、嘘をついていると思われていました」と彼は話す。「誰も耳を傾けてくれませんでした」

エチオピア食糧安全保障ネットワークの月報では、地上調査員たちが飢饉の前兆を書き記していた。彼らが把握していたのは、エチオピアの飢饉だけでなく、世界的な食糧危機の前兆でもあった。以下、その月報から引用する。

二〇〇一年二月――「主食の穀物の卸売価格が下落し続けていて、余剰生産に対する農家の意欲をそぐ状況をつくっている。市場価格は農家の期待を下回り、次の栽培期に向けて農家が生産意欲をなくすおそれがある」

二〇〇二年一月――「主要穀物の価格は依然として非常に低い……穀物価格の下落による悪影響から小農を守るには、市場政策と社会政策の両方の課題を解決する必要がある。現在の低価格の傾向を反転させるのは、需要と供給の調整だけではできない。農家の生産意欲を維持するためには、何らかの価格支援策が依然として必要だ」

二〇〇二年二月――「二〇〇一年全体を通じた穀物価格の下落によって……農家が深刻な経営難におちいる可能性がある。穀物の中でも特に下落幅が大きいトウモロコシの場合、次のシーズンには作付面積が減少する可能性がある……トウモロコシの生産量は二四パーセント減ると見込まれる」

二〇〇二年四月――「現在の価格推移は、多くの地域で生産者価格が生産コストを下回ることが多いため、非常に懸念すべき状態だ（特にトウモロコシ）。二〇〇一～〇二年のシーズンには、購入済みの資材（高収量品種の種子と肥料）の使用量が大幅に減っていることが、すでに報告されている。現在の価格下落傾向が反転しなければ、二〇〇二～〇三年のシーズンには、資材の使用量のさらなる減少と、それに伴う生産量の低下が見込まれる……」

「余剰が出ている地域で農家の生産意欲を維持するには、国内市場での食糧の購入や現金ベースの援助などの短期的な対策に加えて、長期的な戦略も必要だ。たとえば、農業普及活動で農家に対して市場取引に関する助言を提供する、公共の穀物市場情報システムの再生および拡張を行う、農村部の道路整備と越境貿易を促進するなどだ」

二〇〇二年九月――「二〇〇三年には、降雨不足により、最も可能性の高いシナリオで、約一〇二〇万人に一五〇万トンの食糧援助が必要になり、最悪のシナリオで一一〇〇万～一四〇〇万人に二二〇万トンの食糧援助が必要になるだろう。飢餓の期間は、二〇〇二年の少ない収穫物の在庫がなくなり始め二〇〇三年の収穫物が出回るまでの、二〇〇三年三月から六月までがピークと見込まれる」

「早期警戒システム・ネットワークの予備的な推定では、二〇〇二～〇三年の生産量は九五六万～一〇三三万トンとなり、過去四年の平均と比べてそれぞれ一五パーセントと八パーセントの減少となる……この減少を引き起こしたのは降雨不足と資材の使用量の低下だが、その背景には、収入と所有する生産的資産の長期的な減少がある」

二〇〇二年一二月――「エチオピア政府と国連は、すでに絶望的だった状況が降雨不足によって悪化したことから、二〇〇三年に一一三〇万人に対して一四四万トン以上の食糧援助を求める共同声明を発表した。それ以外に三〇〇万人に対して、注意深いモニタリングが必要である」

二〇〇三年二月――「食糧配給プログラムに対する食糧援助は圧倒的に少ない。必要量の三二パーセントしか満たしておらず、同時に多くの地域で栄養失調患者の数が危機的なレベルに達している」

二〇〇三年四月――「エチオピアは重大な人道的危機に瀕している。地上調査員は正しかった。彼らの予測した最悪のシナリオの中でも最悪の事態が起きた。今後数カ月で、一四〇〇万人が食糧援助を受けることになる」

チョンべの農場で作付面積を縮小して灌漑を停止する前に働いていた彼の隣人たちも、飢餓に苦しんでいた。チョンべは一〇年前に農場を始めて、食糧を生産し、人々を雇ってきた。だが今、アダミ・ツルとウレガにある彼の農場では、そのどちらも大して行っていない。ただ、南部の故郷に近いバレ地方にある一五〇〇エーカー（約六一〇ヘクタール）の農場では、畑を全部使って小麦と大麦を栽培できているのが救いだと、彼は言う。価格が低すぎるため、そこで収穫した作物を市場に持っていこうとは考えていない。収穫物は農場の作業員たちと彼の一家への食糧となる。「物乞いをするよりは、食糧をつくって自給していたほうがいい」と、チョンベは考えているのだ。

だが、エチオピアの多くの人々は物乞いをするほうを好んだ。チョンベから見れば、世界は二〇〇三年に完全におかしな方向に向かってしまったようだった。かつては、自分のコンバインで隣人の小麦も刈りとっていたが、二〇〇三年には、作物を刈りとってほしくないと言われた。収穫しているところを農業当局の役人に見られたら、食糧援助を受けられなくなるのではないかと懸念しているというのだ。「何かおかしいよね？」アダミ・ツルからアディスアベバに車で戻る途中、チョンベは言った。「一番心配なのが、自給することではなく、食糧援助だなんて。私たちはこんなふうになってしまったんだ」

チョンベは、お気に入りのバーで一杯やろうと、アディスアベバのヒルトンホテルに向かった。ロビーは、世界中から飢饉の救済にやって来た人道支援組織のメンバーであふれかえっていた。

ロビーのバーの近くの椅子に身をうずめていたタケレ・ゲブレは、その光景を見て悲しげな笑顔を見せた。タケレは笹川アフリカ協会のエチオピアでの活動を取り仕切っている人物で、裏切られたという思いに駆られていた。「ようやく助けに来ましたね」と、ばかにするような口調でタケレは言い放ち、チェックイン・カウンターに群がる外国人たちのほうに腕を振り広げた。「私たちが飢えているときには、専門家やら穀物を送ってきますが、農業をビジネスに発展させる支援となると、姿を見せなくなります。私たちは、農家が生産量を上げられるように支援してきましたが、ほかのこと——融資のシステム、資材の調達システム、市場――には支援がなかった。それが崩壊につながったんです。そのとき、あの人たちはどこにいたんでしょうか？　私たちは、これらすべてを同時に発展させるべきだったんです」彼は、機会を逸したことに思いをめぐらすように、首を振った。「生産量を上げるのは一番簡単なんです」とタケレは言った。「しかし、農業を継続させるには、そして、農家に意欲をもたせるには、ほかのこともすべてやる必要があります。私たちは、農業を市場志向にしなければなりません。そうしなければ、大惨事は起き続けるでしょう」

タケレはコーヒーカップをぼんやり見つめながら、コーヒーをかき回している。「私たちが食糧を自給できるようになることに、ほかの人たちは興味をもたないんです。それよりも、食糧を送るほうがいい。信じられなければ、ナザレスの町に行ってみればいいですよ。ここから東に行けばすぐです。私の言っている意味がわかりますから」

「そうだな」とチョンベも同意した。「ナザレスに行きな。自分の目を疑うだろうよ」

6章　誰が誰を援助している？

エチオピア　ナザレス、二〇〇三年

ナザレスへの幹線道路は、善意で舗装されたものだ。アデン湾に面したジブチの港を起点に、アファール砂漠を西へ抜け、人類の祖先「ルーシー」の骨が出土した砂漠地帯を通り過ぎ、アワシュ川沿いの低地を通って大地溝帯の高地へと上り、アディスアベバに達する。大規模な飢餓が発生していた時期には、援助物資はこの道路を通ってエチオピアへ運ばれた。アメリカの農家が育てた何百万トンという穀物と、アメリカの農家を支援しながら、飢えに苦しむエチオピアの人々に食糧を送るという「善意」が、長年、この道を通って届けられたのだ。

ナザレスに行くには、もうひとつの道路がある。この道は、交通量は幹線道路ほど多くないが、チョンベ・セイヨムの一家が長年農業を営んできた南部のバレ地方とアルシ地方から延びる道路で、高地地方で十分な降雨があった良い年には、エチオピアの小麦農家とトウモロコシ農家の収穫物を満載したトラックが何台も連なって、北へと向かう。

この二本の道路は、ナザレスの中心部——市場の屋台やバス停、野外の食堂、ホテル、ニワトリやヤギの競り市などが雑然と並ぶ騒がしい商業地区——で交わる。二〇〇三年、交差点には、どの方向からも食糧を山と積んで飛ばしてきたトラックが入ってきていた。アメリカの食糧援助の「神話」が、飢餓と飽食、不足と余剰が同じ年の同じ国に存在することもあるというアフリカの農業の「現実」と正面からぶつかる、壮観な光景が繰り広げられた場所だ。

三九歳の農民で穀物の取引員でもあるジェルマン・アメンテは、その「衝突現場」を道路脇で目の当たりにしてきた。彼は自分の穀物倉庫の外にある未舗装の駐車場に立ち、ジブチから轟音を立てて走ってくるトラックを目にしていた。トラックの荷台には、アメリカの外国向けの援助物資であることを示す赤・白・青の特徴的なマークが印刷された、約一〇〇キロ入りの白い袋に入った援助食糧が満載されている。トラックは寄せては返す波のように激しく出入りして、アメリカから届いた一〇〇万トン以上の小麦やトウモロコシ、豆類を運んでくる。道路に空いた穴の上をトラックが通るたびに、地面が揺れる。

ジェルマンは、こうしたトラックを見るたび、怒りに体を震わせる。コンクリート造りの大きな倉庫には、記録的な飢餓に苦しんでいる国の光景とは思えない、驚くべき光景が広がっているからだ。エチオピア産の小麦やトウモロコシ、豆類が詰まった大量の袋が、天井に向かってうずたかく積まれているのだ。これこそが、チョンベと笹川アフリカ協会のタケレ・ゲブレが世界中の人々に見せたかった光景だ。これは二年前の豊作の際の収穫物、アルシとバレにあるジェルマンやその隣人たち、そして西の穀倉地帯で農家が丹精込めて育てた作物であり、生産量を上げる農法を紹介した笹川アフリカ協会とボーローグの取り組みが実を結んだ成果だ。作物は同じく白い袋に詰められているが、その袋に付けられたマークは緑・黄・赤のストライプというエチオピアの国旗の色である。アメリカ産の食糧が流れ込む一方で、エチオピア産の余剰作物は手つかずのまま腐敗する日を待っていた。

背が低くてやせているが、筋骨たくましくて精力的な男であるジェルマンは、自分の倉庫にそびえる穀物の山のひとつに、はうようにして登って頂上に立ち、写真撮影のためにおどけたポーズをとってみせた。「看板を持ってたほうがよかった。『食糧を送ってください。エチオピアには、食糧がありません！』と書いた看板をね」と、いたずらっぽく彼は言った。「アメリカ人には想像できない光景だろうな」

その通りだ。二〇〇三年には、アメリカ人は、すべてが茶色く死に絶えて荒涼とした悲惨な風景の中

2003年、エチオピアのナザレスにある倉庫で、エチオピア産穀物の詰まった袋を見上げるジェルマン・アメンテ。

で、自分たちの食糧援助が人々の命を救っていると想像していた。彼らの認識——そして、彼らの善意——は、ナザレスにあるエチオピア政府の政略的な穀物倉庫に、アメリカ産の小麦とトウモロコシを満載して到着した一台のトラックに、はっきりと表れているのかもしれない。そのトラックの助手席側の窓は、イエス・キリストのステンドグラスの絵になっている。ナザレスで、イエス様がエチオピアの人々に救いの手を差しのべていらっしゃる、というわけだ。これほど完璧な光景はない。

まさか自分たちの食糧援助が、畑に青々と作物が育ち、地元産の食糧が倉庫にぎっしり詰まった地域に到着しているとは、アメリカ人は想像もしていなかった。アフリカの国々が、余剰が出るほどまで多くの穀物を生産しているとは、飢えに苦しむ人々があふれた国でそんな状況になっているとは、思いもしなかった。自分たちの援助が地元の農家から辛辣な皮肉を浴びせられているとは、考えもしなかった。

「アメリカの農家はエチオピアに市場を持っているが、我々はエチオピアに市場を持っていない」と怒りをあらわにするのは、ナザレスで穀物取引会社を経営するケディル・ゲレトだ。ケディルはジェルマンとともに、ナザレスにある彼らの倉庫を案内してくれた。すぐそばには、ジブチとアディスアベバを結ぶ幹線道路が走っている。彼らがその場で簡単に見積もったところによれば、この倉庫にはエチオピア産の穀物や豆類が少なくとも一〇〇万トンは眠っているという。また、さらに五万トンの自国産食糧が、国内のほかの場所に眠っているという。これらは、前年に価格が急落したときに売れ残った余剰食糧だ。価格と農家の意欲がさらに下がらないように、彼らは余った食糧を倉庫に保管している。だが今、二〇〇万トン近くの食糧援助が外国から国内に押し寄せ、市場はさらに打撃を受けた。

ジェルマンとケディルは、彼らの倉庫にある食糧で全国民を養えるわけではないことはわかっているし、エチオピア人として、国際社会からの食糧援助には感謝している。「本当にありがたく思っている」とジェルマンは話す。だが、農家とビジネスマンという立場からすれば、彼も多くの仲間も憤慨しているし、農業への意欲をなくしている。

ジェルマンによれば、農家の中には収穫した穀物を市場で売ろうと南部から自力で運んできたが、東から食糧援助のトラックが到着しているのをナザレスで見て、穀物を売らずに引き返した人もいるという。そうした農家は自分の農場に戻り、簡易な保管施設に穀物を隠した。だが、穀物は風雨にさらされ、数カ月もたてば、害虫や病気、熱によってだめになってしまった。こんな状況で、農家は収穫量を上げようという意欲をもてるというのか。食糧援助が押し寄せるなか、食糧を余分に生産して何になるのか。「食糧援助に反対しているわけではない。もちろん、国内に食糧が不足している地域があれば、援助は必要だ。だが、国内の一部の地域に食糧があり余っていている状況で援助を受けるなど、信じられない行為だ」と、チョンベの隣人でナザレスに自分の倉庫を持つブルブラ・チュレは話す。

なぜアメリカは、エチオピア国内の余剰作物を買い上げるための資金援助をしたうえで、さらなる不足分を補う食糧を送ってこないのかと、二人は首をひねる。「アメリカ人が本当に我々を助けたければ、つまり、エチオピアの飢えた人々に食糧を与え、農家を助けたければ」とケディルは話す。「まず、エチオピアの農家と商人から手に入る食糧を買わなければいけない」

だが、アメリカ人はエチオピアの農家から買うことはできなかった。一九四〇年代以降、アメリカの議会は、アメリカの食糧援助はアメリカ産のものでなければならないという原則に従ってきた。時がたつにつれて、アメリカの企業と政治家の関心が食糧援助政策に大きな影響を及ぼすようになり、世界の飢餓にとって最良のことではなく、アメリカのアグリビジネスとそれを支援する政治家にとって最良のことに関心が集まるようになった。アメリカの援助額は増えていたとはいえ——世界の食糧援助の半分がアメリカによるものだ——その私欲も高まっていたのだった。

「アメリカの農家の視点で考えてみれば、世界に食糧援助を提供するのは理にかなっている。アメリカにとっては適切な政策だ」とジェルマンは言う。「しかし、その主な目的がアメリカの農家の支援だけでなく、貧困国の支援でもあるなら、エチオピアの農家と国民にとって最良のことをしなければならない。飢餓の問題を解決するのが目的なら、アメリカは変わる必要がある。自国産の食糧を送るだけじゃだめだ」

一九八四年の飢饉を受けて、エチオピアは年間に受け取る緊急食糧援助の規模がサハラ砂漠以南のアフリカで最大となった。アメリカの食糧援助だけでも、二〇〇三年までは年間二億五〇〇〇万ドルを超えていた。緊急食糧援助の規模が拡大するにつれて、エチオピアの農業の開発と将来の飢饉の回避を目的とした援助は縮小していった。二〇〇三年には、アメリカの緊急食糧援助は五億ドルを超えたが、農業開発事業に投入されたのは五〇〇万ドルにも満たなかった。エチオピアの農家が前年の余剰作物を売れないという状況にもかかわらず、食糧援助が流入してくると、エチオピア中に怒りの混じった皮肉が広がった。おそらく食糧援助は飢餓の問題を解決するためではなく、飢餓を永続させるためのものではないか——。「アメリカの農家にはエチオピアの飢饉が必要なんだ」と、ブルブラは吐き捨てるように言った。「アメリカの農家がこの国に穀物を送らないとしたら、穀物はどこにいくんだ？」

アメリカへの依存は、二つの事態を生んだ。ひとつは、定期的な食糧援助が、エチオピアを世界的な福祉国家に変えさせた。もうひとつは、アメリカへの依存が高くなると、国の命運がアメリカ中西部の天気と作況に左右されるという不思議な依存関係が生まれた。「アイオワ州で雨が降っていれば、エチオピアで雨が降るかどうかなんて気にしないんですよ」と話すのは、飢饉のとき副首相と農村開発大臣の顧問を務めたメスフィン・アベベだ。彼はアディスアベバの丘の上に建つ官公庁のビルで、茶色のソファーに座り、紅茶をスプーンでかき混ぜていた。砂漠を歩くロバの写真が木製のキャビネットの上に掲げられている。赤いネクタイが一本、金属製の帽子掛けに掛かっている。市街地とその貧困が広がっているのは、コンクリートのバルコニーの向こうだ。

「エチオピアは食糧援助によって慢性的な依存症におちいっています」と、メスフィンは窓の外を眺め、下あごのひげをなでながら嘆く。自分で働いて一家の食糧を得るのではなく、月一回アメリカのロゴが入った白い袋をもらうために何時間も列に並ぶ。食糧援助に依存する国民が多いのは恥ずかしいことだと、メスフィンは話す。「飢えているかどうかにかかわらず、彼らは、自分たちには食糧援助を受ける権利があると思っているんです」

メスフィンのオフィスから南に一日車を走らせ、ボリチャの近くの高地に上がり、一二〇世帯が飢えに苦しむボディティに到着した。食糧にあまりにも飢えているのか、援助スタッフが小さな保管庫からアメリカ産小麦の袋を出し始めると、すぐに人々が我先にと走り寄ってきた。細長い鞭のような棒を持った村の長老たちが、葦で編んだかごで袋からこぼれた小麦を受けようと先を争う強引な人々を追い払っていた。

そんななか、配布所の脇にある小さな畑で辛抱強く待っている男がいた。一〇人の子供を抱える父親で、名をラア・ラマコと言った。「子供たちにあげる食糧が足りません」と彼は話す。子供たちの何人かが脇に立ち、彼の脚をしっかりつかんでいる。前の年、干ばつでトウモロコシと豆類が全滅した。ひと部屋しかない小屋の、いつも食糧を保管する一角には、何もなかった。実際には何もないどころか、二年分の肥料と種子に相当する分の借金まで残っていると、彼は話す。服はぼろぼろで、強い日差しを避けるために、黒と緑のカーペットの四角い切れ端を頭に乗せている。

だが、食糧の配給を待っているラアの足下では、青々としたトウモロコシの茎が膝の高さ近くまで育っている。雨期の初めの降水は十分あったが、トウモロコシの成熟に欠かせない雨期の後半の雨が降らなければ、来年も食糧援助に頼ることになるのではないかと、彼は不安を募らせる。赤と白と青の星条旗のストライプが付いた袋を配給所から次々と運んでいく隣人たちを見つめながら、彼はこう言った。「少なくとも、アメリカでは雨が十分降ったんだな」

ボディティから北に二四〇キロ離れたナザレスでは、午前中の大雨で通りが冠水していた。雨は激しかったが降っている時間は短く、降り始めと同じように突然やんだ。空が明るくなり、雄鶏が高らかに鳴いた。だが、倉庫の雰囲気は依然として暗い。「国中でこのまま順調に雨が降れば、豊作になるだろう」とジェルマンは言った。「でも、引き続きアメリカからの食糧援助はやってくる」

ジェルマンは、細い銀色の筒状の棒を小麦やトウモロコシ、豆類の袋にランダムに刺して、食糧の状態を調べた。「ほら」と、彼はひと握りのトウモロコシを見せた。「食用に適したものだ。高品質だよ」

アディスアベバから来た運転手のタムラット・ハイレ・マリアムが、身を乗り出して、驚きの声を上げた。「こんなの初めて見た。この国に食糧は全然なくて、ほかの国からの援助で食べているんだと聞いていたよ。でも、エチオピア産のトウモロコシが、こんなにあるじゃないか！」

小さなガが一匹、ジェルマンの顔の近くに飛んできた。彼は手で叩いてつぶそうとしたが失敗した。「燻蒸消毒が必要だな」と自分のボスに言った。貯蔵害虫の発生は何としても避けなければならない。

ジェルマンは早足で小麦の倉庫に向かった。そこには虫はいない。「来てごらん」と、彼はせかし、袋の山の前に近づいた。筒状の棒を袋に刺して、中の小麦を取り出した。「アメリカ産の小麦よりもいい。パスタにぴったりの茶色い硬質小麦だ」

「信じられない」と、タムラットが目を丸くした。

ブルブラの倉庫では、タムラットは開いていた袋からみずからトウモロコシをつかんだ。「見てくれ！」と彼は声を上げた。「ポリッジ（おかゆ）にぴったりだよ！」

その言葉を聞いてジェルマンが言った。「昼にしよう！　食糧がたくさんあるってことがわかるよ。しかも、全部エチオピア産だ」ジェルマンは、ジブチとアディスアベバを結ぶ幹線道路沿いにあるリフト・バレー・ホテルに案内してくれた。食糧援助を運ぶトラックが外を通り過ぎていくなか、魚と豚肉の炒め物、仔牛肉のカツレツ、牛肉のケバブ、エチオピア産の茶色い小麦で作ったスパゲティ、エチオピア産のオレンジ色のレンズ豆で作ったスープを注文した。

「アメリカでは、我々には食糧がないと思っているんだぜ」ごちそうがテーブルに運ばれてくると、ケディルがそう言って嘲笑した。

なぜエチオピアの農家は、アメリカの農家のように大きな影響力を政治に対してもっていないのか。昼食を食べながら、ケディルとジェルマンはその疑問に思いをめぐらした。最近、二人は穀物取引員と大規模農家からなるグループの一員として、首相官邸に請願書を送り、外国から現物の食糧援助を受け入れる前に、自国産の穀物を食糧援助として買い上げるための資金を援助国から引き出すよう政府に要請した。グループは請願書の中で、倉庫に残った在庫を処分しなければ、次の収穫物を買い上げる資金も、それを保管する場所もなくなると警告した。小農の収入の道は再び絶たれ、融資の返済が滞る。作物は農場で朽ち果て、農家は翌年の作付面積を減らすだろう。いつまでたっても飢饉はなくならない。「そして、国も発展しない」とジェルマンは締めくくった。

ウェイターが勘定書を持ってテーブルにやって来た。六人で二〇ドルもかからない。ジェルマンは、その場のグループのアメリカ人から勘定書を奪い取った。勝ち誇ったような彼の笑い声が、レストランに響き渡る。「アメリカからはもう十分、昼食をおごってもらっているからな」と彼は言った。

同じ時、海を越えたアメリカでは、複数の農業団体が連携して、エチオピアの人々とはまったく正反対の内容を盛り込んだ請願書を作成していた。食糧援助による輸出をさらに増やすよう、政府に求めていたのだ。その要求の具体的な内容は、世界への食糧援助として政府がアメリカの農家から買い上げる量を、前年の二二〇万トンから大幅に引き上げて、最低でも年間三〇〇万トンにしてほしいというものだ。アメリカの農家は、国内需要の二倍もの小麦を生産している。価格が下落する前に、余剰分を何とかしてどこかに移動しなければならない。「アメリカ政府は『食糧援助事業に食糧を提供し続ける』べきであると、我々は考えている」と請願書には書かれていた。この一文には、エチオピアの取引員たちがうすうす気づいていたことが表れている。アメリカの農家には、飢えたアフリカの人々が必要なのだ。「余剰作物を処分するために、食糧援助が必要なんです」そう説明するのは、アイダホ州とワシントン州の州境近くの小麦農場でコンバインの運転席に座っていたジム・エヴァンスだ。アメリカ太平洋岸北西部の肥沃な地域で小麦の収穫時期を迎えていた彼は、一〇〇〇エーカー（約四〇〇ヘクタール）の自分の農場で、昼夜を問わずジョン・ディア社のコンバインを動かしていた。重量が一二トンもあり、一時間に約二七トンの小麦を収穫できる巨大な農機だ。彼の見積もりでは、小麦とレンズ豆、エンドウ豆から得られる年収約二〇万ドルの約三分の一が、食糧援助プログラム関連の取引によるものだという。「食糧援助は、このあたりの農家に大きな影響を与えている」とエヴァンスは言う。「それがなかったら、私は今頃ウォルマートで働いているかもしれない」

この地域は、フランス語で「緑の芝生」を指す言葉からとって「パルース」と呼ばれている。アメリカ国内でも、この地域ほど、地域経済を食糧援助の供給に頼っている地域はないだろう。気候が、レンズ豆やエンドウ豆、白い軟質小麦の品種といった、主要作物以外の作物の栽培に適した独特の条件をこの丘陵地帯にもたらした。だが、現実には、パルースの農家はアメリカ国内の需要を上回る量のこれらの作物を生産している。この地域で収穫された小麦の大半は、海外で消費される。海外で売れない作物は、食糧援助としてアメリカ政府が買い上げる。そうした作物は生産量の約一〇パーセントを占める。海外の食糧援助による需要がなければ、小麦の価格は下がり、地価も下落すると、小麦産業の担当当局は主張する。

二〇〇三年、パルースの農家とエチオピア高地の農家は、豊作と価格下落という荒波に、同じ水漏れするボートに乗ってこぎ出していたことに気づいた。だが、パルースの農家には、食糧援助市場という救命具があった。「もし制度が変わったら、アメリカの農業は大打撃を受けることになるでしょう」と、農家が出資する団体「ワシントン小麦委員会」の代表執行役、トーマス・B・ミックは話す。エチオピアの農家は、そのまま沈んでしまうということだ。

パルースで生産されたエンドウ豆は、ワシントン州スポケーンにあるスポケーン・シード社で洗浄・加工され、キャンベルスープからガーバーの離乳食まで、あらゆる食品に使われる。だが、それでも大量に余るため、家族経営の農場では、その売り上げの四〇パーセントを食糧援助にかかわる取引に頼っている。「ここの人間は、食糧援助の仕事に部分的に頼っていることがわかっている」大きな回転シリンダーから、乾燥させた黄色のエンドウ豆をひとつかみ取って、工場長のジム・グロスが言った。これらのエンドウ豆は、アメリカ国際開発庁のロゴ入りの袋に詰められ、ケニアから受注した四二〇トンの食糧援助の一部となる。ケニアはエチオピアの北隣にあるが、エチオピア産の余剰作物は一切入ってこない。アメリカの食糧援助が、その市場を独占しているのだ。

スポケーンの通りを進んだ先、ノースウェスト・ピー・アンド・ビーン社では、マネージャーのゲイリー・ヒートンが、レンズ豆が詰まった金属製のサイロの陰で汗を流していた。彼の最も重要な仕事は、二カ月に一度政府から入る食糧援助の注文を入念に確認することだ。その中の一行に、彼は目を留めた。政府は、鉄道車両二・五両分のレンズ豆をジブチに向けて出荷するよう要請してきた。その年の終わりには、そのレンズ豆を満載したトラックが、ナザレスにあるジェルマンの倉庫の前の道路を通り過ぎていくのだろう。「エチオピアはいい顧客です」とヒートンは話す。

飢餓対策ビジネスは、アメリカのレンズ豆産業を支えてきた。二〇〇一年にカナダの生産量が上昇してアメリカの価格が急落したとき、アメリカ政府は自国農家からの食糧援助用の買い付けを二倍近くに増やして八万三〇〇〇トンとした。これは、パルースの全生産量の半分以上に当たる。二〇〇二年には、農業協同組合に参加しているノースウェスト・ピー・アンド・ビーン社が、二八〇万ドルでレンズ豆とエンドウ豆を食糧援助プログラムに売却した。

エチオピアの農家と商品取引員の事情——そして、アメリカのような援助国は食糧援助としてエチオピア産の作物を買う資金を提供すべきという彼らの請願——は、パルースではあまり多くの同情を集めなかった。「それはぞっとするような話だな」と、ワシントン州ファーミントンの近くにある一四〇〇エーカー（約五七〇ヘクタール）の農場で小麦とレンズ豆を栽培するジム・トンプソンは言う。二〇〇三年八月、彼は食糧援助用に二万ドル相当のレンズ豆を政府に売った。「発展途上国の問題に対して私に責任があるとは思えない」と、彼は夕暮れ時に自分の農場に立ちながら言った。長時間にわたるコンバインでの収穫作業を終えて、その顔には疲れが見えた。「私は、生計を立てられるように、できるだけ多く生産しようとしているだけだ」

連邦政府によって運営されるアメリカの食糧援助プログラムは、第一次世界大戦のとき、鉱山技術者でのちにアメリカ大統領となるハーバート・フーヴァーが、何百万人というヨーロッパの戦争被害者に食糧と衣服を援助する取り組みを個人的に始めたもので、もともとは善意に基づいたものだった。だが、連邦政府の資金が入るようになると、力の強い農業関係者に好意的な政治と政治家もかかわるようになった。一九四九年には、補助金を受けた農家から余剰作物を政府に引き渡して処分する目的をもった、最初の食糧援助法が議会で可決された。アメリカの食糧援助は資金ではなく、アメリカ産作物のかたちをとらなければならないという指令が下った。

価格を下落させる余剰作物が増えるにつれて、ミネソタ州のヒューバート・H・ハンフリー上院議員といった農業州選出の国会議員は、永続的な食糧援助政策を支持した。一九五四年には、「平和のための食糧援助法」として広く知られる公法四八〇号が可決され、アメリカ産作物を買い付ける金融緩和を国家にもたらし、アメリカの農産物を世界中に提供するための莫大な予算を政府にもたらした。初期の頃、食糧援助はアメリカの小麦輸出の半分以上を占めていた。

一九八〇年代には、政府は余剰作物のための新たな市場を作り上げた。井戸の掘削や児童への予防接種といったプロジェクトの資金をアメリカの人道支援団体に与えるのではなく、政府は食用作物を支援団体に与える。支援団体はその食糧を活動対象国に売って、食糧を現金に換える。海外援助のこの回りくどいシステムは、「貨幣化」というオーウェル風の名称で呼ばれた。こうしたアメリカ産食糧の売却によって、援助を受ける側の国では地元産の製品が市場から閉め出されることもあった。エチオピアでは、アメリカ産の植物油が大量に市場に入ると、食用油の企業の数社が倒産した。

何年かたつうちに、なれ合いのような経済的な「方程式」が生まれた。アメリカの農産物の価格が生産過剰によって下がると、食糧援助の量が増える、というものだ。アメリカの気前の良さは、アメリカ農家の状態と結びついているようだ。一九九九年、当時のクリントン政権は過去二〇年で最低レベルまで下がった価格を上げようと、食糧援助用に購入する小麦の量を三倍に増やし、何百万トンもの小麦を買った。政府はヨーロッパ諸国などがロシアに小麦を売る動きに対抗して、ロシアへの小麦の援助に約二億五〇〇〇万ドルを注ぎ込んだ。この取引は、それまでのアメリカの援助の中では最大規模だった。二年後の二〇〇一年、コメに対する食糧援助の注文が減ると、精米所が次々と閉鎖されているという不満を、コメを生産する州の議員たちがホワイトハウスに伝えた。すると翌年、食糧援助プログラム用に連邦政府が購入するコメの額が五三パーセント増の八一二〇万ドルに跳ね上がった。

ヨーロッパ諸国の食糧援助政策も、もともと余剰作物を処分する方策として始まった。ヨーロッパの農家は、生産に特化した補助金に促されて、余剰食糧を大量に生産することで知られるようになった。余剰食糧にかかわる追加コスト――商品を動かすための輸出補助金と、ヨーロッパ内外で消費できない作物の保管や処分の費用――は、EU（ヨーロッパ連合）の予算で大きな割合を占めるようになった。こうしたコストをめぐる納税者からの相次ぐ抗議に促されて、EUは農業補助金制度の見直しに乗り出した。生産量に結びついた補助金の大半は廃止され、代わりに、作物の生産量にかかわらず、収入を安定させるための直接の収入保障として支援金を支給することになった。それから数年で、大量の余剰はなくなり、食糧援助として作物を輸出する理論的根拠もなくなった。一九九六年、EUの食糧援助政策は、常にヨーロッパ産の食糧を送るのではなく、援助を受け取る国にできるだけ近い国や地域から食糧を購入する資金を付与するという政策に変わった。

このため、二〇〇三年にエチオピアで飢饉が起き始めると、EUはまずエチオピア国内で手に入る食糧を購入する資金を拠出することができた。ナザレスのジェルマン・アメンテは彼の倉庫で、スウェーデンの国旗がスタンプされた袋に詰めた七〇〇〇トンの穀物を見せてくれた。スウェーデンがエチオピアの災害救援組織に寄付した資金の一部が、飢えた人々への配布用として、ジェルマンの抱える余剰在庫の一部の購入に利用されたのだ。

アメリカ国際開発庁のアンドリュー・ナチオス長官も、同じことを目指した。彼はエチオピアの飢饉に対処するうえで、アメリカの食糧援助法に縛られていると感じていた。地元の作物を購入すれば、飢えた人々にもっと迅速に食糧を届けることができると、彼は訴えた。アメリカ産の食糧を集めてエチオピアに輸送するには四カ月以上かかることもある。地元の食糧を購入すれば、市場が生まれ、エチオピアの農家の生産意欲も高まるうえ、コストも安くなると、彼は主張する。アメリカの法律では、食糧援助の七五パーセントを、アメリカの企業が所有する輸送機関を使って輸出しなければならないことになっている（輸送会社はアグリビジネスの政治戦略をうまく取り入れている）。その輸送費のコストは、公海上では世界屈指の高さを誇る。アメリカの当局の計算によれば、アメリカの食糧援助を飢えた人々に届けるための全コストのおよそ半分は、輸送費と保管費、取扱手数料が占めるという。アディスアベバの世界食糧計画のロジスティクス専門家によれば、アメリカからエチオピアまでの輸送費と取扱手数料は、二〇〇三年には、穀物一トン当たり二〇〇ドル近くにのぼったという。

第二次世界大戦中のギリシャで家族が飢えに苦しんでいた話を聞かされて育ったナチオスは、自分が使える食糧援助の予算の一割を地元産の食糧の購入に充てたいと、二〇〇三年に『ウォール・ストリート・ジャーナル』紙に語っている。しかし、当時、その要望を議会にあえて伝えることはなかった。「そんなことをすれば、農業のロビー団体のあいだで「大論争が巻き起こったでしょう」と彼は話す。「しかし、法律の内容にはもっと柔軟性が必要です」

食糧援助は〈鉄の三角関係（アイアン・トライアングル）〉として知られる既得権にがんじがらめにされていることを、ナチオスはわかっていた。三角関係とは、農家などの農場関係者、輸送会社、そして、飢えた人々に食糧を配布する人道支援団体のあいだの関係を指す。食糧援助は国内産の作物に限るという要件を少しでも変更する動きがあれば、農家と輸送会社は猛烈に反対するだろう。また、食糧を海外で調達して、アメリカ産作物に注ぎ込む資金を大幅に削減すれば、食糧援助に対する農家と輸送部門の支援が失われると、援助機関は警告する。また援助機関関係者は、政治的なロビー活動なしで、自分たちの人道的理念を訴えるだけでは、食糧援助の予算は議会を通らないのでは、と不安視している。視野の狭い経済的な私利私欲だけがまかり通るようになるのではないかと、彼らは懸念している。

食糧援助にかかわる輸出を増やすよう求めるアメリカの農業団体の声がホワイトハウスに届いたときには、それに反対できるだけの強い政治的影響力をもった人は誰もいなかった。

〈鉄の三角関係〉は二〇〇三年の飢饉でエチオピアの農家のニーズを満たせなかったばかりか、その代表者たちは、ずうずうしくもさらなるビジネスを探して、飢餓の跡をたどっていた。

アディスアベバの一流ホテル、シェラトンのロビー。噴水と喫茶ラウンジが設けられ、クラシック音楽が流れるその場所に、二階で開かれるレセプションの案内板が出ていた。そのホスト、全米乾燥豆評議会は、会員たちの育てた豆を食糧援助に加えてもらおうと、二〇〇三年の飢饉の真っ最中にエチオピアにやって来た。黒インゲンマメや白インゲンマメといったアメリカ産の乾燥豆のうち、食糧援助で輸出されるのは約五パーセントだが、エチオピアに送られるものはなかった。だが、乾燥豆評議会はその状況を変えたいと思っていた。カクテルやひと口大のケーキ（プチホール）が饗されたレセプションでは、評議会の代表者たちが、援助食糧を配布する国際組織や国内組織のメンバーに、豆の栄養面の効用を訴えていた。「私たちの産業の利益になる点と、世界の飢餓を減らす点。その二つがぴったり合う場所を常に探しています」評議会の代表者のひとりは、冒頭の挨拶でそう説明していた。

ウェルク・メカシャは一張羅のスーツを身にまとい、会場に早く着いていた。背が低くて社交的な彼は、エチオピアの小農を共同組合にまとめる支援をする、アメリカがの資金提供を受けている団体の支部長を務めている。彼が支援する農家の中には、豆を育てている人もいる。海の向こうからやって来たこの乾燥豆評議会は新たな顧客になるかもしれないと、彼は思ったのだった。

ミシガン豆類委員会の事務局長、ボブ・グリーンがやってきて自己紹介したとき、ウェルクは彼の手をしっかりと握り、期待して言った。「私たちの農家がアメリカで豆を売るのを、手伝っていただけますか？」

「残念ながら」とグリーンは答えた。「我々はアメリカの豆農家の団体なんです」

「そうだったのですか」とウェルクはがっかりして言い、そのアメリカ人の手を離した。「ということは、私たちの競争相手ですね」

翌日、ジブチにつながる道路沿いのナザレスから少し離れた地点で、エチオピアの二人のレンズ豆農家が、競争相手を目にして驚いていた。二人は裸足で、さまざまな色と素材の布きれを縫い合わせて作ったズボンとシャツを身につけている。いつも手作業で世話をしている畑を背に立っていると、援助食糧を積んだトラックが何台も連なって轟音を上げながら通り過ぎていった。そのトラックの一台から、積み荷の中身がこぼれ落ちた。二人は道路に走っていき、こぼれ落ちたものをすくい取った。レンズ豆だ。おそらく、アメリカのパルース産のものだろう。ひょっとしたら、スポケーンにあるゲイリー・ヒートンのサイロから出荷されたものかもしれない。

「どうしてアメリカは、レンズ豆を送ってくるんだ?」遅れて走ってきた別の農民、バシャダ・イファが尋ねた。「俺たちがここでレンズ豆を育てているのに」

それ以前の四年間、エチオピアは平均で約三万五〇〇〇トンのレンズ豆を生産し、しかも一二〇〇トンを輸出していた。まだ二十代の若いバシャダは、食糧援助のトラックを見たとき、ジブチにつながる道路沿いの一〇エーカー（約四ヘクタール）の畑でレンズ豆を育てていた。かつては、アメリカから送られてくる穀物や豆をありがたく受け取ったものだ。前年、彼の家族は干ばつの中で生活していくために、小麦など約三〇キロの食糧援助を受け取った。だが今年は、雨が降るようになり、トウモロコシや豆類、レンズ豆は彼の畑で順調に育っている。おそらく、特にレンズ豆は余剰が出るだろうと見込んでい

ジブチとアディスアベバを結ぶ幹線道路の脇に立つエチオピアのレンズ豆農家。道路には、アメリカ産のレンズ豆など食糧援助を満載したトラックが走る。

る。そんな彼には、アメリカの食糧援助が脅威に思えた。「豊作になれば、アメリカ産のレンズ豆は価格の下落を招くだけだ」とバシャダは言った。彼は青い野球帽のひさしの下に手を伸ばして、頭をかいた。その帽子もアメリカ製だ。「アメリカは俺たちのレンズ豆を買うべきじゃないかね」彼はそう言うと、帽子をきちんとかぶり直した。その帽子には、「Good Luck（幸運を祈る）」という言葉が刺繍されていた。

7章　水、水、水

エチオピア　バハール・ダル、二〇〇三年

テスファフン・ベラチョウは、自分の名前にふさわしい生き方をするのは難しいと感じていた。テスファフンはアムハラ語で「希望となれ」という意味だが、彼の人生は「絶望」という言葉の定義そのものだった。着ている服はぼろぼろで、ウール地のスカーフをターバン代わりに頭に巻いている――ポケットに一銭もない男が間に合わせで考えた服装だ。干ばつで、彼の畑は土ぼこりが舞う荒野になりはてた。トウモロコシもミレットもイネも育てることはできない。年の初めから九カ月間、一家は外国からの食糧援助で何とか生き延びてきた。

あらゆる希望があっという間に逃げていった。彼の一エーカー（約〇・四ヘクタール）の畑の隣には、エチオピアの主要河川である青ナイル川の支流、リブ川が流れている。そのぬかるんだ川岸を歩きながら、テスファフンは嘆いた。それは、アフリカで聞いたあらゆる嘆きの中で最も哀れで、聞く者を困惑させるものだ。「すぐそこにある水を引けないんだ」と彼は言った。なぜ、川の水を引いて灌漑に利用できないのか。「もちろん、そうしたいさ。でも、お金がなくて、パイプもポンプも買えないんだ。ダムや用水路を造ってくれる人もいない。そしてこの水は私らのものじゃなくて、エジプトのものだと言われた」

飢饉が起きているあいだずっと、青ナイル川とその支流は滔々と流れていた。青ナイル川の源であるエチオピアのタナ湖には、リブ川など、国の北部と中央部の高地から流れる数多くの小さな川が流れ込んでいる。そのタナ湖に源を発した青ナイル川は、アフリカ最大級の河川となり、いくつもの荒々しい峡谷を刻みながら、エチオピア中央部を九〇〇キロにわたって流れ下る。そのままの勢いでスーダンへと入り、首都ハルツームで、南から流れる白ナイル川と合流し、世界有数の大河であるナイル川となって、北のエジプトへと入る。

青ナイル川は、エジプトを流れるナイル川の約三分の二の水を供給している。エチオピアを流れるほかの川と合わせると、ナイル川の水の八五パーセントがエチオピアに源を発していることになる。エジプトでは、ファラオがいた時代から数

青ナイル川の支流、リブ川の岸に立つテスファフン・ベラチョウ（スカーフをターバンのように巻いている男性）。2003年、干ばつで作物が枯れたとき、彼の一家は国際社会からの食糧援助を受けた。テスファフンという名前には「希望となれ」という意味が込められているが、彼はリブ川の水を灌漑に使えなかった。川の水は一滴残らず下流のエジプトに流す必要があるからだ。

多くの灌漑用水路やダムが築かれてナイル川の水が引かれ、広大な砂漠が肥沃な畑へと変わった。そこで育てられたエジプトの果物や野菜、穀物は、何百万人もの人々に命を与えてきた。しかし、エチオピアの青ナイル川とその支流の川岸では、無数の農民とその家族が、飢え死にを避けようと必死に食糧援助に手を伸ばしている。

ナイル川の水を供給する大地で、食糧を自給できない――。二〇〇三年の飢饉で、アフリカの中でも特に辛辣な皮肉が露呈した。エジプトは繁栄すべきで、エチオピアは物乞いをすべき。世界の強国はそう決めたのだと、テスファフンやほかの農家は冷徹に結論づけていた。「今年、アメリカからは五億ドルの食糧援助を受けましたが、それはすでに底をつきました。しかも、それはエチオピアに食糧以外の価値をもたらすことはないんです」飢饉が猛威をふるうなか、エチオピアのシフェラウ・ジャルソ・テデチャ水資源大臣は腹を立てる。省庁の入る建物の外には、「水は命」と書かれた大きな看板が立っている。建物の中に入ると、壁に貼られたポスターには、「水なしでは生きていけない」といったスローガンが並ぶ。数多くの国民が飢え死にしつつあることに、シフェラウは恥ずかしさを隠しきれず、水資源省が何もできないことに怒りを覚えていた。「五億ドルが灌漑事業や発電事業に投入されていたら、毎年、支援できるのですが」と、彼は指を突き出しながら言った。「毎日、お金を生んでいたでしょう」

しかし、何世紀にもわたって、エチオピアの水資源開発は条約やおどし、地政学的要因に阻まれてきた。ファラオがナイル川にピラミッドを建設し、大河を灌漑に利用し始めた時代から、エジプトの人々はナイル川の水は自分たちのものだとみなしてきた。植民地時代には、ヨーロッパの宗主国は、ナイル川下流の水利権をエジプトとスーダンのあいだで分ける条約をつくり、エチオピアを除外した。アフリカ諸国で植民地化されなかった数少ない国であるエチオピアは、ヨーロッパ列強の力を借りることができなかったのだ。エチオピアの支配者たちは、ダムを造って川の水を迂回させれば、下流の強国に侵略されることになるのではないかと恐れた。

冷戦が頂点に達していた一九六〇年代、ナイル川の水は、超大国のあいだで繰り広げられていた一か八かの駆け引きで、交渉カードの一枚となっていた。ソ連は、従属国家のエジプトがナイル川の治水を向上させるための巨大なアスワンハイダム建設を支援した。一方、アメリカはそれに対抗するため、当時アメリカの同盟国だったエチオピアの青ナイル川に、一連のダムを建設する計画を立てた。当時少年だったタケレ・タレケンは、青ナイル川の支流のひとつ、コガ川までウシを連れて行って水を飲ませた日のことを思い出す。そのとき、あたり一帯を調査している見知らぬ人々の一団を目撃した。その後、村の長老たちが、「アメリカ人」と、彼らが計画していたダム建設のことを興奮気味に話しているのを耳にした。ダムができれば豊作になるだろうと、長老たちは話していた。それからというもの、タケレはウシの世話をしながら地平線に目をこらし、アメリカ人たちが戻ってくるのを待っていた。

だが、「アフリカの角」における地政学的な情勢が急変した。エジプトは西側の陣営に寄りはじめ、アメリカやその同盟国から、ナイルの運河ネットワークを拡張するために何億ドルもの資金を手に入れた。アメリカがエチオピアの青ナイル川で建設を計画していたダムの話は棚上げされた。エジプトの機嫌を損ねるわけにはいかなかったのだ。一九七四年、ハイレ・セラシエ皇帝がマルクス主義の独裁者によって皇位から引きずり下ろされ、エチオピアがソ連の従属国家になると、ダムの計画は闇に葬られた。その後エチオピアが得たのは、東側からの軍需品と、西側からの食糧援助だけだった。タケレは、アメリカ人を二度と目にすることはなかった。

一九七八年に、エジプトとイスラエルのあいだにキャンプデーヴィッド合意が結ばれたあとも、中東におけるエジプトの戦略的立場が原因で、ナイル川をめぐる政治はエジプト側に有利に働いた。一九九一年にエチオピアの共産主義政権が倒れたあとでさえも、世界の主要国の指導者と開発機関は、灌漑計画や水力発電所など、エジプトへ流れる貴重な水を減らし、情勢を不安定化させる可能性のあるナイル川上流へのあらゆる支援を渋った。そのあいだ、エチオピアでは、自国の広大な灌漑網を構築する資金も技術的なノウハウも不足していた。

ナイル川の地政学的な要因に影響された富の不均衡は、あまりにも大きかった。二〇〇三年、エジプトではナイル川から水を引く何千キロもの用水路によって八〇〇万エーカー（約三二〇万ヘクタール）の農地が灌漑されていたが、エチオピアの灌漑された農地は五万エーカー（約二〇万ヘクタール）にも満たなかった。エチオピア政府は、灌漑すれば農地となる土地が国内に約九〇〇万エーカー（約三六〇万ヘクタール）あると試算している。それにもかかわらず、農家はせいぜい年に一回の収穫のために、気まぐれな雨に頼らなければならない。エジプトでは、エチオピアに源を発する水を使った灌漑網があるため、毎年二回か三回の収穫が可能だ。エジプトは、国内の電力供給のためにもナイル川を利用してきた。一方、エチオピアでは、国内の水力発電能力は一パーセントも使われておらず、電気が使える国民は人口の一割にも満たなかった。国民ひとり当たりの電気使用量は、アフリカで最も低かった。この状況が、燃料用に木々が大量伐採されることにつながり、土壌の浸食が広範囲で進んだ。毎日、日が暮れると、夕食の準備と明かりのために、いたるところで薪が燃やされ、人口密度の高い都市では街が煙に包まれる。

たいていの煙は、やがて消えてなくなる。だが、国中で夜に料理や暖房のために薪がたかれ、煙が上がっているという光景は、開発の専門家たちがまたもや歴史の教訓を生かせなかったという事実をはっきりと照らし出す。「川の水力の利用とその水資源の活用なしで発展した国は、これまでない」と、世界銀行で水に関する顧問を務めるデヴィッド・グレイは話す。

「飢饉のとき、その言葉が身にしみてわかりました」二〇〇三年、国連開発計画のアディスアベバの事務所長を務めていたサム・ニアンビは、そう話した。アフリカ諸国が独立し始めた頃に建てられたアディスアベバの立派な国連ビルで、彼は手を握りしめ、オフィスの中を行ったり来たり歩いていた。ナイル川の水を流域の一〇カ国でより平等に分けるための計画はある。〈ナイル川流域イニシアチブ〉と呼ばれるもので、飢饉によってこの組織による議論を早急に進める必要性が出てきたと、ニアンビは話す。「長いあいだ、ナイルは争いをもたらす川でした。それを、発展と希望の川へと変えなければなりません。エチオピアに入っている食糧援助は、長くは続きません。何か対策を打たなければ」

青ナイル川にかかわるダムや灌漑の事業に融資して地政学的な戦略に干渉したくはないと、世界銀行の職員たちは認めている。どのような事業であっても、エジプトやスーダンが下流に影響が出ると言って反対し、事業の阻止に乗り出すだろうというのだ。しかし二〇〇三年、飢饉にあえぐ大地を青ナイル川が滔々と流れているとき、「ナイル川の利用の影響について深く考えるようになった」と、世界銀行のほかの職員は話す。「世界は、その不平等を永遠に無視し続けるわけにはいきません。エチオピアを成長させるなら、水と環境の問題は避けて通れないんです。青ナイル川の利用なしでエチオピアの経済を成り立たせるということは、まず考えられません」

世界の先進国の大半が、自国の河川を利用して経済を繁栄させてきた。アメリカでは、ミシシッピ川をはじめとする大河が、農産物の交易において重要な役割を果たしてきた。トウモロコシと小麦、大豆を満載したはしけの船団が、大穀物倉庫とメキシコ湾の港を行き来する。港に着いた穀物は大型船に積み替えられ、世界中に出荷される。西ヨーロッパと中央ヨーロッパは、ライン川とドナウ川を中心にした商業で栄えた。

しかし、エチオピアは「アフリカの給水塔」として大陸全体に知られるにもかかわらず、世界の最貧国であり続け、最大の被援助国となった。それは理屈に合わない。中東からアメリカ西部まで、世界の多くの地域では、水不足が原因でその成長が制限され、緊張が高まった。中国やインドといった国々は、地下水位が低下するなかで、食糧の増産をどうやって継続させていけばいいのか懸念を抱いている。だが、エチオピアは豊富な水があるにもかかわらず、最貧国の座から脱却できなかった。

「エチオピアを見て回った人々は、とても驚くんです。大量の水があり、何本も川が流れている。にもかかわらず、干ばつと飢饉が起きるんです」二〇〇三年、食糧配給所を視察したメレセ・アウォクは、流れの速い川沿いに車を走らせながらそう言った。メレセは世界食糧計画（ＷＦＰ）の広報官を務めているが、その前はナイル川流域の政治について学び、そのテーマで学位論文を執筆した。「水が豊富にあること自体が問題ではありません。飢饉が起きているのに、それも妙な話ではありますが」と彼は話す。「問題は、水の利用にあります」

テスファフン・ベラチョウには、誰よりもそれがよくわかっていた。リブ川沿いの乾ききった畑を歩きながら、彼は泥棒が来ないか見張っていると話した。だが、盗まれるようなものは何もない。ナイル川をめぐる政治が、すべてを奪い去ってしまったのだ。

長さ六五〇〇キロ以上のナイル川は、世界で最も貧しく、最も深刻な食糧不足におちいり、最も戦争に苦しみ、浸食の激しい地域のいくつかを流れている。二〇〇三年には、ナイル川流域の一〇カ国に二億人近い人々が暮らしていたが、その人口は二〇二五年には二倍に増え、水をめぐる争いがいっそう激しくなると予測されている。住民たちは、それぞれのやり方や習慣で、暮らしと命を支えてくれるナイル川の水を神として崇めている。その一方で、ナイルの水に対して嫉妬や欲望、恐怖も抱いてきた。「この川、ナイルは、人類の誕生以来、対立の原因となってきたんです」二〇〇三年、エチオピアのベライ・エジグ農業大臣は強い口調でそう話した。まるで苦いワインを口に含んだときのように、彼は言葉を吐き捨て、大量の水が手つかずのまま下流に流れていくなかで、国民の多くは飢えに苦しまなければならないと、怒りをあらわにした。ナイル川の水を使ったらエチオピアの農家はどんな恩恵を受けられるか尋ねられると、彼はばかにするような口調で言った。「エジプト人に聞けばいいでしょう。灌漑をしているのは、彼らなんですよ」

「エジプトにとって、ナイル川は生命の第一の源です」と、エジプト水資源灌漑省のナイル水部門の長を務めるアブデル・ファタ－・メタウィーは主張する。ナイル川は首都カイロの中心部を流れている。メタウィーのオフィスから数ブロック離れたところでは、ファラオの衣装を身にまとった釣り船の船長が、観光客を昼のクルーズに誘っていた。「ナイル川がなければ、ピラミッドもなかったでしょう。リビアやサウジアラビアにピラミッドがないのはなぜか？　ナイル川がないからですよ」とメタウィーは言い張る。ナイル川がいかにそうした建造物に着想を与え、材料の運搬を助けたか、いかに古代エジプトの崇拝と神話の中心にあったか、そして、季節とともに変化するナイル川の流れでいかに季節の経過が記録され、新しい農法が開発されてきたかを、彼は延々と語った。「世界中がナイル川の恩恵を受けているんです。なぜそれを傷つけようとするのですか？」

エジプトで農業と牧畜を営むサミル・ハメドは、エジプトに流れてくる水の量が減ることを考えて恐ろしくなった。「ナイル川がなければ、作物も育てられないし、ウシも飼えないし、飲み水も得られない」と彼は話す。ナイル川から約一六〇キロ、舗装道路を車で二時間走ったところに、二〇五エーカー（約八三ヘクタール）の農場を彼はもっている。この畑の先には用水路はなく、砂漠が広がっているだけだ。彼が一日に使える水の量は一万立方メートルに制限されているという。農地を拡大したい場合、用水路沿いに拡大する必要がある。「ナイル川の最後の一滴です」と、彼は誇らしげに言った。

その一五年前、サハラ砂漠の端のこの一帯は、砂の大地でしかなかった。しかし、二〇〇三年、エチオピアの人々が飢えに苦しんでいるときに、ハメドは、五〇エーカー（約二〇ヘクタール）のリンゴ、五〇エーカー（約二〇ヘクタール）のブドウ、二〇エーカー（約八ヘクタール）のアンズのほか、四〇棟の温室にキュウリとコショウ、ブロッコリー、芽キャベツ、レタス、チェリートマト、ナスを植え、六〇〇頭のウシを飼っていた。これらすべては、エチオピアの高地で降った雨を源とする川の水の恩恵を受けている。エチオピアの人々がエジプトと同様にナイル川の水を利用すれば、「自分たちが使える水の量に影響するに違いない」と、ハメドは心配する。

彼の小屋の外では、スイギュウの子の群れが囲いに押し寄せ、散水装置の下の場所を争っている。ここで水浴びをするのだ。その水もエチオピアから来た水だ。「水浴びをすると気分が良くなるみたいで、成長が速くなるんだ」と、ハメドは水浴びをする動物たちを見て、顔をほころばせる。「気分が良くなると、よく食べるんだよ！」

ハメドよりさらに小規模な農家のモハメド・アブデルサラムにとって、ナイル川の恩恵は、自分の命にかかわるものだ。「ナイル川は私の魂です。魂がなければ、人は死にます」と彼は話す。木陰にひいてあった礼拝用の敷物から立ち上がると、彼は一エーカー（約〇・四ヘクタール）の畑を見せてくれた。この畑には、ナイル川から約五キロの用水路が通っていて、蛇口をひねれば水が出る。「アメリカ人が一九九四年に造ったんだ」彼はそう言うと、灌漑設備を指し示した。そこから得られる水は彼の小さな畑を潤し、家族用の小麦と、輸出用のニンニクをはぐくむ。

2003年、ナイル川から引いた水で子牛にシャワーを浴びさせるエジプトの農家サミル・ハメド。同時期、エチオピアでは大規模な飢饉が起きていた。ナイル川の水の85パーセントはエチオピアから来る。

アブデルサラムは仲間の農民三人とともに、この貴重な水の水源について話した。「水はアスワンハイダムからやって来るんだ」とひとりが言った。

「いいや。スーダンからだよ」と、もうひとりが言う。

「いや違う」とアブデルサラムが訂正した。「エチオピアで降った雨が、エジプトにやって来るんだ。ハイダムを通って、俺たちの畑に来るんだよ」

ナイル川には、その水とともに、緊張と疑念と誤報がよどみなく流れている。エチオピアが、ひょっとしたらイスラエルなどから得た資金でダムを建設して、ナイル川の水の流れを阻害するのではないかと、エジプトの人々は恐れている。水資源灌漑省のアブデル・メタウィーは、カイロにあるオフィスで、そうした疑念がエリート層に届いていることを認めた。「国会議員と記者は、いつもエチオピアを叩いていますよ。エチオピアはアメリカとイスラエルの支援でダムを建設し、我々の水を奪おうとしていると言うのです」と彼は言った。「私は専門家として、それが間違いだということを知っています」彼は肩をすくめ、被害妄想的な推量を裏づける技術的な証拠はないと認めた。

アディスアベバでは、エチオピアのシフェラウ・ジャルソ・テデチャ水資源大臣が、そうした非現実的な言いがかりに強く反論した。「エジプトを訪れると、イスラエルやほかの援助国によって青ナイル川にダムが建設されていると言われ、そのことについてジャーナリストから質問攻めに合うんです。なぜそんなことを聞くのでしょうか。衛星写真があるのだから、建設しているとしたらダムが見えるはずです。ダムを地下に隠すなんてことはできませんからね」と大臣は言った。「なぜ我々が水を止めるのでしょうか。そんなことを言う人は、事情がよくわかっていないんですよ。なぜ我々が水を止めて、ひとり占めしようとするのか。我が国では毎年雨が降るんですよ。そんなことしたら、国中水びたしになってしまいます！」

エチオピアの人々は、エジプトに常に監視されているのとの確信をもっている。アディスアベバに滞在しているエジプトの外交官は青ナイル川が流れる北部にしか出張せず、そこで彼らは川の水位を入念に調べ、農家の動きを追っているというのだ。さらに、エジプト人は国際機関において水政策を操れる立場を戦略的に得ようとしているのではないかと、エチオピアの人々は疑っている。「あるイギリス人から聞いた話によると、国際的な金融機関の水部門で融資を得ようとオフィスのドアを叩くと、最初にドアを開けるのはエジプト人で、そこで門前払いを食らうんだそうです」と、エチオピアの水資源省の技術者、テフェラ・ベイエネは話す。「私たちはそう聞いています」

二国が相互に抱いている疑念を解消するため、エチオピアはエジプトのオピニオン・リーダーを何度か招いて、国内でも最も深刻な飢餓におちいっている悲惨な場所に連れていった。政府の関係者や国会議員、ジャーナリストを飛行機に乗せて、一九八四年と二〇〇三年に特に深刻な飢餓に見舞われたタナ湖の北と東の地域を見せた。この地域は貧困と土地の劣化が深刻な地域であり、雨に表土を流され、深い溝が刻まれた裸の台地がいくつも連なっている。そんな劣化した土地で、小農がやせた土から、ありとあらゆる養分を吸い取って生きようともがく。飢餓は一過性的なものではなく、慢性的なものだ。

エジプト人は、まるでほかの惑星にでも連れてこられたかのように感じていたという。「あそこに連れていったら、エジプト人は納得してくれました」と、シフェラウ水資源大臣は話す。「干ばつが起きている地域を見て、人々がどのように苦しんでいるかを目の当たりにしました。人道的な観点から、そうした人々の生活を改善しなければなりません。また、我が国に灌漑できる可能性があることをエジプト人に示しました」

エジプトの『アル・アフド』紙の編集者、アッバス・アル・タラベエリーは先入観をもたず、心を開いて視察旅行にのぞんだ。エチオピアに向かうときには疑念が残っていたが、カイロに戻るときには、いくつもアイデアを抱えていた。「灌漑のために、小型のダムのような貯水池を造ればいいのではないか。そうすれば、人々の苦しみが和らぐばかりか、ナイル川への負担もそれほど大きくならない」と彼は話す。「エチオピアの人々が陰謀説にこだわって事態を悪化させているのではなく、つらい生活を堪え忍んでいるという事実を、エジプト人が知ることが大切です」

エジプト水資源灌漑省のメタウィーも同意した。「エチオピアの人々は、本当につらい生活を送っています」と彼は話す。エチオピアの飢饉の視察から帰ったメタウィーは、同国人にこう警告した。エジプトの南で飢えている何百万人もの人々は、地域全体の不安定化の前兆である。青ナイル川流域を発展させなければ、「この地域で危機が起きると考えなければならない」と彼は予測した。

エジプトの人々は、ナイル川の支流の水を濁らせている土壌の浸食の規模を見たときにも危機感をもった。その土砂の大半は、アスワンダムの湖底に沈泥物として堆積して、ダムの貯水能力を下げる。エチオピアで見た悲惨な現実が、エジプトにも重荷となってのしかかるのだ。

「土壌の浸食を抑える木が一本も生えていない光景を、エジプトの人たちはヘリコプターから目の当たりにしました。心の底から驚いていましたよ」と、青ナイル川の源流であるタナ湖地域で〈持続可能な農業と環境再生をめざす委員会〉のメンバー、ヤコブ・ウォンディムクンは話す。ツアーの途中でヤコブは、聖地と考えられている土地に建つ正教会のまわりにだけ木が生えていると指摘した。「樹木の博物館です」とヤコブは冗談を言ったあと、まじめな口調でこう主張した。「エチオピアで流域管理に着手しなければ、流域全体が損なわれることになります」

エチオピア水資源省の技術者テフェラ・ベイエネは、政府の怠慢を詳しく見るには、青ナイル川の源流、そしてエチオピアの苦悩と怒りの源がある地域まで陸路で向かうのがいいと提案してくれた。それは、でこぼこの悪路を一一時間かけて車で走る旅で、途中、土や砂利の小道を通りながら、平らな台地の上を進み、急峻な峡谷を下っていく。それはまた、激変するナイル川の政治をめぐる旅でもあった。「これだけたくさん水があるなかで、いかにして我々が飢饉におちいったのか、良く理解できるに違いありません」とテフェラは話す。

アディスアベバを出発したのは、夜明けだった。その時間帯には、地元の女性たち――最大で一万五〇〇〇人――が首都近郊にある丘陵地や森に向かう。彼女たちはユーカリやモミの木々の中を一日かけて歩き、枝や葉など燃料になるものを集める。そして日が暮れる頃には、重さ三〇キロから四五キロにもなる薪の束を背負って、ゆっくりと丘を下る。運が良ければ、ひと束が七〇セントで売れる。水力発電がもっと普及するまでは、薪を運ぶ女性たちの苦労は欠かすことができない。二〇〇三年の時点で、薪や木炭、牛糞といったバイオマス燃料は、エチオピアのエネルギー消費量の九〇パーセント以上を占めていた。

「本当に骨の折れる仕事です」街の郊外へと向かう女性たちの一団を通り過ぎたとき、テフェラが言った。「見ているとつらくなります。あんな重いものを背負って」彼は、その束の中身についても嘆いた。

「燃料になるバイオマスは河川の流域の保全に必要ですし、牛糞は土を肥沃にします。ナイル川をめぐる政策の影響は本当に大きいのです」

テフェラは四十代で背が高く、穏やかで学者のような物腰をしている。彼にとって、北部に向かう旅は、過去へ戻る旅でもある。「皮肉なことに」と彼は言った。「エチオピアで食糧について最も大きな難題を抱えている地域は、青ナイル川とテケゼ川の流域なんです。この地域全体で干ばつが起きやすいんです。ごく小規模な灌漑だけで、何千年にもわたって農耕が行われてきました。この地域は浸食も激しいです。私の祖父のひとりは、この地域の出身です。私が子供のころには、森や野生動物の話を祖父から聞かされたものです。でも、今言ってみると、灌木のやぶさえもありません」

鉄板屋根の小屋が立ち並ぶアディスアベバの都市部を抜けると、「トゥクル」と呼ばれる草ぶき屋根の丸い小屋が並ぶ農村部に入った。アディスアベバから八〇キロほど北に走ったところ、デブレ・リバノスの町につながる道路で、テフェラはトヨタの白いランドクルーザーを止めた。崖の縁まで歩いていき、遠くに見える滝を指さす。エチオピアの川に発電能力がある証しだと、彼は言った。眼下の谷では、斜面に切り開かれた畑で農民たちが、せわしなく作物の世話をしている。「とてもきつい斜面ですが、

エチオピア北部、広々とした青ナイル川の源流近く。2003年の飢饉のときに撮影。

段々畑にして、モロコシや豆、テフ（エチオピアで主食の穀物）を育てています」と、テフェラが説明してくれた。「表土の層はとても薄いですが、それでも、ここに住んで畑仕事をしているんです」そう言うと、車のほうに歩き始めた。「本当にかわいそうですよ」

この高地に源を発した何本かの小さな川が、やがて青ナイル川と合流する。道路は低地へと続く下りに入った。茶色い大地にいくつもの割れ目が走り、岩は風と雨に削られて奇妙な形をしている。激しく浸食された荒野は、まるで月面のような様相を呈していた。そんな風景のなか、車を走らせながら、テフェラは水資源省の計画を説明してくれた。「灌漑事業を実施できれば、斜面で農作業をしている住民たちを、灌漑が整った地域に移住させ、現在彼らが住んでいる地域を休ませて回復させることができます」土地を数年間休ませれば、土壌の栄養分が回復し、収量も上がって、農家の人たちも戻ってくることができると、彼は話す。

アディスアベバから二〇〇キロ弱、ゴハチヨンの町を過ぎて数キロ行ったあたりで、道路は峡谷へと降りる急な下りに入った。下り切ると、青ナイル川が見えてきた。まっすぐゆったり流れたかと思うと、急流へと変わる。それを繰り返しながら、大河は流れ下る。エチオピア中部で青ナイル川を渡る道路は二本しかないため、当然ながら、道路の交通量は増え、進みものろのろと遅くなる。下りのカーブでトラックがスピードを落とす場所では、特に渋滞が激しい。

見るからに危なそうな橋の手前に来ると、進みはぴたりと止まった。橋を一度に渡れるのは一台だけだが、木製の支柱がぐらぐらしているのを見ると、車一台の重みにも耐えられるのかどうか、不安に感じてしまう。橋の下では、上流の大地を削って茶色く濁った水が激流と化している。道路に止まっていると、兵士が寄ってきて、盗賊や密売人が車に潜んでいないかどうか、一台一台調べにくる。

ランドクルーザーをアイドリングしたまま川を渡る順番を待っているとき、水資源省にはこの峡谷についても計画があると、テフェラが教えてくれた。同省は、この峡谷の少し下流にダムを建設するよう求めている。ダムができればこの古い橋はダム湖に沈み、ダムの堤頂部が新しい橋の役目を果たす。「この峡谷は、ダムからおよそ二五キロ上流まで水で満たされます。ここには人は住んでいないので、住民を移住させる必要もありません」と、テフェラは話す。「ダムは水力発電用ですが、灌漑用にも水を送ることができますし、治水と砂防の機能も果たします。発電した電力の一部をエジプトに売ることもできるでしょう。二国で共同開発すれば、両国にとってメリットがあります」そうであったらいいのだが。この計画は、何十年も前から水資源省の棚で「温存」されているものだ。

峡谷を抜け、のろのろと坂を登り切ったところで、テフェラは休憩をしようと言った。デジェンの町で最初に見つかったホテル、アレム・ホテルのバーに入った。店内は薄暗く、ひんやりとしていた。アメリカの女優アリッサ・ミラノや世界の一流サッカー選手のポスターが、バーの壁を飾っている。ウェイターが、外のテラスのテーブルを慌てて片付ける。ペプシの青いパラソルと、コカコーラの赤いパラソルの下で――こんなところでもコーラをめぐる競争が繰り広げられていた――テフェラは地図を広げて調べ、左の道を通ることに決めた。右の道は、タナ湖には早くたどり着けるかもしれないが、盗賊が出ることで知られているのだという。同僚のひとりが、最近の出張で盗賊の一団に追いかけられたそうだ。

使った道は回り道だった。さらに、政府から主要道の修復工事を請け負った中国の建設業者による工事があちこちで行われていて、さらに回り道をすることになった。だが、その結果、テフェラが見せたいと望んでいた矛盾した状況を見ることができた。小川と渓流が編み目のように流れる地域——青ナイル川の源流——に、食糧不足に苦しむ地域があるという現実だ。ある川は急流となって一気に流れ下り、ある川はゆったりと流れる。すべての川が、一滴の水をも渇望する作物のそばを通り過ぎ、タナ湖に集まって、青ナイルという大河となる。

「農家によく尋ねられるんです。『なぜこんなことが起きるんだ』と」テフェラは流れの速いコガ川のそばで車を停め、その迫力に圧倒されながら言った。一九六〇年代、コガ川は、アメリカの調査員によってダムの候補地のひとつとして選ばれた。当時の約束では、二一世紀になるまでには、そのダムからまわりの畑に水を引けるようになるという話だった。「ですが」とテフェラは言った。「二一世紀になりましたが、まだ何もできていません」

乾き切った大地が湿地に変わるあたりで、バハール・ダルの町とタナ湖が見えてきた。バハール・ダルは湖の南、青ナイル川の起点に位置している。テフェラは橋を渡っている途中で、ランドクルーザーを停め、川の起点の右側に設けられた金属製の水門を指さした。「あそこで、湖から流れ下る水の量を調整しています。テフェラは説明する。我々は、湖の水位を二メートル上げて、青ナイル川に流れる最低限の水量を確保しています」とテフェラは説明する。「水位が急激に上昇するのを避け、水が安定して流れるようにしていますのは、乾期でも安定した水量ですから。常に、最低レベル以上の水位を確保するようにしています」

起点から三〇キロあまり下ると、大迫力のティシサット滝が見えてきた。青ナイル川が最初の急流にさしかかる場所である。滝の上流の両岸には青々とした草原が広がり、子供たちがウシに草を食べさせたり、サギやトキを追いかけたりしていた。青ナイル川の水が滝つぼに叩きつけられる滝の下流の激流とは対照的な、のどかな風景だ。滝の上流側では、川と平行して掘られた水路に一部の水が引き入れられ、水力発電に使われている。発電所では七〇メートルの落差を利用して、七三メガワットのエネルギーが発電されている（これは、アメリカの五万世帯が消費する電力に相当する。この発電所は、エチオピアで大都市以外にある数少ない発電所のひとつだ）。発電所の下流では、発電に使われた水が再び青ナイル川と合流する。「我が国は川の水を一滴たりとも奪っていません」とテフェラは皮肉を言った。「全部ここに返しているんです」

青ナイル川がタナ湖から流れ始める地点の東岸に、三階建てのピンク色の建物が建っている。これは、〈持続可能な農業と環境再生委員会〉の事務所だ。玄関の窓には、ベッドに寝たやせた男性を世話する二人の看護師が写った、エイズ予防のポスターが貼ってある。さらに、「道徳的な公共サービスの原則」のリストも掲げられている。誠実、忠誠、透明性、機密性、正直、結果責任、公共の利益の提供、合法的な権限の遂行、公平無私、法の遵守、迅速な対応、そして、リーダーシップの発揮だ。

その委員会の長を務めるのは、公務員のヤコブ・ウォンディムクン。以前、青ナイル川流域の窮状を見せるため、エジプト人たちを案内したことのある人物だ。ヤコブは、何枚もの青焼きの図面を持って建物から飛び出してきた。その図面は、タナ湖の東に広がる平野で、少なくとも七万エーカー（約二万八〇〇〇ヘクタール）の土地を灌漑する大がかりな計画を示したものだった。リブ川をはじめとする何本かの川が、その地域を流れている。これらの川は約一〇〇キロ東にそびえる山地、飢饉と土地の劣化が最もひどい地域が源流だ。十分な雨が降る雨期には、川はあふれ、平野は水浸しになる。大地を覆った水が蒸発してなくなると、農家は耕作を始める。それ以降に雨が降らなければ、作物はしおれ、やがて枯れてしまう。ヤコブの灌漑計画では、高地の貯水池に水の一部を貯めて、雨期の洪水を防ぎ、乾期に貯水池の水を農業用水として提供することになっている。「洪水のあとに畑から蒸発してしまうはずの水を貯めておいて、灌漑に使うんです」とテフェラは説明する。「水系から水を奪うわけではありません。ですから、エジプト人は、これを排水事業とみるべきでしょうね。洪水によって排出される水を灌漑に使うのですから」

ヤコブはリブ川まで案内し、乾き切った畑の上に立って、図面を広げた。一行が入ってくるのを見ていた農家のテスファフン・ベラチョウが、図面を見にやってきた。そして、すぐそばに川が流れているのに畑に水を引けず、干ばつにも襲われて、食糧援助に頼るしかないのだと、不満を訴えた。

「本当に悲しいことだし、我々も不満を抱いています」と、ヤコブは首を振りながら言った。もしこの図面の計画が実施されれば、食糧援助は必要なくなると、彼はテスファフンに言った。「もし」という部分を、ヤコブは強調した。この計画への支援が世界から集まらなければ、計画は紙に書かれた単なるスケッチで終わってしまう。

「実際、この地域には、ほかの人々に援助するための食糧を生産する能力があります」とヤコブは言う。「農家の皆さんによく言われます。『なぜ食糧を生産する支援をしてくれないのか。なぜ、その食糧を買い上げて、一〇〇キロ離れた山の向こうの人々に分け与えないのか。我々を食糧援助に頼らせておくのと、自給を支援するのと、どっちがいいのか』と。」

ヤコブは、テスファフンの気持ちを思いやるように背中を軽く叩いた。「下流のエジプトとスーダンにいる人々には、何か手を打たなければならないと、理解してもらわないといけません」とヤコブは言った。「兄弟が食糧不足で苦しんでいるのに、自分だけ食糧を持っているなんてことは、あり得ないことです」ヤコブは、テスファフンに自分の名前に込められた意味を忘れないようにと言った。希望となれ。

タナ湖に戻る途中、地平線のあたりに茶色い大きな建物が集まっているのが見えた。トタン屋根に太陽の光が反射している。

「あれは何だと思いますか?」と、ヤコブが問いかけた。

鶏小屋?

「もうひと声」

温室?

「違います」

その建物の看板には、エチオピアの防災準備委員会の地方支部とあった。建物は、食糧援助を保管する倉庫だったのだ。「食糧援助の倉庫じゃなくて、穀物の加工場に変えるべきだと思いませんか」と、ヤコブが声を荒げた。「皮肉を込めていっているんですがね」

青ナイル川の起点に架かる橋を渡って戻る途中、エチオピアの置かれた不条理な状況を物語る事例を、テフェラが教えてくれた。彼が指さした先では、青と白のバスが一台、川岸のぬかるみにバックで駐車され、後輪が水に浮いていた。運転手は川に浸かって、バスを洗っている。テフェラはその光景を見て大笑いした。「我々はこうやってナイル川の水を使っているんですよ。川の中で洗車して、水を川に戻しているんです」

数分後、きれいになったバスは川岸から出て、走り去っていった。青ナイル川の水も源流を去って、まっすぐエジプトに向かっていくのだ。

8章　イモムシを食べる

スーダン、スワジランド、ジンバブエ、二〇〇三年

青ナイル川は、南に一気に下り、西へと急に方向を変えてスーダンに向かいながら、干ばつに襲われた畑のあいだを流れ、アフリカの飢餓を拡大させた過去の遺物のそばを通り過ぎる。さびついたタンク、砲弾の爆発でできた穴、壁に多数の弾痕が残る建物——一九七〇年代、八〇年代、九〇年代に繰り広げられた戦闘の跡だ。エチオピアの農村部での飢餓を引き起こした——あるいは飢餓によって引き起こされた——戦闘の名残である。枯れた作物が覆う畑の中に建つこうした残骸は、しばしば不作と飢餓をアフリカ全域に広げることになった邪悪な力の存在を思い起こさせるものだ。

二〇〇三年、邪悪な力は猛威を振るった。干ばつで作物が次々と枯れるだけでなく、農民たちの死者数もかつてないほどの規模に膨れ上がった。スーダンでは、政府が主導した飢餓による大量虐殺で、ダルフール地方の農業人口が減った。スワジランドとアフリカ南部一帯では、エイズによってある世代の

農民たちが次々と命を落とした。ジンバブエでは、権力にしがみつこうとするロバート・ムガベ大統領が、農地を乱暴に没収して再配分するという捨て身の政策に打って出た。こうした力はすべて、国際社会による長期的な農業の軽視と重なりあって、二〇〇三年のアフリカに史上最悪の飢餓をもたらしたのである。

西ダルフール州の農村、アンダルブローへの夜明けの攻撃はすばやく、情け容赦がなかった。ウマとラクダに乗った男たちが、西ダルフール州の黄金色の丘を一気に駆け下り、アンダルブローの集落を急襲した。ライフル銃で発砲し、剣や短剣を振るって農民を殺し、レイプし、農村を破壊した。アンダルブローの長老のひとり、ハミス・アダム・ハッセン・オケイによると、この襲撃で村民四六人が殺され、一五〇棟の家が破壊されたという。およそ八〇〇人の生存者は、村の周囲に生えた背丈の高い草地に逃げ込み、身を隠した。「雨期が終わった直後だったので、草がかなり伸びていました」とオケイは話す。草が最も高くまで育っていたことが幸いして、攻撃を逃れることができた。

だが、作物も育っていたのは、不運だった。夏に丹念に世話したモロコシや、ミレット、ゴマ、ピーナッツ、トマト、オクラが、収穫の時期を迎えていたのだ。それらの作物はすべて、襲撃部隊に焼かれてしまった。食糧の貯蔵庫を略奪し、穀物を全滅させ、果樹を切り倒し、家畜を盗んだ。わずかな食糧も残らないよう、農民たちからあらゆるものを奪い去った。

オケイら生存者たちは、夜は闇にまぎれ、昼は身を低くして、灌木の中を五日間さまよった末、チャドとの国境近くにある市場の立つ町、フール・バランガにたどり着いた。その町には、やはり襲撃から逃れてきたほかの村の農民たちが、何千人もいた。彼らはすべて、ダルフールの反政府勢力に対抗するスーダン政府の残忍な作戦、世界のほかの多くの政府が「大量虐殺」と呼ぶ作戦の被害者だ。それぞれの体験を語るなかで、さまざまな村――もはや存在しない村――の長老たちは、なぜ作物を全滅させる必要があったのかと疑問に感じていた。だが最後に彼らがたどり着いた結論は、意図的な食糧の壊滅と、それを育てる農民たちの殺害と立ち退きによってもたらされる飢餓が、大量虐殺の重要な作戦だったということだ。

襲撃で大きなショックを受けたアンダルブロー出身の難民たちは、みすぼらしい地域病院の、腰までの高さの壁に囲まれた場所にまず身を落ち着け、その後すぐに、土地の中心に立つ大木のまわりに、草ぶきの小屋を造った。村の市場を通る土の路地の掃除と、日干しれんがを作る仕事をしたが、栄養不足、さらには飢えに苦しんで、国際的な食糧援助に頼った。「私たちは農家です。前は、必要な食糧は全部自分たちで育てていたんです」と、オケイは農家としての最後のプライドを振り絞った。「でも、ここを出て畑仕事をしようとすれば、きっと殺されるでしょう」

スーダン西部、フランスの国土ほどの広さがある灼熱の大地、ダルフールの住民たちにとって、食糧不足は日常的なことだった。一九八四年に、「アフリカの角」を襲った干ばつでは、一〇万人が命を落としたと推定されている。生き延びた農家の多くは、再び雨が降るようになると、生活を立て直して、畑仕事を再開することができた。次の種まきのために種子を守り、家畜を死なせず、何があろうとも自分の土地にしがみつく。彼らは、先祖代々伝わってきたその生存の掟をしっかり守ってきたのだった。

しかし二〇〇三年、農業のあらゆる要素が破壊されて、飢餓が故意に引き起こされた。種子の備蓄は燃やされ、家畜は盗まれたり殺されたりした。鍬やトラクターといった農機具は破壊され、農家は村を追いやられた。首都ハルツームの中央政府は、少なくとも反乱を鎮圧するまで、復興に着手しないという意向だった。

国政と経済発展における影響力の強化をめざすダルフールの反政府勢力を鎮圧させるために、主にアラブ系からなるハルツームの中央政府は、ジャンジャウィードとして知られる民兵組織を解き放った。アンダルブローの集落を壊滅させた、ウマとラクダに乗る男たちの集団である。主にアラブ系の遊牧民とウシ飼いで構成され、ダルフールに住むアフリカ系の農家と農地をめぐって長年争いを続けてきた。政府はその対立をあおり、ときには武装ヘリコプターを出動させて、ジャンジャウィードの攻撃を支援した。

こうした戦闘で、何万人もの農家とその子供たちが殺された。生き延びた人々はダルフールの中にある難民キャンプに身を寄せるか、国境を越えてチャドに逃げた。最終的に、キャンプに入った人々の数は二〇〇万人を超えた。国際的な救援隊によって砂地に設けられた簡素なシェルターだけの難民キャンプでは、栄養失調の子供の割合が全体の四〇パーセントに達した。

うち捨てられた畑は、不気味な荒れ地に変わった。西ダルフール州の州都ジュナイナからチャドとの国境近くのフール・バランガまで、雑木林の中を通る土の小道沿いでは、破壊された村が延々と続く。その残骸はまるで、竜巻が通り過ぎた跡のようだ。水がめの破片、布きれ、靴底、波形のトタン屋根のかけら、草ぶき小屋の一部、学校や医療機関の礎石。畑は踏み荒らされ、木々は燃やされている。人影はなく、新たに移ってきた牧夫が飼っているウシやヒツジ、ヤギ、ラクダの姿が見えるだけだ。

「ジャンジャウィードは、作物が十分育つまで待ち、その頃に動物を持ち込んで、実った作物をすべて食べさせるんです」と話すのは、フール・バランガの病院の先に設置された難民キャンプで不毛な大地に暮らしているアブダラ・モハメド・ヤゴブだ。「トマト、タマネギ、スイカ、ピーナッツ、大豆、モロコシ、小麦。それらすべてが、収穫前に動物に食べられてしまいました。その後、ジャンジャウィードは私たちの村を焼き払い、ウシを盗んで、私たちが蓄えていた食糧を全滅させました。私たちがここに来たのは、食糧が何もなくなったからです」ヤゴブは頭をかいた。「理解できません。ジャンジャウィードは農業はしません。誰が食糧を作るんでしょうか。このままでは、いたるところで飢餓が発生することになります」

ダルフールで生き延びた農民たちが難民キャンプに閉じ込められる日々が一年、また一年と続いていくうちに、まさにそのことが起きた。「故郷に帰って、もう一度、畑仕事をしたいですよ」とヤコブは話す。「でも、ジャンジャウィードがまた畑を荒らしに来るんじゃないかと心配なんです」

大規模な飢餓のなかで、あまりにも多くの農家が作付けや収穫に非常な不安をもっていた。西ダルフール州を襲った新たな形の破壊の前には、肥沃なスーダン南部での二〇年にわたる内戦があった。この内戦で主に小農ら二〇〇万人が命を落とし、何百万ヘクタールの耕作可能な農地が戦場となった。戦いがなくなって平和になれば、雨に恵まれた高地地方とナイル川沿いの肥沃な地域をもつスーダンは、食糧の自給自足を達成できるばかりか、食糧の輸出国となる可能性を秘めている。だが、現実は食糧援助に頼る貧弱な国となってしまった。

ハルツームの政府は、ダルフールの農民たちを飢えから守ることを国際社会に丸投げしていた。食糧不足が深刻化し、食糧価格の上昇が続くなか、政府の高官は、穀物備蓄をほかの地域からダルフールに移動させる要求を拒んだ。「ダルフールに食糧不足があるのは事実ですが、それほど深刻なものではありません」農務省で天水農業（灌漑しない農業）を統括するアフマド・アリ・エル・ハッサンは、後年そう発言している。「その不足を埋めるのは人道支援です」

庁舎の広々としたオフィスに、涼しいそよ風が入る。庁舎は、黄色と緑色をした二階建てで、中庭にはヤシの木が茂り、バラが咲き乱れている。難民であふれ返り、太陽が照りつけるダルフールの難民キャンプとは、まったく異なる風景だ。ハッサンは、ダルフールの戦闘は民族紛争によるものだと言い、農家は食糧を自給するよりも、援助食糧が受け取れるキャンプのほうが楽な生活が送れると言い張った。とは言え、農業はまもなく回復するとも強調した。「インシャラ（アラーのおぼしめしのままに）」と彼は言った。

しかし、西ダルフール州の難民キャンプには、アラーの意志は伝わらなかった。「村に戻る方法がないんです」マタイル・アブダルは、首を大きく振りながら言った。彼女が涙ながらに説明してくれたところによると、故郷のウィロ村は二〇〇三年末にジャンジャウィードによって破壊されたという。現在、彼女はモロコシを収穫するのではなく、草ぶきの丸い小屋の土間に座って、二〇人あまりのほかの女性たちとかごを編んでいる。人であふれたキャンプでの生活は、毎日変わらない。変化と言えば、風に吹かれてくる砂の勢いが強くなったり弱くなったりするくらいだ。かつては作物の生育に合わせた暮らしを営み、毎年、新たな再生の季節を迎えてきた。だが、キャンプでは不安と恐怖に駆られるだけの生活を送っている。

「以前のように安全に畑仕事ができるとは思えません」と話すのは、三五歳の女性アシャ・アシャグだ。

五人の子供の末っ子を抱きながら、色の付いたアシを編み込んだかごを作っていた。村を追われてから数カ月たった頃、彼女は自分の畑の様子を見に村に戻ってみた。草地に隠れながら被害の状況を調べると、マンゴーの木とバナナまでもが切り倒されているのを発見した。「ジャンジャウィードは、マンゴーを食べる必要がないの?」と、彼女は身を隠しながら感じたという。

すると突然、村を新たに占有していた牧夫たちが、走り寄ってきた。隠れているのが見つかったのだ。「どうして戻ってきたんだ」彼らはそう叫んで、草地の中、彼女を追い回した。「どこの部族の者だ?」

アシャグは走ってキャンプに戻った。そして、戦闘が終わるまでは二度と畑に戻らないと誓った。だが、たとえ戦闘が終わったとしても、恐怖心を消し去ることができるだろうかと、彼女は不安に思った。

南アフリカとモザンビークのあいだに挟まれた小さな内陸国、スワジランド王国では、一六歳の少女マコサザネ・ンカンブレが、二〇〇三年の飢餓の中で四人の弟と妹を養おうと苦心していた。彼女たちはマファチンドブク村の、日干しれんがで造ったひと部屋の小屋で暮らし、裸足で、着ている服は破れて汚れていた。家の床と土の庭の掃除には、わらで作ったほうきを使い、草ぶきの屋根の穴や土壁にできた割れ目を直しながら暮らしていた。水は約一・六キロ離れた井戸まで歩いていって汲み、薪を拾って燃料にしている。通っている学校は、近所の家に設けられた非公式のものだ。

少しばかりのことはできますが、自給することはできません、とマコサザネは話す。「トウモロコシと野菜を植えたいのですが、種や道具を買うお金がありません」だが、たとえちゃんとした種や道具が買えたとしても、きちんと栽培できるか不安があるという。「親に教えてもらう時間がありませんでした」

父親は一九九九年に、母親は二〇〇〇年に亡くなった。ソーシャルワーカーや村の役人の考えでは、二人ともエイズの合併症で衰弱して息を引き取ったという。マコサザネは一三歳で家長となった。ンカンブレ一家は、スワジランドで増えつつあった、子供を家長とする世帯のひとつである。二〇〇三年までには、成人人口の三分の一以上がエイズにかかるこの国で、全世帯の一〇パーセントが子供を家長とする状況になっていた。

ンカンブレ家の子供たちは、農業の慣例を何も知らない。小屋の隣の菜園と、裏にある二エーカー（約〇・八ヘクタール）の畑では、母親が死んで以来、まったく耕作をしていない。この二年間、孤児たちはあされるところから食糧をあさり、食べ物の残りがないか隣人に尋ね、遠くの村に住む親戚が何か食べ物を持ってくるのを待った。そして二〇〇三年、干ばつと飢餓が広がると、隣人たちからもらえる食べ物も減った。国連世界食糧計画（ＷＦＰ）は不作に見舞われた家族に食糧を支給するなかで――これが世界食糧計画の本来の姿だ――ンカンブレの子供たちのように、そもそも作物を何も育てていない家族が何千といることを発見した。このため、世界食糧計画の受益者のリストは、

16歳のマコサザネ・ンカンブレ（右）と、その弟と妹。両親が亡くなったあと、家族の畑で耕作ができなくなった。隣人や援助スタッフの話では、両親はエイズの合併症で亡くなったという。

エイズの犠牲者とその扶養家族も加わって膨れ上がった。「干ばつに病気が重なって、人々は正常な判断ができなくなりました」と、スワジランドで世界食糧計画の緊急コーディネーターとしてンカンブレのような孤児の一家を調べていたサラ・ロートンは話す。たとえ雨が降ったとしても、こうした家族は元通りの生活に戻れないという。

二〇〇三年、飢餓を引き起こす新たな要因に、エイズが加わった。これは「新種の飢饉」だと考える調査員もいる。干ばつや疫病、農業政策の不備、政情不安によって引き起こされる飢饉では、最初に作物がやられる。しかしエイズが引き起こした飢饉で最初に死ぬのは、作物を育てる農民たちだ。この場合、天候の回復や新たな政策の導入、平和条約、ハイブリッド種の作物の導入では、状況は回復しない。いったん農民が死ぬと、どれだけ雨が降っても、畑に作物が実ることはない。

各国政府と援助機関の推定によれば、エイズ患者が世界で最も多い地域であるアフリカ南部で、二〇〇三年までに七〇〇〇万人以上の農民がエイズによって死亡したという。農業の手段も経験もない家族が、数多く残された。恒常的に食糧援助に頼る家庭の数が増えるにつれて、慢性的な食糧不足が起きるようになった。飢餓とエイズが「死のタッグチーム」を組んだ格好だ。エイズによる農民の死で食糧不足が深刻化し、栄養失調におちいる人々が増え、その結果、そうした人々のあいだで、免疫系が弱ったすきに体をむしばむ病気への抵抗力が落ちた。エイズが飢餓の問題を悪化させ、飢餓がエイズの影響を大きくした。

エイズと飢餓の複合によって、人々の体だけでなく、経済も弱った。スワジランドから南アフリカを挟んで西にあるボツワナは、かつて活気みなぎる国だったが、エイズの蔓延に伴って労働力が縮小して、経済も停滞した。建設会社はクレーンの操縦士が瀕死の状態になって工事を休止し、灌木地帯ではサファリキャンプがガイド不足におちいった。携帯電話会社は、葬式の日時や場所の把握に携帯電話が欠かせないと宣伝した。事実、葬儀屋はアフリカ南部全域で成長していた数少ない産業のひとつだった。棺職人は幹線道路沿いにある工房で釘を打ち、木をのこぎりで切って、棺作りを宣伝していた。棺の需要があまりにも高いため、いくつかの国では木材が不足していると報じられたほどだ。また、道路標識の盗難が横行した。その薄い金属の板は、棺の持ち手にぴったりだったのだ。

スワジランドでは、出産前の検査でＨＩＶ（エイズの病原体）に感染していると診断される女性の割合が、一九九二年の四パーセント未満から、二〇〇三年には三八パーセントを超えるまでに急上昇した。これは、世界第二位の感染率であり、第一位のボツワナとはわずかな差しかない。同じ期間で、スワジランドの国民ひとり当たりの農業生産は、二〇〇三年の干ばつに襲われる前に、すでに三分の一も低下していた。政府の報告によれば、エイズなどの理由で成人が亡くなった世帯では、農業生産が五四パーセント下落しているという。

従来の飢饉の場合、最初に命を落とすのは、通常、子供や高齢者など最も体の弱い人々だった。しかし、アフリカ南部を襲った新たな種類の飢饉では、働き盛りの成人が命を落とし、弱い子供や高齢者がこの世に残されることになった。スワジランド政府は、二〇〇三年に国内で孤児となった一五歳以下の子供の割合は一五パーセントにのぼると推定し、二〇一〇年までに一〇〇万人の全人口のうち孤児が一二パーセントを占めるようになる可能性があると予測している。国際援助機関によれば、スワジランドで家長が子供の世帯が全世帯の一〇パーセントを占めているとすれば、祖父母が家長を務める世帯の割合はそれよりも多いという。祖父母の世代は、農作業をするには年を取りすぎ、体が弱くなりすぎている。

「干ばつは通常、国の一部の地域でしか発生しませんが、エイズは国中に蔓延します。信じられないほど人々を衰弱させ、国力を低下させます」そう話すのは、二〇〇三年の飢餓のとき、スワジランドの国家エイズ緊急対策評議会の会長を務めていたデレク・フォン・ウィッセルだ。フォン・ウィッセルは、数カ月にわたって成人と接していない子供たちがいるという報告を援助スタッフから聞いたという。また、八歳の子供が四人のきょうだいを連れて裸で道路をふらふら歩いているのを目撃したという。子供たちは、母親が亡くなったので、祖母を捜して二四キロも歩いていた。フォン・ウィッセルは一緒になって捜したが見つからず、結局、子供たちをもといた村に連れていって、村の首長に世話をお願いしたという。

スワジランド南部のンゴロゴルウェニ村にある世界食糧計画の食糧配給所では、校庭のモパネの大木の下で女性と子供たちが配給を求めて待っていた。地域の首長の委員会のメンバー、ドゥドゥ・ンドランガマンドラによれば、彼らは「未亡人、夫に捨てられた女性、そして孤児たちで、畑仕事もできず、そのための資材や道具もない人たち」だという。

世界中から届いた食糧の袋が、整然と積まれていた。アルジェリアから来たコメ、日本から来たエンドウ豆、アメリカから来たトウモロコシと大豆のミックス。一四歳の少年が学校から歩いてきて、配給を受けるために登録をしていた。一七歳の姉と暮らしているのだという。すると、高齢の女性がひとり、学校から歩いてきて列に加わった。履いているテニスシューズには穴が開き、左足の大きなつま先が飛び出ている。彼女は生徒たちの食事を作ってわずかな収入を得ているが、夫が亡くなってから、六人の子供たちに十分な食べ物を与えられず、子供たちの成長も遅くなっているという。夫は「毒にやられた」のだと彼女は話す。「毒」とは、エイズを遠回しに表現した言葉のひとつだ。

首都ムババネに近い小さな公民館を訪ねると、野外のたき火ではやかんでポリッジ（おかゆ）が作られ、屋内のこんろでは大きな鍋で野菜スープが作られていた。学校が終わったあと孤児たちに暖かい食事を提供しようと、近隣の人々が協力しているのだ。こうした場所は各地にある。「子供たちがごみ箱をあさっているのを目にしてから、彼らに食事を与えなければならないと言って始めたんです」食事を作っていた女性のひとり、ジャネット・アファネがそう説明してくれた。彼女のほかに、引退した教師、看護師、公務員など二〇人の地元の女性たちが食事を作っている。当初、食事を与える子供たちの数は一日三〇人だったが、一年後には最大八〇人に増えた。「材料が限られているので、食事を与える子供の数を制限しています」とアファネは話す。「もし制限をなくしたら、五〇〇人くらいがやってくるでしょうね」

高齢の女性たちもやってくるだろう。孤児になった孫の面倒を見るために飢えに苦しむようになった祖母たちの数も増えたからだ。二〇〇三年の飢饉のとき、スワジランドの農村、ムパトニ村では、二〇人の孫を世話しながら生き延びようと必死にもがいている七三歳のマンダタネ・ンドジマが世界食糧計画の職員によって発見された。彼女の子供たちは、ひとりひとり死んでいった。最初に死んだのは、一番下の息子だ。死因は結核。エイズ患者がかかりやすい病気だ。次に、一番上の息子が交通事故で亡くなった。次に、真ん中の息子が、その妻とともに結核で息を引き取った。その結果、全部で一二人の孫が孤児になった。さらに二〇〇三年、飢饉が深刻化するなか、四〇歳の娘が結核にかかり、八人の子供と一緒に実家に戻ってきた。「息子たちが生きていた頃は、食べ物が十分にありました」とンドジマは話す。数エーカーの一家の畑には、トウモロコシとサツマイモが豊かに実っていたものだった。息子たちが死ぬと、畑を耕すのに使っていた一家の数少ないウシが盗まれた。二〇〇二年と〇三年には、祖母とその孫たちは、ごくわずかな範囲に作付けしただけで、肥料はなく、その収穫の大半は干ばつで失われた。畑の作付けしなかった範囲には、背丈の高い草が伸び放題になっていた。ンドジマはその草をいくらか刈り取って束にし、草ぶきのわらとして売りたかった。「お金が十分手に入れば」と彼女は言った。「誰かを雇って、畑を耕すのを手伝ってもらえるのですが」

ンドジマは、いくつかの小屋が寄りそう自分の土地の中で、コンクリートブロックの上に座っていた。その隣には、子供の中で唯一生き残った結核を患っているモアンナが座り、うしろには、円形の金属製の穀物貯蔵箱が二つあった。息子たちが生きていて畑仕事をしていた頃、貯蔵箱には穀物がぎっしり詰まっていた。だが、今は一粒も入っていない。毎月、彼女と孫たちはそれぞれ食糧援助の配給を家に運んでくる。トウモロコシが七五キロ、豆が五キロ、料理油が三・八リットル、そして、子供の栄養失調を防ぐためにミネラル分が添加されたトウモロコシと大豆のミックスが五キロだ。

ンドジマが何よりもまずやらなければならないのは、孫たちに十分な食事を与えることだった。そのため、彼女とモアンナの食事は一日二回に減らした。一回に食べる量もわずかだ。そうした食生活を送っているうちに、モアンナの結核は悪化した。飢餓と病気のワンツーパンチは、あまりにも痛烈だった。そのうち、自分ひとりが取り残され、孫たちと荒れ果てた畑を抱えて生きていかなければならなくなるのではないかと、ンドジマは不安に思った。

二〇〇三年のクリスマスの数日前、ジンバブエのロバート・ムガベ大統領は、自分が率いるジンバブエ・アフリカ民族同盟愛国戦線(ZANU-PF)党の集まりの前に立ち、自分の農業革命を讃えるハレルヤ・コーラスを指揮していた。「国民は歓喜にわき、国土は我々のものとなった」とムガベは声を張り上げた。「我々は、ジンバブエの支配者であり、所有者となったのだ」

ムガベが支配することになったのは、世界で最も飢餓が深刻な国だ。その年の初め、一二〇〇万人の国民のうちの七〇〇万人が国際的な食糧援助を受けていた。これは人口の六〇パーセントが食糧援助に依存している状態で、その割合は世界で最も高かった(エチオピアの飢餓人口は一四〇〇万人で、数としては世界で最も多かったが、人口に占める割合は二〇パーセント強だ)。

焼けつくように暑い干ばつが三年目に入ると、ジンバブエでは被害が深刻化した。だが、過酷な天候に加えて、過酷な政治がさらに人々を苦しめた。一九八〇年、ムガベは選挙で白人支配者に対して圧倒的な勝利を収めると、国を独立に導いた。国名をローデシアからジンバブエに変え、経済、特に農業が上向きになるにつれて、国民から大きな支持を集めるようになった。だが、反対勢力が現れると、食糧と農業を利用して、自分への忠誠を国民に強要し始めた。白人が所有する商業農場を没収し、その土地を忠誠心の高いZANU-PF支持者に分け与える農地改革を急速に推し進めたのだ。改革を進めるに当たり、手荒な手段が用いられることもしばしばだった。

新しく農地を手に入れた人々の多くは、大規模なアグリビジネスを経営した経験がなかった。あらゆる食糧援助が入ってきた二〇〇三年までには、没収された四五〇〇の農場のうち、完全に機能していた農場の数は数百までに減っていた。主食の収穫量は九割も減り、家畜の数も少なくなって、主要な輸出作物であるタバコの生産量も一気に落ち込んだ。輸出の急減によって外貨不足におちいると、輸入される種子や肥料、燃料が不足し、それに伴って、小規模な農家の生産量が急激に減った。

　ププという農村では、村人たちが、モパニムシと呼ばれるイモムシを焼いた料理や、乾燥させた野生の果実を食べて、飢えをしのいでいた。イモムシは通常、木からとってきて、軽食のように食べられていたものだが、二〇〇三年には主食となることが多かった。「シロアリみたいな味だよ」ププの小学校で毎月の食糧援助の配給を待っていた農民がそう言った。それを聞いた人々が笑う。「ピーナッツバターの味に似ているかな」という農民もいた。腹が減っていれば、そう感じることもあるだろう。食糧が豊富な国からきた西洋人からすれば、焼いたゴムのような味だった。

　どんな味にしろ、飢餓の時代、日々生きていくためにはモパニムシは欠かせない食べ物だった。農民たちに話を聞くと、クリスマスには食糧援助のコーンミール（トウモロコシの粉）と焼いたモパニムシを食べるつもりだという人が多かった。「それを食べなければ、死んでしまう」と、食糧援助の配給を待つ長い列に並んでいた女性、シファティシウェ・シクベは話す。青い服を着た彼女は、小学校の裏にあるからからに乾いたサッカー場に設けられた配給所まで、二時間かけて裸足で歩いてきた。乾燥させた野生の果実のかけらをかみながら、「これで栄養を補えばをすれば、数時間は持ちます」と彼女は言う。

　村の人口の七割を占める四〇〇〇人の小農たちが、配給を求めて校庭まで長い距離を歩いてきた。干ばつで彼らの作物は枯れ果てた。無事収穫できた作物も、経済がガタガタになったせいで、とても手が出ないような価格にまで高騰した。インフレ率は七〇〇パーセントに達し、ヤギやニワトリはあまりにも高価で貴重になり、とても食べられなくなった。ヤギの価格は、教師の月給と同程度の二〇〇ドルだ。「特別な日の食事のために、たとえニワトリが手に入ったとしても、それを売ったお金でほかの食べ物を買ったほうがいい」と、やせこけた高齢の女性、ラレキレ・ムポフは話す。スプリットピー（皮をむいて乾燥させて割ったエンドウ豆）の配給を受けようと、ぼろぼろになったビニール袋を広げていた。

これだけの人々が援助を受けているというのは、ショッキングな光景だ。その数年前まで、ジンバブエは最大で五〇万トンの余剰食糧を、飢餓にあえぐ世界の人々への配給用として世界食糧計画に売っていたのだ。だが二〇〇三年には、そのジンバブエが同じくらいの食糧援助を受けていた。

地方選挙が迫っていた頃、与党が選挙の支援と引き替えに政府の倉庫から食糧を分け与えていると、アメリカに拠点を置く人権団体〈ヒューマン・ライツ・ウォッチ〉が告発した。同団体は、住民たちが政府の穀物を受け取る際にZANU‐PF党の党員カードを提示させられている事例を記録した報告書を発表し、こうした人々は飢えなかったと報じている。さらにムガベ政権は、二〇〇三年に国際的な食糧援助の配給をコントロールしようとしたが、援助国側が食糧援助を見合わせると言って抵抗したため、引き下がった。少数派（白人）の支配から多数派（黒人）の支配へ移行してどのように繁栄し、平和を獲得していったのかという手本として、かつてジンバブエは、隣国の南アフリカから見られていたが、今や悪夢のような存在となった。「ひとりの人間がどこまで国を破滅に導けるかを示した例として、ジンバブエほどぴったりな例はありません」と、世界食糧計画と国連食糧農業機関のアメリカ大使を務めていたトニー・ホールは話す。「（ムガベは）人道に反する罪を犯したんです」

こうした非難を浴びてもムガベは動じることなく、アフリカの黒人が支配する国が成功するのを見たくない白人の富裕国のポーズだとして、非難を切り捨てた。だが、ププのサッカー場では、ジンバブエの農村部での惨状が否定できないほどはっきりと現れていた。何千人もの人々が、真昼の焼けつくような日の下で土の上に座り、世界食糧計画と援助団体〈ワールド・ビジョン〉の配給を辛抱強く待っている。サッカー場の片側のサイドラインには、世界中から寄せられた合計三五トンの食糧の袋が山積みされていた。ゴールポストのひとつには、配給の中身を書いた看板がぶら下がっている。ひとりにつき、トウモロコシ五キロ、エンドウ豆一・八キロ、トウモロコシと大豆のミックス一・四キロ。食糧を援助しているのが誰なのか決して間違えられないように、サッカー場の隅にはキャンバス地の横断幕が掲げられていた。「希望を取り戻し、苦しみを和らげ、命を救うために、世界食糧計画とワールド・ビジョンが共同でジンバブエの皆さんにお届けする食糧です」

「私たちが提供するのは食糧だけです。ここには、政治的な主張を伝えるTシャツなどを着てきてはいけません。普通の服で来る必要があります」ワールド・ビジョンでジンバブエの援助の副理事を務

2003年、ジンバブエのププ村でアメリカの食糧援助の配給を待つ住民たち。

めるズビドザイ・マブルツェが説明してくれた。二〇〇二年、地元の政治家が、配給された食糧は国際援助ではなく政府からの贈り物だと主張して、自分の手柄にしようとしたことがあった。このため、援助機関はジンバブエのほかの地域で食糧の配給を見合わせた。

援助スタッフに話を聞くと、ジンバブエで絶望が広がっている兆候が次々に挙がった。男たちは干ばつにやられた農場を捨てて砂金採りに行き、女性たちは売春婦をして金を稼ごうと都市に出て、若者たちは南アフリカなど隣国で仕事を見つけようとひそかに国境を越えている。

ジンバブエでは、クリスマスを祝う動きはまったくなかった。「今年はお祝いをするための食べ物が足りない」と、六三歳の農民ルーク・フィリップ・ングウェニャは話す。焼いたヤギと、山盛りのコーンミールを食べ、モロコシで作った酒をたっぷり飲むという伝統的なごちそうを、ぼんやり夢見ている。しかし、ヤギは高くて買えず、トウモロコシは三年間続けて不作で、モロコシの備蓄はとっくに尽きた。「クリスマスは、ほかの日と同じように来て、過ぎ去っていくんだ」

ングウェニャは草がまばらに生えた地面に座り、枯れかけたムササと呼ばれる木の幹にもたれていた。雨が遅れていると、彼は言った。畑を耕すのに使っていた家畜の多くが、餌と水の不足で死んでいった。自暴自棄になった農家の中には、作付けの季節の始まりを知らせる雨を待たずに、次にまくはずの種子を食べ始めたところもあるという。今のところ、木の下に集まった彼と隣人たちは、そこまでの行動には出ていない。だが、種子を食べたいと思うだろうか？　そう問うと「もちろんさ！」と、全員が声をそろえて答えた。

飢えた農民たちに援助食糧が配られるなか、手作りのほうきを持った女性たちが、地面にこぼれ落ちた小麦やエンドウ豆、トウモロコシを一粒残らず集めようと走っていった。最後の袋まで配り終わると、イヌの群れが——飼い主と同じように飢え、辛抱強く待っていたイヌたちが——女性たちがほうきで集めきれなかった粒をなめ尽くそうとやってきた。「まさしく飢餓の兆候です」と、世界食糧計画の職員ロビナ・ムレンガは話す。二匹の茶色いイヌが地面を嗅ぎ回るのを、じっと見つめていた。「アフリカのイヌは通常、飼い主の食事の残りを食べています。でも今は、何も残りません。そもそも、食べ物がほとんどないんです」

それはまもなく、世界の大半の嘆きとなった。

第2部

もう、たくさんだ！

9章　激怒するしかない

農民たちは自暴自棄になっていた。

「苦しんでいる貧乏人がどんな状態に置かれているのか、あなた方はこれっぽっちも知りません」と彼らは憤った。「もう激怒するしかないのでしょうか？　我々は平穏に、静かに振る舞い、忍耐強く神の御心に従ってきましたが、感情や罪をこれ以上隠していくことはできません。苦しんでいる小作農への救いの手をすぐに増やさなければ、国の平和は大きく乱されるのではないかと懸念しています。我々は違法行為や、神や土地の掟に反することに手を出すつもりはありませんが、『飢え』によって追いつめられた場合には、その限りではありません」

この苦悩に満ちた文章を書いたのは、エチオピア人でも、スーダン人でも、ジンバブエ人でも、スワジランド人でもない。彼らは、フラナガン、ケリー、モナガン、バーン――全員がアイルランド人だ。ロスコモン州クルーナイーの二〇人の小作農が、雇用や食糧の提供を拒むイギリスの支配者と同調する地主たちに、助けを求める請願書を執筆した。彼らの懇願は最初は冷静なものだったが、やがて語気が強まり、ついに「飢え」という言葉を強調するようになった。日付は一八四六年八月二二日。ジャガイモ疫病、そしてイギリスの無関心と軽蔑によって起こったアイルランドの「ジャガイモ飢饉」で、飢えに倒れる人々が増え始めていた頃だ。

「我々の家族は目の前で本当に苦しんでいます。これ以上、食糧を求める家族の叫びに耐えていくことはできません」と彼らは書いている。「家族に与える食糧がないんです。ジャガイモは腐ってしまい、穀物もありません」

クルーナイーの小作農は、雇用と、労働に見合った食糧を受け取れると地主のメージャー・デニス・マーンから約束されていたが、公共事業局の局長による支援の対象から除外された。イギリス政府のほかの部局もこの災難から目を背けた――中には、飢饉は神の意志だと主張する役人や、アイルランドの人口を減らす手段だととらえる役人もいた。また、アイルランド人は怠け者だから災難を受けても仕方がないとするロンドンの新聞や雑誌もあった。かつてのイギリスの植民地であるアメリカから飢えた小作農への食糧援助が届く一方で、地主たちはアイルランド産の穀物と肉をイギリスに輸出して金を稼いでいた。

それから三年のあいだに、請願書の執筆者たちはいなくなった。この世を去った者だけでなく、立ち退きにあって遠くの国に送られた者もいた。ストロークスタウンに屋敷があったマーンは多額の借金を背負った。このため、マーンは三〇〇〇人の小作農を北アメリカに送って経費の負担を軽減しようと考えた。小作農たちは「棺おけ船」と呼ばれるおんぼろの船に乗せられ、その多くが海上で息絶えた。それから何カ月かたつと、マーン自身が何者かに銃で撃たれて死亡した。おそらく、不当な扱いを受けた小作農のひとりが犯人だろうとみられている。飢饉とその後の荒廃の中で、ストロークスタウンに暮らしていた一万二〇〇〇人の住民の八八パーセントが、この世を去るか、土地を負われるか、移住するかして、町から姿を消した。姿を消したのは彼らばかりではない。いなくなった国民の数はアイルランド全土で二〇〇万人以上。一〇〇万人が死亡し、一〇〇万人が移住した。人口の四分の一が国土から消えたわけである。アイルランドのジャガイモ飢饉は、一九世紀ヨーロッパで最悪の大惨事のひとつとなった。

それから一五〇年以上たった頃、飢餓がアフリカを蝕んでいる時代に、クルーナイーの小作農たちの請願書を読むと、まるでこの請願書が今書かれたかのように感じる。裕福な国々は、貧困国がどれだけ苦しんでいるかほとんど知らない。死者数は依然として多く、今でも増え続けている。ストロークスタウンの人口の二倍もの人々が、発展途上国のどこかで飢えや栄養失調によって毎日この世を去っている。援助できる力をもっている国々は、依然として無関心だ。裕福な国は依然として、被害を受けている国に責任を転嫁することが多い。食糧が余っているのに飢餓が起きるという、経済的に不条理な状況は今も続いている。テロリストの懇願に屈する時代にあって、飢餓と貧困により社会の隅に追いやられた人々が暴力に訴える行動に出るのではないかという、不安もある。

飢饉を助長して最貧層を軽視した構造調整のような政策を、欧米諸国の政府と国際機関が押しつけるなか、深刻化する飢餓と極度の貧困はこれ以上許容できないとする新たな怒りが、慈善家の集まり、宗教団体、実業界といった社会のほかの領域からわき上がり始めた。この新たな動きは、まず貧困国の債務を免除する運動、そして、エイズとマラリアの拡大を防ぐ運動を促した。そして、二〇〇三年のアフリカの飢饉以降、飢餓を撲滅する数々の活動が融合し始めた。

その怒りのひとつが、アイルランドから、クルーナイーの魂を受け継ぐかのようにわき上がった。世界の飢餓人口が増えていることは、アイルランドの人々を特に不安にさせた。我々の苦しみから、世界は何も学ばなかったのだろうか？　我々は復興への長い道のりから何も学ばなかったのか？　ほかの地域で飢えている人々のために、我々の経験は生かせなかったのか？

アイルランドの復興への歩みは、財政的にも心理的にも悲痛なほど遅かった。ジャガイモ飢饉から一五〇年たっても、アイルランドは西ヨーロッパの中では貧困国のままだった。年月を重ねるにつれて、一部は羞恥心から、一部は自尊心から、多くのアイルランド人が、あの飢饉の激しさを軽視するようになった。「それほどひどいものではなかった」と彼らは言うだろう。

だが、飢饉の影響は歴然と残っている。あの苦難を経験したアイルランドの小作農は、土地を所有したいと切望するようになった。一連の土地改革によって、土地の区画は比較的小さかったものの、小作農が自作農として作物を育てられるようになった。しかし、一九二二年にアイルランド自由国が誕生した頃でも、まだ労働力の半分以上が最低生活水準で何とか生き延びている状態だった。一九三〇年代にアイルランド南西部のリメリックに暮らしていた少年、エインガス・フィヌケーンは、飢饉の爪跡が残る中で遊んでいた。自宅から通りを挟んで反対側には、大きな救貧院が建ち、道路を一・六キロほど行くと貧民墓地があった。「当時、救貧院にはまだ貧しい人々がいました」と、老人になったフィヌケーンは少年時代を回想する。「大きくて高い塀がありました。道路で遊んでいると、塀の向こうから、誰かが缶を糸につるして降ろしてくるんです。缶には二ペンス硬貨と半ペニー硬貨が入っていました。その二ペンスを持って私たちが彼らのために煙草を買いに行き、そのお駄賃として半ペニーをもらいました」

飢饉から一世紀経っても、依然として農業がアイルランド経済を支えていた。農業は、国民総生産の四分の一を占め、雇用の半分近くを賄っていたのだ。だが、アイルランドの農家は、ヨーロッパのほかの国々やアメリカで現れ始めていた近代的な農業技術から遅れていて、依然として旧来の農法に頼っていた。土はやせていて、肥料も不足していた。アイルランドの生産物の市場は限られ、依然としてイギリスに大きく依存していた。イギリスとアイルランドのあいだで結ばれた貿易協定の下で、アイルランドのウシの九〇パーセントがイギリスに輸出されていた。しかも、ウシはすべて生きたまま輸出されるため、アイルランドでは牛肉の加工産業が発達しなかった。

一九五〇年代後半、アイルランド政府は、農業を原動力として、移民と失業者を減らすために必要な成長を成し遂げるという方針を固めた。農業普及員が新たな研究や技術を農家に広め、農業組合が政治的により大きな力をもつようになった。貿易市場も拡大した。一九六〇年代を通じて、アイルランドはヨーロッパ共同体への加入交渉を進めた。その結果、アイルランドはヨーロッパというひとつの大きな食品市場を手にし、共通農業政策の下で農家への支援が増した。

ようやく飢饉から経済的に立ち直り始めると、アイルランド国民の多くが、世界のほかの国々で飢えに苦しむ人々と心理的なつながりを感じ始めた。エインガス・フィヌケーンはリメリックを離れて修道院に入り、その後、宣教師としてアフリカに向かった。一九六七年にナイジェリアのビアフラ地域が独立を模索していた頃、彼はビアフラ地域のウリで教区司祭を務めていた。内戦が始まると、飢饉が広がった。

「教区民がいたるところで死にかけていました。自分の子供を埋葬する親、親の墓の前で泣く子供たち。人肉を食べたという話も聞きました。いろんな事件が起きましたよ。市場で食べ物を盗んだ男が蹴られて死んだこともありました。信徒会館は、腹をすかせた人々に囲まれました。地階の窓の向こうには、顔がずらりと並んでいました」四〇年後、フィヌケーン師はダブリンのアパートでのインタビューで当時の様子をこう回想した。「飢饉に対する恐怖は、だんだん大きくなってきます」年老いた司祭は身震いすると、十字を切った。「普通この話をするときは、一杯やるんですが」しかし、そのときはまだ午前一〇時で、飲むには早すぎた。司祭はアイルランドのリンボクで作られた杖をつきながら、よろよろとキッチンに歩いていくと、酒ではなく、スープをよそって持ってきた。

「あるとき、日曜のミサでこんな話をしたんです」司祭は話を続けた。「教区内の四つの町で最も深刻な状況にある子供たち二〇〇人を食べさせるために全力を尽くす、と。私は町のひとつを訪れました。いくつもの家族がサッカー場を囲むように並んでいました。親の前に子供たちが立ち、最も体調が悪い子供が一番前にいます。一家族につきひとり、一地区につき五〇人しか選べません。私はタッチラインに沿って歩き、食糧を与える子供を選びました」

翌日、司祭は食糧を持って町を再訪した。すると、ある父親がやせ衰えた子供を連れてきた。「私が選んだ子供がゆうべ死んだから、ほかの子供を選んでもらえませんか、と言うんです」

ビアフラで打ちひしがれた男の前に立っていたフィヌケーン師は、ジャガイモ飢饉の時代に戻ったかのような錯覚を覚えた。当時も、さまざまな選択によって誰が生き延び、誰が死ぬかが決まった。誰が公共工事の仕事を得るか、誰が救貧院に入るか、誰が一杯のスープをもらうか。ビアフラで同じ決断をしなければならないことが、良心を欠いた行為のように思えた。

年老いた男がひとり、難民キャンプに向かって這ってきたが、門まで来たところで力尽き、倒れ込んだ。その一部始終を見ていた司祭は思った。どれだけ多くのアイルランド国民が、同じように救貧院めざして這っていったのか。リメリックの実家の向かいにある救貧院にも、飢えた人々が同じようにやってきたのだろうか。

同じ頃、アイルランドでは、ビアフラにいるフィヌケーン師やほかの宣教師から話を聞いた信徒たちが、〈コンサーン・アフリカ〉という団体を結成し、ビアフラに送る救援物資の収集を始めた。アイルランドの人々の大半は生活していくだけで精一杯だったはずだが、それでも寄付は続々と寄せられた。三カ月経つ頃には、援助物資を積んだ船が、アイルランドからアフリカの西海岸に向けて出航した。アフリカに着いた支援物資は、ナイジェリア政府に見つからないよう、夜間に飛行機でビアフラの奥地にある滑走路まで運び、そこで宣教師たちが受け取った。その後も、援助物資を乗せた船が何度もアイルランドを出航した。

フィヌケーン師が率いる〈コンサーン・アフリカ〉は、アイルランド最大の人道支援組織になった。

司祭はアフリカから援助を求めるときも、ダブリンのオコンネル通りに募金箱を持って立っているときも、市民に対して「これは正しい行動です」という言葉を繰り返した。言われたほうは、それを理解した。「貧しい人でさえもやってきて、お金を入れてくれます。『神父様、貧しくて飢えるというのがどういうことか、私たちはよくわかっていますから』と言ってくれるんです」

同じ頃、ダブリンに暮らしていた若者がいた。ポール・ヒューソンという名のその若いミュージシャンは、その後「ボノ」という名で知られるようになる。ボノは母親がプロテスタント、父親がカトリックという家庭に育った。アイルランドでは、「プロテスタントとカトリックのあいだに引かれた線は、まさに戦線」だと、彼はのちに述べている。両者に共通しているもののひとつは聖書だが、ボノが聖書をプロテスタントとカトリックのどちらの立場で読んでいようと、イエス・キリストが常に貧しい人々のことを思っていることには気づいていただろう。

貧者のための正義はボノの神学となり、それは当時、彼の心をとらえていた歌詞と融合した。「もし僕がハンマーを持っていたら……それは正義のハンマーだ」「人は何本の道を歩かなければ

コンサーン・ワールドワイドの創設者エインガス・フィヌケーン師。1997年、ルワンダのコンサーンの孤児センターにて。（コンサーン・ワールドワイド・ライブラリ提供）

ならないのだろう?」「想像してほしい、すべての人々が……」ボノは、神の存在を讃えて求めたダビデの詩編はブルースのようなものだと考えていた。社会を志向したこうした意識――〈アムネスティ・インターナショナル〉などの人権組織のキャンペーンに機会とイメージを提供していたミュージシャンが一九七〇年代と八〇年代に志向した意識――は、ボノのバンド、U2の歌にも現れている。

しかし、意識向上をめざすバンドの取り組みが音楽の枠を越えたのは、一九八四年にエチオピアが飢饉に苦しむようになってからのことだった。アイルランドのロッカーでブームタウン・ラッツのボーカリスト、ボブ・ゲルドフが、ボノを含めたさまざまな国のミュージシャンを集めて、ひとつのバンド〈バンド・エイド〉を結成し、チャリティのための歌「ドゥ・ゼイ・ノウ・イッツ・クリスマス?」をレコーディングした。翌年、彼らは〈ライブ・エイド〉として知られるチャリティ・コンサートを、世界のさまざまな場所で開催し、世界に同時生中継した。これは、実業界や商業、メディアに現れ始めていた「グローバリゼーション」という名の新しいトレンドの先駆けだった。はるか遠くの場所が突然、近くに感じられ、世界は小さくなり、より密接につながった。飢餓という、究極の疎外行為が、地球というひとつの「村」にある何億世帯もの家庭に放送されたのだった。

U2は、ライブ・エイドでのパフォーマンスによって、国際的に広く知られるようになった。ボノは飢饉をきっかけにアフリカへと目を向け、人道主義者としての活動を始めた。ライブ・エイドを終えてまもなく、長髪でひげを生やし、イヤリングをつけた当時二一歳のボノは、妻のアリとともにエチオピアへ向かい、ライブ・エイドが世界に訴えようとした現実を自分の目で見た。ボノとアリが訪れたのは、エチオピア北部、干からびた不毛の大地が広がるウェロ地方。飢饉の中心地だ。二人は、大規模な飢餓の中で助けを求める生存者たちが集まる孤児院や食糧配給センターで、六週間にわたって働いた。

ある日、やせさらばえた男が、飢えで死にしつつある子供を差し出した。子供がこの先生きるのであれば、奇妙な格好をしたこの見知らぬ二人が、もっといい生活をさせてくれるかもしれないと考えたのだろう。一四〇年前、いったい何人のアイルランド人が同じことをしたのだろうか。二人はそう思わずにいられなかった。

「魂を揺さぶられた」と、ボノは後年のインタビューで語っている。「あの辺境の地で目を覚ますと、夜中にやってきた人々が自分の子供をこのキャンプの入り口に置いていくんだ。息絶えている子供もいれば、生きている子供もいる。キャンプのまわりには、鉄条網があった。別に人が入れないようにしているわけじゃなかったんだが。あそこにいると、深く考えさせられる。どんどん深く突き詰めていくと、自分の興味がチャリティから正義へと移っていくんだ」一曲の歌や一回のコンサートなら、チャリティでいいかもしれない。だが、ボノが気づきつつあったように、それは正義には十分でなかった。

エチオピアでの活動が進むにつれて、ボノとアリは飢えた人々の目をより深く見るようになった。「その目つきには本当に驚いた。怒りがまったく現れていないんだ。状況に従うしかない、というあきらめの目だ。何度も思い出すよ」とボノは語る。「たぶん僕の攻撃的な性格が関係していると思うんだが、自分の怒りを消し去るなんて考えられなかった。自分でも驚いているんだが」

一八四六年、クルーナイーで請願書を書いた人々は「もう激怒するしかないのでしょうか」と問いかけたが、ボノはそれに対する答えを持っていた。彼なら、挑戦的な口調で「イエス」と言うだろう。

クルーナイーの精神は、アイルランド全土で人々の心を動かし始めた。その原動力のひとつは、「富める者の責任」だった。一九七三年にアイルランドがヨーロッパ共同体（EC）に加盟すると、アイルランドの農家はヨーロッパ市場により高い価格で食糧を売れるようになり、共通農業政策の補助金によって農業のリスクが大幅に軽減された。それから一〇年もたたないうちに、アイルランド農家は収入を二倍に増やし、事業への投資も積極的に行うようになった。農産物加工業が盛んになり、アイルランドの食品会社のいくつかは世界規模で事業を展開した。ECからのほかの補助金によって、国のインフラも向上した。一九九〇年代には、アイルランドの好景気は「ケルトの虎」と呼ばれるようになり、その範囲はハイテク産業から、アート、エンターテイメントまで、数多くの分野に及んだ。アイルランド移民は祖国に戻り、アイルランドの援助資金は世界に流れ、貧困層、特に飢えた人々を支援した。アイルランド政府の国際開発援助の予算は一九八一年から九六年のあいだに、七倍に増えた。

繁栄と自信を新たに獲得したアイルランドの人々は、ジャガイモ飢饉から一五〇年たった節目の年に、過去の苦しみに思いを馳せる機会を得た。飢饉に関する本が出版され、講演が行われ、記念物が発見され、復元された。ストロークスタウンのマーンの屋敷では、古い馬小屋が飢饉を伝える博物館に改装された。ジャガイモ飢饉の被害者たちの写真が、現代の飢饉で苦しむ人々の写真の隣に掲げられている。飢饉の記憶が時代を超えて受け継がれるよう、クルーナイーの農民たちの請願書も展示されている。アイルランドは新たな目的を見つけたのだ。

「ジャガイモ飢饉のことを考えると、嫌な気持ちでいっぱいになるはずです」一九九六年、フィヌケーン師は記念行事でそう演説した。「その嫌悪感を前向きに利用して、飢饉という大惨事に全力で立ち向かうという決意を強くしてほしいと思います」

新たな世紀が近づきつつあった頃、飢餓を懸念する世界中の人々が、師の言葉に耳を傾けていたように見えた。

10章 「何かできるはずだ」

ダブリンとシアトル

一九九七年、世界の貧困層の扱いに対する怒りが、遠く離れた二つの場所で爆発した。その怒りを表したのは、世界で最も名の知られた二人だった。

ダブリンでは、同世代で最大のロックスターに躍り出たボノが、イギリスの複数の教会団体による連合からの報告書を読んでいた。その連合は、二一世紀に入るに当たって、イギリスやほかの富裕国が最貧国の債務を免除するよう要求する新たな草の根の運動を、ボノに支援してほしいと求めたのだった。この要求は、ボノがよく知っている聖書のつつましい寓話と、彼が常に深く理解しようとしていた貧困の冷酷で厳しい経済に根ざしたものだ。報告書の中で、ある事実がボノの興味を引いた。バンド・エイドとライブ・エイドが集めた二億ドルという堂々たる金額が、富裕国の債務者への返済額よりも低いということだ。特に、エチオピアの年間の債務は二倍もあった。アフリカに寄せられるあらゆる援助は、そのまま欧米の銀行や金融機関への返済として出ていくのだった。

ボノは呆然となった。エチオピアで熟考した問題は、解決されないままだった。正義のないチャリティなんて、何の役に立つのだ？　ロックシンガーであるボノは、自分が歌う新たな目的を見つけようとしていた。

シアトルでは、すでに世界有数の大富豪となっていたマイクロソフトの創業者、ビル・ゲイツが、妻のメリンダとともに、新聞で貧困国の実情を知ろうとしていた。貧困国では毎年何百万人もの子供たちが、簡単な医療で治療できる病気によって亡くなっている。『ニューヨーク・タイムズ』紙の記事には、下痢による病気の惨状が詳しく書かれていた。また、ロタウイルスという聞き慣れない病原体が、人の命を奪う感染症を引き起こすという記事もあった。このウイルスは、深刻な下痢を引き起こす主な病原体だ。その下痢は、欧米の富裕国では簡単に治療できるが、発展途上国では毎年何十万人もの子供たちの命を奪っている。

ビルとメリンダは、互いに問いかけ合った。これは本当だろうか？　もし本当なら、大規模になりつつあった自分たちの慈善事業の最優先課題にすべきだと、二人の意見は一致した。二人は、一家の財団を運営するビルの父親、ビル・ゲイツ・シニアにそのニュースを知らせた。添えてあったメモには、こう書いた。「父さん、僕らはこれに対して何かできるはずだ」

この二つの啓示の瞬間に、教会団体、ロックスター、慈善家が――つまり、情熱、熱狂、お金、あるいは、同情、働きかける心、用意周到な心が――一体となった新たな行動主義が生まれた。政府と開発機関の怠慢を正したい。アフリカは、そんな目的を持った草の根の活動の中心地となった。当初は、債務と病気の問題に突き動かされて始まったこの運動だったが、まもなく新たな認識を得ることになった。飢餓が続く限り、ほかのどんな活動についても成功だと宣言することはできないし、目標を達成できないということだ。

一九八五年に飢餓救済活動を終えてエチオピアを発ったボノと妻のアリは、アフリカの支援にかかわり続けようと誓った。しかし、有名人である彼は、支援とは正反対のことに忙殺された。食糧がたっぷりある北半球の世界で、U2の人気は急速に拡大していた。アルバムのレコーディング、市場の開拓、何カ月も続くコンサート・ツアー。ボノは、アイルランドのロッカー、ボブ・ゲルドフとともに、アムネスティ・インターナショナルやグリーンピース、イギリスのコミック・リリーフ(毎年恒例のテレビによる募金活動で、世界の注目されていない地域での開発への喚起を促す)といった人権団体の活動を支援することで、ライブ・エイドの活動精神を持ち続けていた。しかし、そうした活動は、一回講演したり、一曲歌ったり、ライブを一回開いたりしてチャリティの募金を集めるといった、一度限りの出演が主だった。

債務免除キャンペーンからの依頼が次々と入る中で、ボノはどうしてもやりたい、自分の代名詞となるような運動を見つけた。それは、経済学と神学を合わせた運動だった。冷戦時代、西側諸国とソ連圏の両方の国々が、独立したばかりで自立に熱心なアフリカ諸国の政府に対して、気前よく融資の提供を申し出、その融資の見返りに忠誠を誓わせた。こうして、アフリカ諸国は借金の山を築くことになった。一九九〇年代半ばまでには、その債務の年間返済額だけで何百億ドルにもなり、政府の予算を使い果たさせ、アフリカ全体で貧困と飢餓を深刻化させた。たとえばザンビアでは、国民ひとり当たりの債務が、平均年収の二倍の七〇〇ドル以上もあった。モザンビークは、国民総生産の四倍もの債務を背負っていた。

経済危機が近づくなか、二一世紀も近づいていた。キリスト教系の団体は、五〇年に一度、借金が免除され、奴隷が解放されるという聖書の「聖年(ジュビリー)」という考え方に飛びついた。これは、旧約聖書の「レビ記」の第二五章にある。一三節には「ヨベルの年には、おのおのその所有地の返却を受ける」と書かれ、三五節以降には「もし同胞が貧しく、自分で生計を立てることができないときは……その人を助け……その人に金や食糧を貸す場合、利子や利息を取ってはならない」と書かれている。また、「ルカによる福音書」の第四章一八節から一九節には、イエスによるこんな教えがある。「主の霊が私の上におられる。貧しい人に福音を告げ知らせるために、主が私に油を注がれたからである。主が私を遣わされたのは、捕らわれている人に解放を、目の見えない人に視力の回復を告げ、圧迫されている人を自由にし、主の恵みの年を告げるためである」

二〇〇〇年は、聖年の中でも大きなものだ。一九九〇年代半ばには、教会の信徒席や大学の講堂といった所から、一八世紀のウィリアム・ウィルバーフォースの精神を受け継ぐ〈イギリス債務危機ネットワーク〉が誕生した。ウィルバーフォースはイギリスの伝説的な社会改革者――かつ、熱心なキリスト教徒であり、慈善家であり、政治家――で、イギリス領内での奴隷貿易の廃止に一生を捧げた人物だ。豪華なサロンで各界の実力者たちに廃止を訴え、街路では一般市民に対して力説した。四〇年にわたって運動を繰り広げた末に、彼は帝国内での奴隷制度の廃止を達成した。

二〇世紀末の活動家たちは、みずからを新たな廃止論者だとみていた。彼らにとって、債務は新しい形の奴隷制度だったのだ。しかし、目標達成には、ウィルバーフォースのように何十年も費やすことはできない。残された時間は数年しかなかった。草の根の運動を一気に広めてくれる何かが必要だった。

一九九五年、イギリスの宗教系の人道支援組織〈クリスチャン・エイド〉の開発活動家ジェイミー・ドラモンドが、その一〇年前のライブ・エイドの影響を確かめようとエチオピアに向かった。地域社会のための事業、医療への投資、農業の改善など、寄付金を利用した前向きな発展も目にしたものの、一方で、世界中の熱心な観客たちから集まった一度限りの寄付金が、エチオピアの年間の債務返済額よりも少ないという現実も知った。エチオピアは毎年四億ドルを返済する必要があるため、ライブ・エイドの寄付金はそのごく一部にしかならなかった。欧米諸国の債権者への返済額は、医療や教育、農業に政府が充てる予算よりも多い。これが貧困国の足かせになっていると、ドラモンドは思った。「エチオピア国内を回っていて、目にするものすべてに腹が立ちました。そして、やっとわかったんです。アフリカの貧困には、構造上の問題があるということです」後年、ドラモンドはそう回想している。

人々を煽動するのとは違って、債務は難解で理論的な問題だ。だが、ドラモンドはエチオピアへの旅で、債務が援助を食いつぶしているという厳しい現実を知った。そして、あるアイデアを思いついた。どのように債務の返済が、子供たちへの予防接種、診療所の建設、教師への給与の支払い、家族の養育を妨げているかを明らかにして、債務免除を現実的なものにする。そして、一般向けのキャンペーンを打てば、人々の関心も高められるかもしれない。

ロンドンに戻ったドラモンドは、仲間の活動家たちとともに、ライブ・エイドに出演したイギリスとアイルランドのミュージシャンたちへの働きかけを始めた。一回のコンサートでは不十分です、さまざまな人々と連携した運動が必要だ、とミュージシャンたちに訴えた。ファックスや手紙を送り、直接会って話をした。彼らの一番のお目当ては、エチオピアを訪れたことのあるボノだった。「アフリカにおける貧困の構造上の問題を非難する運動を支持してもらえないでしょうか」一九九七年、ドラモンドはボノにそう頼んだ。

ボノはこの申し出にチャリティから正義につながる道筋を見いだし、すぐに理解を示した。ドラモンドの「聖年(ジュビリー)」のアイデアは、貧しき者に対して思いやりの心をもつ、アフリカで平等を実現するという、彼の二つの個人的な神学――聖書によって磨かれた神学とエチオピアで学んだ神学――にとって意義のあることだった。また、その申し出は、ボノの真面目で細部にこだわる側面にも訴えた(その性格は、無関心なロックンロールという虚飾にうまく隠されているが)。ライブ・エイドによる寄付金と債務返済を同列に並べれば大きな力が生まれると、ボノはドラモンドに言った。しかし、一九九七年半ばにアジア通貨危機が起きていたことを踏まえ、こうした運動を繰り広げる時期として、まだ十分機が熟していないのではないかと考えた。当時、アジアの経済の落ち込みは歯止めがきかず、世界の金融構造を大混乱におちいらせていたのだ。二〇〇〇年までに債務免除をするのは現実的ではないのではないかと、ボノは問いかけた。

それに対してドラモンドは、アジア通貨危機が起きたことによって、アフリカが抱える債務の重荷を和らげる必要性がいっそう強くなったと答えた。アフリカから金をしぼり取れば、国々の経済が悪化するだけだというのだ。債務免除を働きかける運動家たちは、経済と理論の面からはすでに取り組みを始めていて、進展もみられるという。必要なのは、人々に広く訴えることのできる誰かだと、ドラモンドはボノに言った。「あなたが運動を支援してくれれば、私たちの活動をもっと目立たせることができるでしょう」

ボノが公式にジュビリー運動に参加したのは、一九九八年初めだった。著名人という立場を活用して、ヨーロッパ諸国の政治家に会い、債務免除を政府の検討事項に加えてもらうよう訴えた。ヨーロッパの政治はジュビリー運動にとって望ましい方向、右派から左派へと変わっていたため、交渉の扉は容易に開かれた。厳格な構造調整政策を支持していたロンドンとベルリンの保守派政権は、終わりつつあった。イギリスでは、一九九七年にトニー・ブレア率いる労働党が保守党を抑えて政権を握り、ドイツでは、リベラルなドイツ社会民主党のゲアハルト・シュレーダーが一九九八年に首相となり、ドイツキリスト教民主同盟を野党へと追いやった。

ヨーロッパの文化も、ジュビリー運動にとって好ましい方向へと変わった。イギリスでは、長年にわたって野党の立場にいた労働党が与党になると、愛国歌の「ルール・ブリタニア（ブリタニアよ、世界を支配せよ）」をもじった「クール・ブリタニア」の時代が始まり、イギリス生まれの物事が再びかっこいい（クール）とみなされるようになった。一九九八年五月には、イングランドのバーミンガムで開催されていた主要八カ国首脳会議（G8サミット）の会場で、八万人が参加する人間の鎖をジュビリー運動家が企画した。彼らは翌年のドイツ・ケルンでのG8サミットのときにも、人間の鎖を実行した。そのサミットでは、貧困国が抱える各国への債務の九〇パーセントと、世界銀行など国際金融機関への債務の一部を免除するという約束を、世界の首脳から取りつけた。

ジュビリー運動は順調に進んでいたが、ボノら活動家たちには、世界の金融大国であるアメリカが参加しなければ、債務免除の運動は成功しないということがわかっていた。アメリカは主要な債権者の機関で、債務免除について大きな影響力をもっていた。アメリカのリーダーシップは欠かせなかったが、この問題についてアメリカは協力をかたくなに拒む態度を見せていた。

一九九九年には、ボノはダブリンとワシントンをひっきりなしに行き来した。ビル・クリントン大統領にしつこく話をし、政府高官ともよく会った。だが、彼が言うところの、ワシントンの「本当のエルヴィス」――少なくとも法案を通す際に、決定的な動きと揺さぶりを仕掛ける存在――は議会だった。

そして、その議会には、債務免除に懐疑的な人々がいた。ノースカロライナ州出身のジェシー・ヘルムズ上院議員など、海外援助は金の無駄だと考えている保守的な共和党員が主に集まった強力な議員連合があったのだ。せっかく援助を与えても、腐敗した独裁者の手に渡ることになり、抑圧的な政権を支えることになってしまう、というのが彼らの主張だ。債務の問題に関しては、免除しても、受益国の指導者たちが財政に対してさらに無責任になるだけだと、彼らは訴えた。

こうした議員たちの多くは、信仰心が厚い。ボノはそこを突いてみた。ボノは彼らの中で最も信心深い人たちとも、聖書について議論することができた。聖書の中で貧しい人々への思いやりについて書かれている部分は二一〇〇カ所にのぼることを指摘し、彼らと一緒に聖書の該当箇所を探した。ときには、聖書の適切な一節を選ぶあいだ、連邦議会議事堂のあるキャピトルヒル（アメリカの政治の中心地）とホワイトハウスのまわりを回り続けるよう車のドライバーに言って、会合に備えることもあった。〈世界にパンを〉やメイゾン、カトリック中央評議会といったアメリカの宗教系の団体に寄り添い、議員に伝えるメッセージに磨きをかけた。ジュビリー運動の債務免除は正しく、かつ道徳的な行為である――。

海外援助反対を先頭に立って訴えてきたヘルムズ上院議員は、ボノとともに聖書を読んだあと、自分のやり方の誤りを認め、債務免除の運動を讃え始めた。

派手なロビー活動を繰り広げたボノだったが、アメリカがジュビリー運動の債務免除の支援に動く決定打となったのは、アラバマ州バーミングハムの教会の女性たち数人の尽力だった。彼女たちは、世界の変革における個人の活動の力を示した好例となった。神の作用が謎めいていることの証しだと、ボノなら言うだろう

一九九九年初めのある夜、アラバマ州バーミングハムに住むパット・ペラムが夕食の支度をしていると、電話が鳴った。「もしもし」と電話に出た彼女の声には、少しいらだちが現れていた。夕食時に電話を受けるのが嫌いなのだ。

「やあ、パット。デヴィッドだ」それは〈世界にパンを〉の代表、デヴィッド・ベックマンの聞き慣れた声だった。「債務免除にかかわる小委員会の委員長は、誰になったと思う?」

新しく始まった第一〇六議会で、保守派の共和党のスペンサー・バッカスが、下院銀行金融委員会の国内外の金融政策に関する小委員会の長を務めることになった。その規定上の立場から、バッカスは債務免除についてのあらゆる法律を監視することになる。彼は、パットや彼女の友人のイレイン・ヴァンクリーヴが暮らす地区から選出された議員だ。それまでの数年間、パットらは国内外の飢餓にあえぐ人々に食糧を援助する〈世界にパンを〉の活動を支援するようバッカスに粘り強く働きかけてきた有権者の中でも、特に説得力のある二人である。ベックマンは、〈世界にパンを〉をアメリカのジュビリー

運動の先頭に立つ組織に仕立て上げた人物だ。パットとイレインは、その彼から、ワシントンへ出かける準備をするよう言われた。キャピトルヒルでひと仕事だ。

パットとイレインは、運動の火付け役としてはまったく似つかわしくない。二人は郊外に暮らすアッパーミドルクラスの若い母親で、月に二回、火曜日に独立の長老教会で開かれる女性の勉強会で会う仲間だ。子供たちや夫、地域社会について語り合い、その中でいつかは世界を変えてみたいとも話していた。

ベックマンからワシントンへの出張を命じられる数年前、まだ彼と知り合う前のことだ。パットは自宅で、「デザイニング・ウイミン」というテレビのコメディドラマ番組を観ていた。インテリアデザイン会社を経営する南部の女性四人の人生を描いたドラマで、パットのお気に入りの番組だ。登場人物の中で最も共感していたのは、デルタ・バーク演じるスザンヌ・シュガーベイカーだった。かつて美人コンテストで優勝するほどの美女だったが、最近は太りすぎに悩んでいる。パットも、バーミングハムの心地よい郊外での暮らしの中で、なかなかやせられないという、同じ悩みをもっていた。

その日、パットが観ていたのは「太った女は撃たれるの？」というタイトルの回だった。高校の同窓会に出席することになったスザンヌ。卒業以来、体に付いた贅肉を隠すにはどの服装がいいだろうかと悩みつつ、会場に行ってみたが、同級生からじろじろ見られたり、心が傷つくような言葉をかけられたりした。同時期、スザンヌの友人たちが、世界の飢餓への関心を高めるための二日間の断食に参加していた。世界では、広島に落とされた原爆の死者数に相当する数の人々が、七二時間ごとに餓死しているという。スザンヌは、飢饉のときに家族全員をなくしたエチオピアの少年から、太っていて美しいと言われた。

場面は同窓会に変わり、スザンヌは「一番変化した人」賞に選ばれた。彼女はショックを受け、同級生たちにこう話した。「ゆうべ、私の心は傷ついた。私は美しかったと思ってこの同窓会に来たんだけれど、私は太っているということがわかった。少なくとも、あなたたちはそう思っているわけよね……今晩、アフリカから来た男の子に会ったんだけれど、その子の家族は餓死したんだよ。私なんか、食べ物がありすぎると言って、家で一日中心配している。昔だったらこのばかばかしさに気づかなかったかもしれないけれど、今は違うわ」

パットも、同じことに気づいた。

「コメディドラマでこれほど心を動かされた瞬間はなかった」と、彼女はのちに語った。「テレビ画面から飛び出してきた誰かに、襟首をつかまれて、『ちゃんと話を聞きなさい！』って言われたような気分だった。その矛盾に、とても考えさせられた」

その後、近所を散歩していたとき、パットは歩道の真ん中でほとんど体が麻痺したように動かなくなって、立ち止まり、しくしく泣き始めた。聖書の一節が頭の中で繰り返された。イザヤ書のものだ。「私がここにおります。私を遣わしてください」

精神科の臨床看護師をしているパットは、その瞬間について、教会の勉強会の女性たちに話した。「神が私のところにやってきて、『何かしてみなさい』と言ったんだと、本当に思うんです」グループでここ何カ月間か語り合ってきたことが、突然、ひとつにつながった。グループは『シンプルに生きる才能』という本を読み、そのメッセージについて考えてきた。生活をシンプルにする、重要じゃないことを捨てる、重要なことを受け入れる、そして、世界を変える、もっといい場所にする。

女性たちには、何をしなければならないかがわかっていた。「みんなこう言ったんです。『この呼びかけに応えましょう。飢餓への取り組みを始めましょう』」と、イレインはのちに回想した。「小さな子供をもつ母親として、自分の子供に食糧を与えられない母親の姿が想像できなかったんです。お腹をすかせて泣いている子供がいるのに、食べさせるものが何もなくて泣きやませることができない母親……それよりもつらい苦しみは想像できません」

そんな彼女たちに〈世界にパンを〉の存在を教えたのは、牧師だった。イレインは〈世界にパンを〉について調べ、そのメーリングリストに登録した。あるとき、〈世界にパンを〉の代表のデヴィッド・ベックマンが、マーティン・ミューラー師の招きでバーミングハムの聖母マリア・カトリック教会で講演を行うという話を聞き知った。パットとイレインは教会に早めに着くと、最前列に座った。

ベックマンはひょろりと背が高く、人を引きつける魅力のある男性で、話が上手だった。〈世界にパンを〉はバーミングハムからの支援を世界の飢餓の撲滅に役立てることができると、彼は話した。寄付金や缶詰を集めるのは大切なことだが、何よりも重要なのは、公共政策を変え、政治家の気持ちを動かすことだという。貧しい人々について話しているこの気取らない男性の靴に穴が開いているのに、パットは気づいた。二人はすっかり話に夢中になった。教会を出る頃には、〈世界にパンを〉の市民ロビイストとして登録しようと心を決めていた。

二人は自分たちの教会を、〈世界にパンを〉のネットワークに加えた。次のステップは、長老教会の良き伝統として、教会主催の夕食会を開くことだった。ゲストスピーカとしてベックマンを招き、アラバマ州選出の上院議員と下院議員、州政府の高官、市長に招待状を出した。とは言え、こうした人たちが来てくれるとはあまり期待していなかった。

だから、バッカス議員とその妻が玄関から入ってきたのを見たとき、パットとイレインはあやうく倒れそうなくらい驚いた。バッカスはアラバマ州六区の議員で、下院議員の中でも特に保守的なことで知られていた。バッカスをベックマンと同じテーブルにつかせると、ベックマンが強力なロビー活動を開始した。「子供の飢餓を撲滅する法案の共同提案をご検討いただけると、大変ありがたいのですが」と、彼はバッカスに持ちかけた。

夕食会が終わり、教会に二人だけ残ったパットとイレインには、自分たちの思いがバッカスに届いたか確信はなかった。議員や高官を招待した自分たちは何て厚かましかったのか、もう二度と連絡はないだろうと、二人は笑い合った。

翌日の夕方五時、パットが夕食の準備をしていると、電話が鳴った。この忙しいときにいったい誰だろうと、彼女は思った。

かけてきたのは、バッカス議員だった。〈世界にパンを〉の提案事項を議会で自信をもって支持したいと、彼は言った。そして、飢餓の問題を伝えてくれたことに対して「感謝している」と続けた。「飢餓の問題は常に存在していました。バッカスはのちに語っている。「ただ、それを私に知らせてくれる誰かが必要だったんです」と、パットとイレインは、公共政策への入り口を手に入れた。それからというもの、二人はバッカスに定期的に手紙を送り、〈世界にパンを〉の活動を知らせ続けた。

一九九八年、〈世界にパンを〉は世界的なジュビリー運動に参加し、世界の最貧国の債務免除を訴えるロビー活動を始めた。それは、ベックマンが常に気にかけてきた問題だった。彼はエール大学とロンドン・スクール・オブ・エコノミクスで学位を取得し、一九八〇年代には世界銀行で働いて、発展途上国で急速に現れ始めていた債務危機に最前線で取り組んだ。貧困国が債務を一ドル分支払うたびに、国内で食糧や農業開発に使える予算が一ドル減るということを、ベックマンは知っていた。債務の負担を和らげることは、飢餓との闘いにおいて欠かせないことなのだ。

新しい議会で委員の割り当てが決まったとき、バーミングハムの教会で夕食をともにした議員が債務免除にかかわる法律を取り仕切ると知って、ベックマンは喜んだ。その知らせをまずパットに伝え、次にイレインに伝えた。彼女たちはワシントンに向かう飛行機を予約した。

二人は、首都ワシントンには観光で訪れたことくらいしかなかったが、ベックマンら〈世界にパンを〉のメンバーに導かれてキャピトルヒルのロビイストに変身し、ほとんど休みなしで状況説明を受けた。夕食の席、そして数時間の睡眠を挟んで、翌日の朝食の席で、パットとイレインはバーミングハムの教会仲間二人とともに、債務免除についてできる限りの情報を頭に叩き込んだ。

朝食を終えると、すぐさまバッカスのオフィスに向かったが、彼は委員会の会議に出席していると告げられた。パットとイレインはハイヒールを履いていたが、約束の時間に間に合うよう、キャピトルヒルの地下通路を急ぎ足で通り抜けた。会議室に入る前、彼女たちは廊下に立って祈りを唱えた。パットは下を見ると、自分のスカートがうしろにねじれているのに気づいた。それほど早足で歩いていたのだ。

バッカスは彼女たちを暖かく迎え入れ、債務免除について教えてほしいと頼んだ。「何も知らない人に教えるつもりでお願いします」と彼は言った。「なぜここに来たかを教えてください」

それから一時間、彼らは話した。バッカスは、債務免除を求める請願書を差し出した。そこには、ミューラー師が集めた数百もの有権者の署名があった。パットは、聖書に書かれた責務を引用した。イレインは母親として話した。「毎日、飢えや病気で何千人もの母親が亡くなっています」と彼女は言った。「私ひとりでは何もできませんが、あなたと協力すれば、一緒に何かできます」

バッカスはその意図することが、即座に理解できた。「私たち全員が、子供たちのことを大事に思っています」と彼は言った。「子供のことは気にかけていきます」バッカスはそう言うと、何のためらいもなしに、債務免除を支持すると約束した。ベックマンは、喜びで舞い上がるような気持ちになった。

実際、バッカスは、大きな情熱をもって取り組んだ。子供に食糧を与えてやれない母親の姿について熱弁を振るい、法案を提出し、委員会の聴聞会を開いた。銀行委員会の審議に、心を動かされ痛ましさを感じるという滅多にない瞬間をもたらした。

「どれだけコストが掛かろうとも、正しいことを実行することは、常に必須であるべきです」一九九九年六月一五日、バッカスは銀行委員会のメンバーに対して熱心に語った。そして、三年の予算が九億七〇〇〇万ドルという債務免除法案のコストについて説明した。毎年、アメリカ国民が支払う金額は一ドル二〇セント。「これは、アイスクリーム・コーンひとつのコストです」と彼は言った。

イレインのように、バッカスも子供たちのことに触れた。「現在、世界中の何十もの貧困国では、少年や少女が貧しい家庭に生まれ、病気にかかり、飢えに苦しんでいます……貧困国に暮らす人々にとって、そうした苦しみは死とともに終わることかもしれません。しかし、私たちにとっては、その決断に永久に責任を持つことになります。この決断の責任は、来世でも背負って生きていくことになるんです」

銀行委員会の討論で、こうした感情に訴える議論を聞いたことに驚き、聴聞会に出席していた政府のメンバーと閣僚たちは、クリントン大統領に報告した。彼らは、アメリカは債務免除について国際的にリーダーシップを発揮すべきだと勧めた。保守的な共和党のバッカスがアフリカの飢えた子供たちについて話しているなら、議会でリベラルな民主党の枠を越えた支持が集まると政府は期待できる。

ボノが推測していたように、アメリカが動けば、ほかの西欧諸国が追随する。聖年が始まる頃には、世界の国々は最貧国に対する債務を一〇〇パーセント免除することに合意した。何十億ドルもの資金がアフリカにとどまり、飢えた人々への食糧援助に使われる。数年後にローマで開催された国連食糧農業機関の総会で、ベックマンは、債務免除について、パットとイレインが「議員へのロビー活動をあれほど効果的に行っていなければ」、債務免除は実現できなかったかもしれないと話している。

アメリカのアラバマ州では、二人の落ち着いた女性たちが、顔を赤らめていた。「メロドラマやコメディドラマを見ている郊外のママが、ワシントンに進出したんです」とイレインは笑う。「誰でも何かはできるんです。小さすぎる行動なんてありません」

ロックスターと郊外のママが共同でロビー活動することは、確実に政治家を怖がらせる方策だと、ボノはよく言っていた。そして今、極度の貧困という不平等への関心を高める新たな力が加わった。マイクロソフトの創業者ビル・ゲイツは、慈善活動に関心をもち始めた当初、富裕層と貧困層のデジタルディバイド（情報格差）を縮めるべく活動を始めた。シアトルであろうとセネガルであろうと、コンピュータとインターネットの利用は人を平等にさせる大きな道具になると考えていた。だが、妻と父親とともに、報道で知った世界の健康問題について調べていくと、さらに大きな格差があることを知った。世界には、救うべきだとみられる命と、そうでない命があるという認識があるのではないか。富裕国ではとっくの昔に人が死ななくなった病気で、貧困国の何百万人もの子供たちが命を落としているのはなぜなのか？　なぜ彼らの命が軽視されているのか？

一九九八年、ゲイツ家は、子供のワクチンの研究に対して資金を拠出し始めた。その年、ビル・シニアがニューヨークの非政府機関、国際エイズワクチン推進構想（ＩＡＶＩ）の取り組みに目を留めた。この機関は、ＨＩＶ感染とエイズを防ぐワクチンの開発をめざして、その二年前に設立された。ビル・シニアは、ビルとメリンダにこの機関の目的と意義に関するレポートを送り、こうコメントを添えた。「これに対して我々が何をできるかはわからない。だが、これが慈善活動の目的でないとしたら、慈善活動とは何なんだろうか」一九九九年春、財団は国際エイズワクチン推進構想に二五〇〇ドルを寄付した。この金額は当時、エイズを対象とした寄付としては最大のものだった。

こうした寄付を契機に、特に世界の貧困国を苦しめている病気にかかわる研究の資金として、世界の健康問題に取り組む組織や団体に巨額の資金がゲイツ家から流れ込むようになった。一九九九年、ゲイツ家は第一回目の寄付として、世界ワクチン予防接種連盟へ七億五〇〇〇万ドルを拠出した。この組織は、ユニセフや世界銀行、世界保健機関といった開発機関による連盟で、発展途上国での予防注射の普及をめざして活動している。翌年、ゲイツ家は慈善活動を一元的に行うため、一六〇億ドルという資金をまず拠出して、ビル・アンド・メリンダ・ゲイツ財団を設立した。その基本理念はこうだ。「人間の命の重さはすべて同じ。発展途上国でやせ衰えた子供たちの命も、先進国の中流家庭の子供の命も、同じように尊いもの」

特に発展途上国での死者数が多い病気は、エイズ、結核、マラリアの三つだ。エイズはその中で最も新しい病気で、アフリカの南部をはじめとする全域で猛威を振るっていて、最も恐れられている。まだ世界共通の名称が付けられる前の一九七〇年代と八〇年代、アフリカの人々はエイズのことを「スリム」と呼んでいた。患者はどういうわけか衰弱していき、やせ衰えた人々が村中に見られるからだ。商人やトラック運転手、出張が多い教師といった、自宅から離れて過ごす時間が長い職業の人々がこの病気を発症する傾向があることに、医者も看護師も、伝統的な治療師も気づいた。そうした感染者から性交渉を通じて、ほかの人々に病気が移り、国境を越えた。一九九〇年代までに、感染は一気に拡大した。二〇世紀が終わる頃には、中世のヨーロッパを襲った黒死病のように、エイズはアフリカで猛威を振るった。ボツワナやスワジランドといった農村部が多い国々では、出産前の検査を受けた女性の四〇パーセント近くがHIV陽性となり、ある世代全体が全滅する危機に直面した。

ゲイツ家は、命の重さの格差が特に激しい事例としてエイズをとらえていた。先進国のエイズ患者の命を救っている抗レトロウイルス薬は、アフリカではめったに手に入らなかった。たとえ手に入ったとしても、その治療費を出せる患者はほとんどいない。こうした健康の格差の解消に取り組むゲイツ財団は、まるで磁石のような機能を果たして、ほかの慈善団体や援助機関、ワクチン開発に取り組む科学者たちや、公衆衛生制度の近代化を進める開発関係者たちの才能とエネルギーを引き寄せた。二〇〇二年には、国連が世界エイズ・結核・マラリア対策基金を設立した。そうした基金には、何十億ドルもの資金を拠出する申し出が集まった。

資金だけで健康の格差が縮まらないことは、ビル・ゲイツにもわかっていた。債務免除と同様、エイズ患者への支援にも、政治的意志を形成する世界的な運動が必要だ。ゲイツはＵ２のコンサートには足を運んだことはないが、ボノの声は知っていた。それは、全米一の大富豪でさえも引きつけてしまう魅惑的な声だった。

ボノは、ダボスや著名人が集まる場所などでビル・ゲイツと会ったことがあり、ジュビリー運動の勢いを持続させるために草の根の活動を続ける必要があるという持論を繰り返し訴えていた。二〇〇一年を通して、ボノとゲイツは、二一世紀にアフリカ大陸の「極度の貧困」を対象とした新しい組織を設立しようと、ボブ・ゲルドフと、ケネディ家のボビー・シュライヴァーとともに取り組んでいた。そして二〇〇二年、彼らはＤＡＴＡという名称の組織を設立した。これは、Debt（債務）、AIDS（エイズ）、Trade（貿易）、Africa（アフリカ）という単語の頭文字を組み合わせたものであると同時に、「Democracy, Accountability, and Transparency in Africa（アフリカに民主主義と結果責任と透明性を）」というフレーズの頭文字も組み合わせた巧妙な名称だ。Data（データ）という一単語としても、事実に基づいた政策指向の組織というイメージを伝えている。

ＤＡＴＡのスタッフは、ワシントンを拠点にして、オックスファムや〈世界にパンを〉といったほかの政策団体やロビー団体とともに、アメリカがＧ８の会合やほかのサミットで表明した援助レベル引き上げの約束を守るよう、政府とジョージ・Ｗ・ブッシュ新大統領、そして世界のほかの首脳たちへの働きかけを続けた。その活動は、前進もあれば後退もあった。二〇〇二年三月、ボノの称賛とともに、ブッシュ大統領はミレニアム・チャレンジ公社（ＭＣＣ）の設立を発表し、世界の最貧国に対する年間の開発援助を大幅に引き上げることに決めた。ＭＣＣは、結果責任を最も果たしている政府に新たな援助資金を拠出し、援助プログラムの設計にその政府も参加させる。ブッシュ大統領はさらに、エイズ撲滅の取り組みも強化するよう世界の富裕国に求めた。だが、その春の終わり、アメリカ農家への補助金を増やし、農産物の国際貿易の不均衡も拡大させる二〇〇二年の農業法案が議会で可決され、大統領によって署名された。

二〇〇一年九月一一日の同時多発テロ以降、政府は開発援助というソフトな外交を利用してアメリカの理想を海外に広める必要性について、盛んに議論していた。だが、アメリカは本当に理解しているのだろうかと、ボノは疑問に感じていた。債務免除の問題以外のこと、特にエイズ撲滅と不平等な貿易の解消が緊急課題だという話を議会に訴えると、ボノやその仲間たちは、次のようなことをよく言われた。「中西部では、誰もそんなことを叫んでいない。誰も興味がないんだ」

叫びが必要なら、私たちが叫びましょう――。議員の言葉に対し、ボノはそう答えた。ボノはＤＡＴＡの仲間たちとともに議員たちの出身地を調べ、開発援助の資金を監督する議会の委員会の主要メンバーの多くが中西部出身であることを突き止めた。それならば、中西部の人々に関心をもってもらおう。それは、「フランク・シナトラ」への個人的な挑戦でもあった。中西部で成功しなければ、どこに行っても成功しない。「ニューヨーク、ニューヨーク」（訳注：シナトラのヒット曲）と歌っている場合ではない。自分は「デモイン、デモイン」（訳注：デモインは中西部アイオワ州の州都）と歌おう。

「中西部には、礼儀正しさのようなものを感じた。それが自分にとってはとても魅力的だった」と、ボノは後年、ニューヨークのマンションでのインタビューで語っている。中西部は、初期の頃U2のツアーで訪れて以来、お気に入りの場所だった。「タータンチェックのズボンを履き、ピアスをしてステージに立っていても、変な目で見られても、僕は中西部の人たちの正直さが大好きだった。あそこには道徳的な指針があり、本当のアメリカがある。中西部の人たちはほかの国で起きていることに関心がないとよく言われるが、もしそれが誤りだと証明できたなら……」

彼らに関心をもってもらう。それがボノの挑戦だった。トラック運転手、ウェイトレス、学生、工場労働者、教会へ行く人たち。特に、福音主義者、ウィルバーフォースの精神を受け継ぐ人々、そして、多数の信者を抱える福音派の巨大教会。「彼らは、役に立とうと出動を待っている軍隊です。リーダーもいますし、動かすのはとても簡単です」と、DATAの理事を務めることになったジェイミー・ドラモンドはアドバイスした。

ボノたちの戦略はこうだ。キリスト教徒の「兵士たち」を新たな方向に向かせる、つまり、古くさい「モラル・マジョリティ（道徳的多数派）」のもつ卑近の問題から、貧困層をどのように扱うかという問題や、新たな有権者のあり方といった問題に目を向けさせる。「心の狭い理想家、視野の狭い夢想家、原理主義者。いろいろな呼び方があるが」とボノは話す。「彼らの理想の間口を広げれば、彼らは立派な人材になる」

ジュビリー運動のために初めてアメリカに来たとき、ボノは困惑した。こうした問題に取り組んでいる教会がどこにあるのか、わからなかったのだ。「眠れる巨人のような教会が、僕には奇妙に思えた」とボノは語る。「適切な判断とそれにかかわる主義主張がないというのは、なかなか受け入れがたかった。ある調査では、二〇〇〇年の段階でエイズという緊急事態に対処しなければならないと感じていたのは、福音主義者のわずか六パーセントだったという。僕にとって、これは本当に不可解なことだった」

ボノは、エイズを新たなハンセン病だと考えるようになった。ハンセン病を治すイエスは「キリスト教の中心にある」と、彼は言う。しかし、アメリカでは、福音主義の信者たちがエイズについてあれこれ話す場合、それは道徳に反する行為に対する天罰だとみなされる。「『ブレス・ミー・クラブ』とでも言うべきこの集まりは、あまりにも危険だ。目的全体を否定することになる」とボノは話す。「僕が聖書を読んで、主に得たことが二つある。それは、個人の救済と社会的正義だ。個人の救済に次ぐのは、貧困層をどのように扱うか。主旋律の価値を落としたくはないのだが、対位旋律は、明らかに真実の後に続く正義だ。アメリカのように信心深い国では、それはすばらしいことだ。エネルギーを外に出るために利用して、実際そのように人生を送ることができれば……」

二〇〇二年一一月二九日、ボノは「アメリカの中心(ハート・オブ・アメリカ)」を巡るツアーに乗り出した。寒くて寂しい冬の中西部のハイウェーをバスで移動する旅だ。ステージ上でスポットライトを浴びている、いつもの彼とはかなり違う。一一日間で七つの州を回り、アフリカの貧困との闘いについてアメリカ人に話した。まずネブラスカ州リンカーンに寄り、次に、オマハ、デモイン、アイオワシティ、ダヴェンポート、ダビューク、シカゴとその近くのホイートン、インディアナポリス、シンシナティ、ルイヴィル、そして最後に、一二月九日にナッシュヴィルを訪れた。このツアーはU2の仲間と回ったのではない。一緒に回ったのは、ウガンダ出身のＨＩＶ陽性の看護師で活動家のアニエス・ニャマヤルウォと、ガーナの若者のコーラス隊「ゲートウェイ・アンバサダーズ」、そして世界各地のエイズ活動家と専門家の一団だ。

ボノはトラックの運転手が集まるドライブインや粗末な安食堂、大学のキャンパス、教会でバスを降りては、説教壇や演壇に立ったり、中西部のバーの丸椅子に座ったりして、アメリカに新しいモラル・マジョリティをつくろうと熱心に活動した。長年にわたって宗教的な正義を統率してきた、言葉巧みな銀髪のテレビ伝道師とは正反対だ。レザージャケットにサングラスという格好で、ときどき汚い言葉を交えながら、聖書を引用して演説した。そして、半分冗談ながらも、自分は人を助けずにはいられない「メサイア・コンプレックス」にかかっているのだと言った。歌って演奏するためのツアーではなく、説教と祈りのためのツアーだ。

この国は「ケーブルテレビのチャンネルに出て神の中古車を売るセールスマン」による、個人の道徳観念に対する正義を振りかざした非難に偏ることによって、本来の目的を失ってしまったと、ボノは聴衆に語った。そして、よく引用するデータを紹介した。聖書には「セックスや不道徳」ではなく、貧困という言葉が二一〇〇回以上も登場する、というものだ。「これは偶然ではない」と彼は言うだろう。「たまたまじゃないんだ」

ボノはこの挑戦を楽しんでいた。どこに行っても、ジェシー・ヘルムズ上院議員のような筋金入りの懐疑派はいた。「アイオワかどっかのドライブインに入り、コーヒーを飲んでいる人たちに向けて演説したときのことだ」とボノは思い返す。そこでは、大陸をあちこち走り回るアフリカのトラック運転手は特にＨＩＶ感染者やエイズ患者が多いという話をした。「そのとき、こんな男がいたんだ」体が大きく、タトゥーをしていて、怖い顔つきの男が端のほうに座って、コーヒーを飲んでいた。「僕が話したのは、アフリカの問題をどうやってアメリカにとって必要なことに変えるかだった。つまり、世界のほかの地域の人々を大切にするのは、愛国的な行動だと思ってもらおうとしていたんだ。話を終えて店を出ようとして、その男のそばを通り過ぎたら……」

ニューヨークでその出来事を回想するボノは、ソファーから立ち上がると、そのときの様子を再現してくれた。タトゥーの男を避けるように、身を縮めて、用心深くつま先歩きをする。会話を再現するときは、普段のアイルランドなまりではなく、抑揚のないアイオワなまりで話した。「『俺はトラック運転手だ』と、その男が僕に言った。『ちょっと言っておきたいことがあるんだが、アフリカのトラック運転手がみんな死にかけているという話をしたよな。全員じゃなくて、半分だったか？』僕は答えた。『そうだ。五〇パーセントがＨＩＶ陽性で、何も治療を受けなければ、みんな死んでしまう』すると、男はこう言ってきた。『政治のことはよくわからないし、そもそもどんなことについても知識なんてないんだが、その状況が正しくないことはわかったよ。自分の名前を教えよう。知識はないが、運転はできる。運転手が必要だったら、運転してやるよ』」

ホイートン大学で歌うアフリカのコーラス隊とボノ。

「よし！」と、ボノはニューヨークで叫び、ソファーからさっと立ち上がった。「これが、世界が見るべきアメリカの姿だ。ジェシー・ヘルムズ上院議員とあのトラック運転手は、僕にとってのターニングポイントだった。古いブーツのように頑固で、とても期待はもてなかった人たちの心を変えたんだ。アメリカ人をあなどってはいけない」

シカゴの近くまで到達したとき、ボノが真っ先に会ったのは、巨大教会ウィロー・クリークの牧師で、ほかの牧師に対して影響力をもつ教師のビル・ハイベルズだ。ハイベルズはボノのことを知らなかったが、ボノのほうは以前からしつこく会談を求めていたのだった。会談で二人が一緒に祈りを捧げると、まもなくハイベルズの信徒たちが、アフリカのエイズ撲滅活動への寄付を集め始めた。ボノはハイベルズのネットワークを通じて、世界中の牧師たちに、キリスト教徒として貧しい人々に手を差し伸べるよう呼びかけた。

次にボノは、福音主義による教育の「砦」であるホイートン大学に乗り込んだ。この大学は、偉大な福音伝道師として精力的に活動した魂の救済者、ビリー・グラハムが学んだ学校だ。ホイートン大学の講堂や寄宿舎で議論されたことはすべて、国中の福音派のコミュニティに広がる。これは、「アメリカの中心（ハート・オブ・アメリカ）」ツアーの中で最も大胆な「襲撃」だった。

二五〇〇人近く集まった聴衆から大きな拍手を受けて、ボノはエドマン礼拝堂の演壇に飛び乗った。この礼拝堂は、普段学生たちが集まって、精神的な問題について思いを巡らす場所だ。二〇〇二年一二月四日、星の輝く寒い夜に起きようとしていたのは、かなり過激で刺激的なことだった。ホイートン大学は非常に保守的な学校であり、「学生たちが参加できる活動は堕胎反対と魂の救済に限られ、神の愛と、神に仕える人々の愛を歴史的に分けて考えてきた」と、ある教授は説明する。そんな場所で、一人のロックスターが——キャンパスでダンスすることさえ許されていない学校に来たロックスターが——学長に彼らの礼拝堂（彼らの礼拝堂！）で熱狂的に迎えられた。実際、集まった聴衆たちは、全能の神が「言葉で私たちを激励してください」と祈った。

その言葉は、何とも過激なものだった。

「平等というのは、ケツの痛み（ペイン・イン・ザ・アス）のように厄介なものだ」ビリー・グラハム・センターから歩いてすぐの場所にある礼拝堂の演台から、ボノは言い放った。「平等は不変のものではなく、常に変わり続けている」

「ケツの痛み」は、「申命記」や「哀歌」といった聖書からの引用ではない。

だが、次の言葉は聖書からの引用だ。「あなたの隣人を愛しなさい」とボノは言った。それは提案ではない。彼は諭すように言った。「これは命令だ」

「あなたの隣人」とは、誰のことを指しているのか？　アフリカの飢えた人々、貧しい人々、エイズ患者だと、ボノは言った。そして、隣に座っている人を愛するように、彼らのことを愛してほしいと訴えた。「距離は感じなくなるだろう」とボノは説明した。

そしてまた、聖書を引用した。「イエスは『剣をもたらすために来た』と言った」ボノはその言葉を使うことで、自分自身の剣を——比喩的な剣を——振りかざしたのだ。寡黙な人々と対峙し、彼らをアフリカで社会的正義を求める運動に引き入れようとする挑戦だ。

「アフリカで奇跡が起きるのを待っている」とボノは言った。そしてひと呼吸置いて、決定的な言葉を発するタイミングを計った。「神は僕たちが行動するのを待っているのだと思う。神は教会に、僕たちにひざまずいて、アフリカの同胞たちに対する無関心という巨大な問題に対して僕たちが行動するのを、その問題を解決するのを待っているんだ」

ダブリンなまりの言葉をひとつでも聞きもらさないよう、学生たちは熱心に耳を傾けた。ボノは「マタイによる福音書」の第二五章から引用した。イエスが貧しい人々への思いやりを説いている場面の中で、最も力強く詩的な一節かもしれない。「お前たちは、私が飢えていたときに食べさせた……私の兄弟であるこの最も小さい者の一人にしたのは、私にしてくれたことなのである」

ボノは続けた。「今アフリカでは、私の兄弟である最も小さい者たちが、大量に死につつある。それでも、僕たちは何もしないのか。ホイートン大学よ、君は警鐘を鳴らしてくれるのか?」

その発言は、大学、ひいては福音派の運動全体に対する挑戦だった。精神的な魂だけでなく、生身の人間

2002年12月、「ハート・オブ・アメリカ」ツアーでエイズの活動家とともにホイートン大学を訪れたボノ。俳優のアシュレイ・ジャッドやクリス・タッカーも参加した。(ホイートン大学提供)

も救済しろというメッセージだ。「私たちに解決できる問題は、解決しなければならない」とボノは力説した。「慈善を求めてここに来ているんじゃない。正義と平等を求めて来ているんだ。正義と平等は、アメリカ(ハート・オブ・アメリカ)の中心にある。学生諸君からの警鐘が必要だ。警鐘を鳴らしてくれるか?」

日曜の朝のように静かだった聴衆たちが、土曜の午後にフットボールを観ている客のように、いっせいに力強い声を上げた。突然の悟りが、歓喜を生んだのだ。ホイートン大学の政治・国際関係学部の学部長、サンドラ・ジョイルマンは、礼拝堂にいた全員の目からうろこが落ちたような光景だったと話す。「あの夜の話は、学生たちにとって衝撃的でした」と彼女は話す。「ボノが来て、学生たちは違った信奉の仕方もあるんだとわかったんです。ボノは聖書を使って、あっという間に大学に受け入れられました。学生たちが目にしてきた福音主義のやり方ではない、別のやり方を見せたんです。旧来のやり方は、私たちはあなたの魂は大切にするが、あなたの飢えには構わないというものでした。それが、社会的正義を議論できる段階にまで進んだのです」

ボノの講演がきっかけになり、学生たちは「第三世界の問題」という講義に集まるようになった。講義に登録する学生の数が四倍に増えたため、講義の場所をキャンパス最大の講堂に移すことになった。発展途上国で六カ月の実習がある「人間の需要と世界の資源」というプログラムも、学生の人気を集めた。

「ボノが来たあと、大学全体が変わりました」と、ジョイルマン教授は話す。生徒は新たな目で、キリスト教と世界を見るようになった。「改悛、救われること、神聖な人生を送ること。若い福音主義者たちにとって、それだけでは不十分なのです。今は学生たちに良く聞かれますよ。『ほかの人たちはどうなるんですか？』とね」

ボノがエドマン礼拝堂の演壇を去ってすぐ、ジョイルマン教授とホイートン・フランシスコ会のシスター・シーラ・キンゼーは、〈デュページ・グローカル・エイズ・アクション・ネットワーク〉を設立した（「グローカル」は「グローバル」と「ローカル」を組み合わせた造語）。この組織は、イリノイ州デュページ郡周辺で住民たちを集めて、貧困の問題について政府にロビー活動を行う。さらに、ホイートン大学の学生たちが世界エイズ学生キャンペーンの支部を設立したのも、ボノが去ってすぐのことだった。学生自治会は、当時の連邦議会より前に、世界エイズ法案の予算措置を求める決議を採択した。教授と学生が一緒になって、エイズに関する神学的な声明の草案を作成した。大学の経営陣は、国のシンクタンクや連邦議会、ホワイトハウスにいるホイートン大学の卒業生に連絡を取り、貧困削減に関して行動を起こすよう求めた。

アメリカの中心（ハート・オブ・アメリカ）から、叫びが起こった。何かしろ、迅速に。

11章 食物とともに服用すること

ケニア　モソリオト

エドマン礼拝堂のクッションの効いた座席から遠く離れた、ケニア西部の高地にある簡素な診療所で、緊急の行動を求めるほかの叫びが、今にも上がりそうな状態になっていた。患者が次々と息を引き取っていく。エイズの治療薬が効用の通りに効かないのだ。医者も看護師も、原因がわからなかった。

その数カ月前、がい骨かと思われる人を運んでいる少年が、診療所に駆け込んできた。それはがい骨ではなく、彼の母親サリナ・ロティッチだった。やせこけて、ほとんど骨と皮だけの状態になっている。体重は約三二キロだった。血液中の酸素濃度は最小限しかない。「これじゃあ、岩石に含まれている酸素濃度よりも低い」と、ジョー・マムリン医師は同僚に小声で言った。

一連の検査を実施すると、サリナは肺炎と結核、下痢を患っていることがわかった。さらに血液検査によると、最悪の事態におちいっていることが確認された。三四歳の彼女は、エイズによる合併症で瀕死の状態にあるのだった。

マムリン医師は治療に取りかかった。肺を洗浄して呼吸を楽にさせ、下痢を治療し、結核の症状を抑えた。サリナの容体が安定すると、抗レトロウイルス薬を投与した。政府やエイズ撲滅をめざす慈善団体から新たに入った資金のおかげで、こうした薬も徐々にアフリカや彼の診療所に届くようになったのだ。抗レトロウイルス薬は、ほかのエイズ患者では驚異的な効果を発揮しているため、マムリン医師はサリナに対しても同じ効果を期待していた。

サリナは自宅に戻り、決められたとおりに忠実に薬を飲み続けた。数週間後、彼女が診断のために診療所にやって来ると、看護師はその姿にショックを受けた。回復の具合を見るどころではなく、どれだけ悪化したかを確認するしかなかった。サリナは死にさらに近づいていたのである。

困惑したマムリン医師は、くだらない質問をした。「サリナ、普段はどんなものを食べているんだい?」

「何も」と、サリナは弱々しく言った。彼女はひとり暮らしで、五人の子供はほかの親戚に世話してもらうため、家を離れている。病気のために働いてお金を稼ぐこともできず、畑を耕して作物を育てることもできない。食器棚には何も入っていない。

何も食べていないって、どういうことだ? 引退を間近に控え、平坦なインディアナ州からケニアの高地にやってきた医師にとって、サリナの返事は衝撃的であると同時に、啓示的でもあった。「そうか」と、状況を把握した彼は言った。「エイズの薬は、腹をすかせた栄養失調の患者には効かないんだ」抗レトロウイルス薬は強すぎるため、栄養失調の状態では、効くどころか体調を悪化させてしまう。

マムリン医師だけでなく、エイズ多発地帯で活動する誰にとっても、それは明らかな所見として把握すべきものだった。インディアナ州で長年働いてきたマムリン医師は、「食物とともに服用すること」という標準的な医師の忠告をずっと省いてきたのだ。だが、その明らかな所見が、アフリカでエイズに立ち向かう怒濤の緊急支援の中で見えなくなっていた。二〇〇二年、国際的な治療計画には、エイズ患者に食糧を与えることが盛り込まれていなかった。アフリカで手に入る価格の薬を手に入れること、ワクチン開発を加速させることにばかり、目が行っていたのだ。

モソリオトの小さな診療所で、マムリン医師は、エイズが出現するはるか以前から飢餓があったという単純な現実によって努力が台無しになることに気づいた。弱々しいサリナの返事は、マムリン医師とケニアの彼のチーム、そしてアフリカ中の診療所で苦労をして働く医療関係者に対する、大きな警告だった。飢餓を克服しなければ、エイズは克服できない。エイズ患者に食べ物を買うお金がなく、作物を畑で育てる力もない状態なのに、エイズ治療薬をアフリカに届けるために何十億ドルも寄付をして、何になるというのだ。

マムリン医師はポケットに手を入れ、卵と牛乳、コーンミールを買うお金として何ケニア・シリングかをサリナに渡した。毎週毎週、彼は食べ物を買うお金をあげた。するとと、週を追うごとに、サリナは元気を取り戻した。

HIV感染者とエイズ患者に治療薬とともに食糧支援の取り組みを始めたジョー・マムリン医師。2007年、ケニアのエルドレットにて。

そしてついに、抗レトロウイルス薬が効き始めるようになった。

「食べるようになってから、体の調子が良くなりました」とサリナは話す。マムリン医師から食べ物のお金をもらうようになって六カ月、彼女は三二キロも太った。畑仕事もできるようになり、トウモロコシや野菜、果物を育て始めた。

サリナだけが飢えに苦しんでいたのではなかった。マムリン医師は、自分のエイズ患者の多くが自宅に食糧がないために薬物治療が効果を発揮しないことに気づきつつあった。「抗レトロウイルス薬を投与している患者の八〇パーセントが、六週間から八週間で健康に改善が見られました」と彼は話す。「しかし、患者の二〇パーセントで効果が見られていません。彼らは十分な食事をとっていないんです」(後日、ワシントンの国際食糧政策研究所の報告書で、彼の経験したことが正しいことが確かめられた。HIVに感染した成人は体重の大幅な減少を防ぐために、カロリーを一〇～三〇パーセント余分に摂取

ケニアのモソリオトにあるマムリン医師の診療所に来たHIV感染者とエイズ患者。中央のサリナ・ロティッチは、治療の一環として初めて食糧を支給された。2007年。

する必要がある。子供の場合は、カロリーの量を二倍に増やさなければならない）
このまま患者に食べ物を買うお金を与え続けることはできないということは、マムリン医師にはわかっていた。このため彼は、独自の「緑の革命」を始めた。医療と農業を融合した分野を開拓したのである。彼の診療所ネットワークで飢えたエイズ患者を救うには、患者自身が食糧を育てなければならない。そんな彼の診療所に、モソリオトの高校が菜園用の土地を提供してくれた。それ以降、マムリン医師は土地を提供してもらえる場所では、農園を整備することにした。

医者が農家になった。マムリン医師は、インディアナ州では血圧と細菌のエンドトキシンに関する論文を執筆した。だが、ケニアではパッションフルーツのつるの寿命について読み始め、トマトの温室の建て方について調べ、肥料のやり方と種のまき方について学び、点滴灌漑の利点について分析した。ニワトリも飼い始めた。三五〇〇羽のニワトリの中で「卵を産めないものはすべて、食肉用にとってある」と彼は語る。

西部の高地の主要都市エルドレットのモイ教育・委託病院の死体安置所の向こうに、二エーカー（約〇・八ヘクタール）を超える農場がある。マムリン医師は、院内でエイズ病棟を回って患者たちを診察するように、ニンジンやタマネギ、キャベツ、コラードの葉、果樹が育つ緑豊かな畑を定期的に見て回る。「今日の収穫はどれくらいだったか？」患者の診察の結果をスタッフに聞くのと同じ張り詰めた口調で、農場のスタッフに尋ねる。「何人分の食糧を提供できている？」

毎朝、トラックが農場に寄り、収穫したての野菜と果物を積み込んで、ケニア西部の診療所のネットワークに配布する。診療所では、医師は患者に薬の処方箋だけでなく、食糧の配給カードも渡す。

「アメリカでは、オフィスの中で座って、処方箋を書いていればいいんです。しかし、ここのように、人々が飢餓と貧困に苦しめられている状況では、処方箋を書いているだけではだめです」とマムリン医師は説明する。「薬には、カロリーが含まれていませんから」

背が高く、手足が長い白髪のマムリン医師は、医師のアルベルト・シュバイツァーにたとえられることが多い。外見だけでなく、アフリカで医療に献身的に取り組んでいる点も似ているからだ。インディアナ大学の医学教授と、インディアナポリスのウィシャード記念病院の医療部長として尊敬を集めてきた。ウィシャード記念病院では、都会の貧困層に対する地域医療システムを整備した。一九八九年、インディアナ州のほかの医師とともに、ケニアのモイ大学との学術交流プログラムを立ち上げた。一方の大学の医学生が他方の大学で研修を受けられる仕組みだ。九〇年代前半、マムリン医師はこのプログラムの客員教授としてケニアで二年間過ごした。二〇〇〇年には、エルドレットに戻ってこのプログラムの責任者となった。

そのとき彼は、客員教授時代との大きな相違に気づいた。病棟の患者たちが息を引き取るまでの期間が短くなり、死亡時の年齢もかなり若くなっていたのだ。国中、そしてアフリカ大陸全体で、エイズが猛威を振るっていた。「おそらく史上最悪のパンデミックの真っ直中にいるのだ」とマムリン医師は同僚たちに言った。

ある夜、病院の廊下を歩いているとき、マムリン医師は五回生の医学生がベッドに座り、やつれた患者をそっと抱いて、スプーンで食事を与えている場面を目にした。「何をしているんだい?」と医師は学生に尋ねた。「これは私のクラスメートなんです」と学生は答えた。

マムリン医師はぞっとした。自分が取り仕切るプログラムの学生も、エイズに襲われているのだ。瀕死の患者は、ケニア人の医学生、ダニエル・オチエンだった。マムリン医師は急いで治療法を考え出し、プログラムの患者の中で初めて、ダニエルに抗レトロウイルス薬による治療を施すことにした。「治療は六週間かかりました。でも、彼は聖書のラザロのように死の淵から生還しました」と、後年マムリン医師は回想する。「私たちは考えました。ダニエルに対して可能なら、多くの命を救えるのではと」

もはやこのプログラムを学術的な取り組みだけにとどめておくわけにはいかないと、彼は感じていた。「当時のプログラムを変えずに続けていくのは、ばかげたことでした。自分の足下で起こっていることを避けて通るのは、道理に反しています」

学生の相互交流が続いていくうち、新たな目的と切迫感が生まれた。このパートナーシップは、地域の公立の診療所と共同で、ひとつの実践的な医療ネットワークを形成することとなった。マムリン医師は、一刻も早く薬を手に入れようとしているアフリカのほかの開業医と一緒に活動した。まず、アメリカにいるパートナーシップの後援者から資金を集めた。最初は患者四〇人分の資金しかなかったが、やがて数百人分が集まった。サリナがモソリオトの診療所に運び込まれてきたのは、その頃のことだ。

こうして始まった取り組みは、「HIV・エイズの予防と治療に関する学術モデル（AMPATH）」と呼ばれるようになり、食糧と薬物による治療プログラムとしてはアフリカで最初かつ最大のプログラムとなった。抗レトロウイルス薬による治療を受けている患者には最初の半年間、薬が効くようになって体調が改善されるまで食糧も配給する――これがマムリン医師のやり方だった。彼からの要請のひとつは、患者だけでなく、その家族全員に十分な食糧を提供するというものだ。「家に食糧がまったくない場合に、患者にだけ食糧を与えるわけにはいきません」とマムリン医師は主張する。「母親だけに食糧をあげて、子供にはあげないというのはあり得ません」

患者が体力を回復したあと、ＡＭＰＡＴＨは患者が自分で作物を育てたり、食糧を買えるだけの収入が見込める仕事を得る手助けをして、患者が体調を保てるようにする。患者に食糧を提供している同じ「エイズ患者のための農場」（スワヒリ語でシャンバ・ラ・ウキウィマ）が、患者にとって訓練の場となる。「これによって、患者が元気を取り戻すだけでなく、自分自身の食糧安全保障と収入を確保できるようになります」とマムリン医師は話す。「患者は衰弱して死にかけた状態で私のところに来たときは、上目づかいで薬を求めます。でも、二カ月経って体力が少し回復すると、目を上に向けて『お腹がすいた』と言うんです。六カ月経つと、目を上に向けてこう尋ねてきます『どうやったら自立して、安定した生活を送れるでしょうか？』」

エイズと飢餓が交差する、世界で最も危険な「交差点」に立ち、マムリン医師は、援助が両方向から流れてくるのを目にすることができた。アフリカのエイズ研究と薬の流通にこれほど大きな資金が流れ込んできたことを、彼は嬉しく思った。一方で、その資金が農業開発に注ぎ込まれている資金の一〇倍もあることを不安に思ったりもした。医療を対象とした資金が数十億ドル規模であるのに対し、アフリカの農業の向上をめざしたノーマン・ボーローグの笹川アフリカ協会の予算は数百万ドル規模と、桁違いの低さだ。

大口の資金提供者のなかにも、そのことに気づく人々が現れた。ビルとメリンダのゲイツ夫妻は、自分たちの医療プロジェクトの視察で世界を回るうち、資金を提供している医薬品の一部が栄養失調によって効かなくなっている状況を目にした。二〇〇二年、ゲイツ財団は「栄養向上のためのグローバル同盟」を設立した。これは、トウモロコシ、小麦、大豆といった主食に、発展途上国の食物に不足している微量栄養素を添加することに重点を置いた官民のパートナーシップである。

世界食糧計画（WFP）は、親がエイズで死亡したり、衰弱して畑仕事ができない状況にある子供たちに食糧を提供する新しいプログラムに資金を拠出するよう、主に富裕国の政府などの資金拠出国に求め始めた。「薬だけに集中していては、エイズとの闘いに勝つことはできません」と、世界食糧計画のHIV・エイズサービスの責任者、ロビン・ジャクソンは主張する。「食糧と栄養のことをまったく考えずに抗レトロウイルス薬に資金を出すのは、ガソリンを買うお金を取っておかずに、自動車の修理に大金をはたくようなものです」

だが、世界の医療コミュニティは、医療と農業を融合したマムリン医師のモデルを、かなり懐疑的な目で見ていた。彼のパートナーシップが資金提供を求めると、推奨されているエイズの治療計画に食糧を必要事項として加えることは、医師と診療所への負荷を増し、アフリカへ薬を届けるという優先課題への集中的な取り組みを阻害すると言われることが多かった。また、栄養状態を良くすることがHIV・エイズの治療の成功に欠かせないとする臨床的な研究はあるのかと、マムリン医師は問われた。

マムリン医師はそうした言い訳に怒りをあらわにし、ぐずぐずしている者を無視した。「HIVの研究者たちが、HIV治療の重要な要素としての栄養素の役割を決定づける研究を待っているあいだに、我々は単純にこう言いたい。『食糧は病人にとって、特に、食糧安全保障が非常に限られていたり、場合によってないことがある重度の病人にとって、体に良いものです』と」マムリン医師はメモにこう書いている。「誰かが、食糧が欠かせないと確認するまで食糧を与えない自分よりも、誰かが必要ないと言っているときに食糧を与えている自分のほうを選びます」

これは単純な常識だと、マムリン医師は考えている。「食べ物が大事だという、ごく当たり前のことです」と、彼はケニアの同僚たちに話す。「結局、迷ったときには、飢えた人に食糧を与えます」

二〇〇三年の初め、アフリカのエイズと飢餓の「交差点」では、それまでになく死者が増えた。この「前例のない危機」を調査させるため、コフィー・アナン国連事務総長は、二人の有能な補佐官を派遣した。ひとりは、世界食糧計画の事務局長ジム・モリスで、アフリカ南部の人道支援のニーズを調べる事務総長の特使となった。もうひとりは、カナダのベテラン外交官スティーヴン・ルイスで、アフリカのＨＩＶ・エイズに関する事務総長の特使を務める。二〇〇三年一月二二日から二九日まで、二人はアフリカ南部で特に大きな被害が出ている四つの国、レソト、マラウイ、ザンビア、ジンバブエを訪れた。

どの訪問先でも、二人の特使は、マムリン医師や現地で活動するほかの医師がすでに知っている現実を見聞きした。食糧がなければ、エイズとの闘いには勝てないうえ、どちらの問題も悪化する。その現実を理解した特使のひとり、ルイスはのちにこう書いている。「マラウイでの体験は、私にとって基準となった。ある遅い夜、リロングウェ総合病院の真っ暗な病棟をよろよろ歩いていたとき、エイズのパンデミックの痛みと苦しみを感じて、その恐怖にひるんでしまった。また、マラウイの奥地で目にした貧困と飢餓の影響、特に女性、高齢の女性への影響を鮮明に覚えている。それまで私は、エイズとともに生きている人々は薬を求めるものだと思っていたが、その考えは間違っていた。彼らは食糧を求めているのだ」

二〇〇三年一月二八日の夜、モリスとルイスがアフリカを訪れているとき、ブッシュ大統領が議会の前で、エイズ治療薬のアフリカへの提供を可能にする予算措置を提案した。「今晩、現在国際的に実施されているあらゆるアフリカ支援活動を推し進めた支援策『エイズ緊急救援計画』を提案したいと思います」と、大統領は一般教書演説で発表し、この計画のために五年間で一五〇億ドルを充てるよう議会に求めた。その第一目的は、二〇〇万人以上に抗レトロウイルス薬による治療を受けさせることだ。

中西部からの叫びが受け入れられた瞬間である。それまで、DATAとボノは、エイズに関する大規模なイニシアチブを求めてブッシュ政権に強力なロビー活動を実施してきた。また、ホイートン大学からも同じ要請が出たことで、エイズにかかわる提案が大統領の福音主義的な基盤の強化にもつながった。この提案は、ブッシュ大統領の主要な外交成果のひとつとして称賛されることとなった。

「現在、アフリカ大陸では、三〇〇〇万人近くの人々がＨＩＶに感染しています……四〇〇万人以上が、直ちに薬物治療を始めなければならない状態です。しかし、アフリカで必要な治療を受けているエイズ患者は五万人しかいません」と大統領は話した。「皆さん、この支援は歴史に残るものになります」

だが、モリスとルイスが見聞きしたように、アフリカの人々が何よりも求めているのは食糧であるにもかかわらず、大統領は食糧について触れなかった。二〇〇三年が終わる頃には、餓死寸前におちいっているアフリカの人々の数は、エイズで苦しんでいる人々の数をはるかに上回っていた。

12章　二歩進んで、二歩下がる

世界各地

コフィー・アナンはようやく、十分に理解した。国連事務総長、そして国政の世界で最高位にあるアフリカ人として、二〇〇三年の飢餓は二つの点でつらいものだった。飢餓は、みずから率いた世界の共同体の失敗と、愛する大陸の失敗を示すものだったからだ。

二〇〇四年七月、エチオピアの子供たちが食糧配給センターで飢餓と闘っている頃、アナン事務総長はアフリカ諸国の首脳たちと国際開発の専門家をアディスアベバに招いた。彼は、通常の外交的な細やかさを捨てた。「行動を求む」と書かれた横断幕の下に立ち、後悔と屈辱の念を残した災難について長々と語った。アフリカがどんな姿になり果てたかこの目で見てほしい、と。「サハラ砂漠以南のアフリカに暮らす男女、そして子供たちの三分の一近くが、深刻な栄養失調におちいっています。子供の栄養失調の状況が改善されずに悪化している地域は、アフリカだけです。ここに集まっていただいたのは、地球上で最も深刻な問題のひとつである、何億ものアフリカの人々の命を奪った飢餓について一緒に議論するためです。我々がより大きな目標と緊急性をもって行動しなければ、飢餓はこの先も猛威を振るい続けるでしょう」

同じ横断幕の下で開かれた一九七四年の前回の食糧サミットは失敗だったと、アナンは認めていた。二〇一五年までに飢餓を半減させるという、国連の高尚なミレニアム開発目標は、何十もの国にとって「達成可能な目標というよりは現実味のない空想」のように思えると、彼は嘆いた。アフリカは、世界に次々と援助を求めるオリヴァー・ツイストが集まったような大陸になってしまった。二〇〇三年の屈辱と窮状は分岐点とすべきであり、これを契機にアフリカの最貧層に公平に接しなければならない、そうしなければすべての苦しみが報われないと、アナンは力説した。「アフリカの農家とその家族が慢性的な飢餓から抜け出す第一歩を踏み出せるように、我々全員が役割を果たそうではありませんか。アフリカ独自の緑の革命を始めましょう。遅すぎた革命ではありますが、尊厳と平和を求めるこの大陸を支える革命を起こすのです」

緑の革命を求める声が、ようやくアフリカにもたらされた。それは、二〇年にわたる国際開発の理論と実践を翻す声であり、構造調整にとどめを刺す声だった。二〇〇三年の飢餓によって、農業はアフリカを貧困から抜け出させる重要な要素であること、そして、アフリカの農家は「問題」ではなくて「解決策」のひとつであることがはっきりしたと、アナンは主張する。二〇〇四年の会合で、彼はこう話した。「今日のこの会合は、我々の愛する大陸の農村と農業を変える運動の一環です」

このまま何も変わらなければはるかに悪い時代が来ると、アフリカ諸国の首脳たちは感じていた。アナンはそれを鋭く見抜いていた。アディスアベバでの会合の数カ月前、そうした首脳たちの多くがモザンビークの首都マプトに集まり、それぞれの国の予算の一〇パーセント以上を農業と農村開発に充てると誓っていた。それまで農家に充てられる予算がごくわずかだったことを考えると、非常に大きな進歩である。また、会合の直前には、飢餓の撲滅に取り組む国際援助団体とアフリカ諸国の大臣がウガンダに集まり、二〇二〇年までにアフリカで食糧と栄養の安全保障を確保することをめざした「ビジョン2020」と呼ばれる会議を開き、その会議で新しい現実政策が生まれた。アフリカでの食糧の自給を求める声が、アフリカ諸国から上がったのである。

こうした声の中で特に激しい声が、アフリカ大陸の首脳レベルの議論で普段聞く声よりも、一オクターブ高い声で聞こえてきた。南アフリカの伝説的な指導者ネルソン・マンデラの夫人で、モザンビークの元教育大臣、グラサ・マシェルの声である。争いはやめて食糧の供給を始めなさいと、彼女は容赦なくアフリカ各国の大臣を非難した。「この大陸では、小型武器の数が急激に増えています。子供のための本よりも、ピストルのほうがずっと手に入れやすい場所もあるんですよ」

このウガンダでの会議を招集したワシントンの国際食糧政策研究所の研究員によれば、二一世紀初めに紛争が直接の原因で食糧援助が必要になった人々の数は、サハラ砂漠以南の二二カ国で三七〇〇万人以上にのぼるという。人々は戦争中、戦争後、あるいは難民として戦火を逃れている状況下で食糧を求めた。この二二カ国の中で飢餓および栄養失調の状態にある人々の数は、合計で一億九八〇〇人。こうした国々では、人々は食糧の生産よりも、いかに暴力を逃れて生き延びるかが優先され、政府は種子の配給よりも武器の調達を予算の優先事項としている。

「紛争、難民、国内難民、食糧不足は、それぞれ密接につながっています」とマシェルは言う。「アフリカの状況を変えるための事業はどれも、紛争の解決なしでは達成できません。人の移動があるだけでなく、人々は土地を失ったばかりか、持っていたものすべてを失い、さらには、長い長い年月にわたって体が衰弱しているため、働く元気と能力さえも失っています」

演壇に立つ彼女がどの方向を向いても、その言葉通りの光景が広がっていた。ウガンダは紛争、特に独裁者イディ・アミンの残忍な愚行によって、見るも無惨に破壊されていた。会議の開催中にも、会場から車で北に数時間の場所で、政府軍が反政府勢力の「神の抵抗軍」と戦闘を繰り広げていた。神の抵抗軍は、十戒に基づいた規律を導入すると主張する一方で、農村部で殺人やレイプ、略奪を繰り返していた。こうした戦闘で二〇〇万人近くが住む場所を失い、農耕ができなくなり、地域の子供の半数近くが慢性的な栄養失調におちいっている。

マシェルの口調は激しさを増した。「発展に向けた、国の資産の優先順位を考え直す必要があります」と彼女は力説した。「かつて軍隊、いわゆる『安全保障』にばかり割り当てていた資産は、食糧や栄養といった人間の安全保障に振り向けなければなりません」子供たちに食糧を与えない限り、国がより高い目標を掲げることはできないと、彼女は言う。子供に食糧を与えないことほど恥ずかしいことはない。

マシェルのメッセージは、アフリカ南部の細長い国、マラウイの枯れたトウモロコシ畑まで響いた。この地域の干ばつは二〇〇四年のあいだずっと続き、当地の食糧生産は急激に落ち込んだ。人口の半数近くに当たる五〇〇万人以上の人々が飢餓の状態におちいった。二〇〇四年五月、ビング・ワ・ムタリカが大統領に就任したが、彼がまず着手した活動のひとつは、国連が食糧援助を求める特別な要請を出せるよう、公式に非常事態を宣言することだった。マラウイが援助を要請すると、一億一〇〇〇万ドル相当の緊急食糧援助が流れ込んだ。これによって数え切れないほど多くの命が救われたが、ムタリカ大統領は、自身の国民に食糧を与えられなかったという屈辱を味わうことになった。もうたくさんだ、と大統領は国民に言った。毎年、食糧援助に頼り続けていくわけにはいかない。「飢餓を過去のものにしようとするなら」と大統領は言った。「かなりの変革が必要だ。これまでのやり方を捨てないと」

開発経済学者であり外交官でもあったムタリカは、外国人の顧問から二〇年にわたって受けてきたアドバイスを捨てて、イギリスの元植民地であるマラウイは、自国の農家に種子と肥料を提供する独自の補助金プログラムを始めると宣言した。こうした補助金は、一九九〇年代の初めに世界銀行からの圧力を受けて廃止されていたのだった。ムタリカ大統領の計画は、構造調整の規律に初めて挑んだ補助金制度だ。世界銀行とイギリスの国際開発省はその計画に対して猛然と抗議した。大統領が計画に固執するなら、新たな融資は見合わせると、世界銀行は迫った。

それでも大統領は食い下がった。「飢えているのは世界銀行ではなく、マラウイの子供たちだ」と、彼は内閣に語った。「私が大統領でいる限り、二度と食糧援助の要請はしたくない」

二〇〇五年、ムタリカ政権は一四〇万人の小農を対象とした、肥料と種子の配給をめざした五五〇〇万ドル相当の補助金制度を導入した。その年、マラウイのトウモロコシの生産量は二倍に増えて二六〇万トンに達し、国内需要を数十万トン上回る収穫を得ることができた。翌年、補助金制度は拡大され――その財源の一部は、対外債務の大部分が免除されたことによって生まれた資金で賄われた――トウモロコシ生産量は三〇〇万トンを超えた。二〇〇七年には、マラウイは余剰トウモロコシを一億二〇〇〇万ドルでジンバブエに売却しただけでなく、驚くべきことに、ほかのアフリカ諸国で飢えている人々への食糧援助として、トウモロコシを世界食糧計画（WFP）に寄付するまでになった。「良い政策を導入すれば、食糧を自給できるばかりか、食糧不足におちいっているほかの国々を助けることができる。我々はこのことを示したかったんです」と、農業省のパトリック・カバンベ事務次官は話す。

補助金制度は、マラウイの新しい民主主義を農村部に広める一助にもなった。肥料と種子の配布手順を作るなかで、政府は初めて農業組合と民間の農業部門に意見を求めた。また、開発の議論の中に農村部の考えが含まれるようにもなった。「補助金制度は政治的に重要な問題となりました」と、グドール・ゴンドウェ財務大臣は話す。「我々の政敵は、これ以上金はほとんどないと言っていますが、それは都市部にないだけです。我々は農村部の暮らしを、より魅力的なものにしようとしています。農村部で票を集めるのです。でも、それは記事にしないでくださいよ！」彼はそう言って大笑いし、オフィスの机に身を乗り出した。「今のマラウイでは、農家に関心をもつことが非常に大事です。どの政治家も、そのことはわかっていますよ」

マラウイは余剰作物の輸出によって現金収入を得るようになった。世界銀行とイギリスの開発当局は、マラウイの補助金制度の経済的なメリットを理解すると、この制度を拡大するための経済的支援を申し出てきた。これにより、世界銀行は二〇年続けてきた開発理論を捨て、少なくとも農業に関して、構造調整の慣例を再検討し始めるようになった。

同時に、世界銀行総裁の交代によって、農業に対する新たな立場が生まれることになった。ジェームズ・ウォルフェンソンが五年間の任期の二回目を終えると、二〇〇五年半ばに、ポール・ウォルフォウィッツが新たな総裁となった。ブッシュ政権の防衛副長官で、イラク戦争の中心人物としてよく知られているウォルフォウィッツは、開発問題に関する経験が不足し、タカ派の経歴があるとして人道主義の活動家からは批判されていたが、農業に対しては、経済を上向かせる可能性があるとして興味を抱いていた。一九八〇年代にレーガン政権でインドネシア大使を務めていたとき、緑の革命がアジアにもたらした効果を直に目にしていたのだ。世界銀行総裁に就任してから数カ月後、ウォルフォウィッツはほかの高官とともに、世界銀行の年次報告書である世界開発報告（その後の開発の優先順位を決めることが多い影響力の大きい研究）で二五年ぶりに、発展途上国における貧困削減の潜在的な原動力として農業に着目することを決めた。

報告書の作成中、世界銀行内部からの厳しい批判によって世界銀行の良心が痛むことになった。二〇〇七年、農業開発に投じる資金を減らしてアフリカの農家を軽視したとする、批判的な内部評価報告書が出たのだ。『アフリカの農業における肥料の利用　その教訓と推奨ガイドライン』と題して世界銀行が発行した立派な冊子の中で、肥料価格の調整をやめ、補助金を止め、拡大する飢餓人口のための国の配給機関を廃止するようアフリカ諸国の政府に求めた構造調整の要求が、率直に非難されたのである。「こうした改革は政府の予算に全般的に良い影響を与えたが」と、報告書には書かれている。「その結果、肥料の全体的な使用量が大幅に減り、農村部の多くの世帯で食糧不足が悪化することになった」

腐敗した政権への融資の停止とともに、農業を最優先課題に設定したウォルフォウィッツだったが、二〇〇七年六月、みずからの立場を利用して交際中の女性職員を厚遇したとして総裁を辞任した。幸いにも、後任にはブッシュ政権で通商代表を務めたロバート・ゼーリックが就き、前任からの農業政策を引き続き同じ方向に推し進めた。彼はドーハラウンドの仕事を担当するなかで、発展途上国における農業の重要性、特に補助金の役割について学んだ。農業はほかのどの経済セクターよりもずっと効果的に世界の最貧層の収入を増やすことができると指摘した世界銀行の新しい報告を、すぐに受け入れた。二〇〇七年一〇月、世界開発報告では、農業開発への投資をすみやかに拡大し、アフリカで緑の革命に向けた基盤を整備するよう世界銀行に求められた。マラウイの取り組みは見ならうべきモデルとして讃えられ、「賢明な補助金」の価値ある事例とされた。

そんななか、ボーローグの手法はアフリカには不向きだと主張した世界銀行職員ケヴィン・クリーヴァーが、アフリカの農業に対する世界銀行の過去の戦略——彼が取りまとめに協力した戦略——は期待通りの成果を上げなかったと認めた。「政府が手を引けば民間が参入してくると考えたのが誤りだった」と、報告書の調査結果に関する討論会を終えた直後にクリーヴァーは発言している。

ほかの参加者が会議室から退出するなか、背が高くてやせた経済学者のクリーヴァーは、上座のテーブルに残っていた。当時、彼は世界銀行を離れ、二〇〇六年に国連の国際農業開発基金の副総裁となっていた。アフリカの民間を信頼するに至った要因のひとつが、アフリカの政府への不信であることを、はっきりさせておきたかったのだ。クリーヴァーは、政府の腐敗と愚行をあまりにも多く目にしてきた。一九七〇年初め、ザイール（現在のコンゴ民主共和国）で、彼はモブツ・セセ・セコ大統領の時代に財務省で働いていたが、大統領は公金をあたかも自分自身の財産であるかのように日常的に使い込んでいたのだ。アジアやラテンアメリカ、北アメリカで成功した農業事業がサハラ砂漠以南のアフリカでは失敗したのを見て、クリーヴァーは絶望していたのだった。

世界銀行が農業支援を復活させたことを称賛しつつ、クリーヴァーはこう語った。「アフリカ諸国の政府が農業への関心を高め始めているのが、今起きている変化です」

マラウイが補助金制度を導入しつつあったのと同じ時期、アフリカ大陸の反対側で、開発に関する古い規律に挑む新たな声が上がった。西アフリカのリベリアで、エレン・ジョンソン゠サーリーフが選挙で選ばれたアフリカ初の女性指導者となったときのことである。二〇〇五年の選挙のあと、二〇年近くにわたる内戦で国土が荒廃した末に、ジョンソン゠サーリーフ大統領は、耳を傾けるすべての人に対してこう言った。銃を捨て、鋤を手にするべき時がやってきた、と。「アフリカの指導者たちは、農業を最優先に取り組む必要があります」大統領に就任した直後、ジョンソン゠サーリーフは『ウォール・ストリート・ジャーナル』紙に語っている。「これまで安全保障と防衛に多額の予算を注ぎ込んできました。ですが、我が国の産業化の基礎として、何を差し置いても農業を推進していかなければなりません。世界のどの発展途上国でも、そうしています。まず食糧安全保障の確保と農業開発をやらなければ、産業化の目標はいつまでたっても達成できないのです」

「食糧の輸入は、慎重に進める必要があります」と大統領は続ける。「援助を申し出てくれる国に対しては、『食糧ではなく、種子と道具をください』と言わなければなりません」大統領は、アフリカ諸国の政府に自国の農家の支援をさせない世界銀行と国際通貨基金（ＩＭＦ）を激しく非難した。その結果、アフリカ大陸全体で農業の発展が著しく遅れ、国際的な食糧援助への依存度が増したのだと、大統領は話す。「補助金について再検討します。輸入食糧にお金を使うのではなく、農家への支援を強化します。我が国独自の補助金制度を確立して、完全な食糧安全保障を確保し、食糧を輸出できるようなレベルになるまで、農業を復興させなければなりません」

道筋を示すため、ジョンソン＝サーリーフ大統領は、首都モンロヴィアの自宅の裏にある湿地に高収量のイネを植えた。この行動は、四〇年前、アジアに緑の革命が根づいたとき、インドのインディラ・ガンディー首相が花壇をつぶしてノーマン・ボーローグの新しい小麦品種を植えたエピソードを思い起こさせる。この象徴的な行動は、緑の革命の実現にとって欠かせない政治的意志を示すものとして長く記憶された。ジョンソン＝サーリーフ大統領も、同じメッセージを伝えたいと考えていた。「我々全員が、食糧の生産にかかわらなければなりません」と大統領は話す。「可能な限り、食糧を自給する努力をしないといけないのです」

食糧を最優先課題としなければならないというアフリカの毅然とした声は、やがてコーラスとなって響いた。ケニア、ザンビア、ジンバブエの保健大臣は、二〇〇五年五月にアメリカ政府に宛てた書簡で、一五〇億ドルのエイズ・プログラムに対してブッシュ大統領に謝意を表明したうえで、アフリカの小さな言づてもした。このすばらしい贈り物は、農業発展に対する同じ規模の投資がなければ失われてしまうと、したのである。食糧が不足している患者にエイズ治療薬を与えることは「洗った手を泥の中で乾かすようなもの」だと、彼らはブッシュ大統領に伝えた。

アフリカの農家を支援するよう求める声を受けて、国連と欧米諸国は行動を起こし始めた。コロンビア大学の経済学者で、国連のミレニアム開発目標の特別顧問であるジェフリー・サックスは、簡素な農業、医療、教育のイニシアチブを実施するプロジェクト「ミレニアム・ビレッジ」をアフリカの一〇カ国で始めた。ひとり当たり年間約一一〇ドルを投資して、食糧の自給のほか、余剰生産の市場への売却を実現させるというのが、この取り組みの目標だ。こうしたイニシアチブをアフリカ大陸全体に拡大するには、先進国からの援助を二倍にする必要がある。これは、先進国が国民総所得のわずか〇・七パーセントを最貧国の開発に投じれば実現できる目標だ。当時、先進国の開発援助は概して国民総所得の〇・一から〇・五パーセントだった。

この援助目標は、かつての植民地の貧困と苦悩が深刻化しているのを注視していたイギリスのトニー・ブレア首相の目にも留まった。これに先立ち、ブレアとボブ・ゲルドフは、飢餓が拡大するなか、アフリカの没落を反転させる計画を立案しようと、二〇〇三年にアフリカ委員会を設立していた。同委員会は、アフリカの人々がみずから実施している取り組みを支援するため、公的な援助の拡大と、アフリカの民間部門への投資を推奨した。「私たちは問題を未来に先送りしている」と、同委員会は二〇〇五年の報告書で警告した。「アフリカの問題に対処しない期間が長くなるほど、事態は悪化するだろう」

世界の活動家たちはこの報告書を称賛し、二〇〇五年を、飢餓と病気、債務の問題に光を当てた「アフリカの年」と呼んだ。彼らは、ブレアがその夏主催するスコットランド・グレンイーグルズでのサミットのＧ８会合に的を絞った。ボノとゲルドフは「ライヴ８」コンサートを開催して、一九八四年から八五年のエチオピアの飢饉のときに開催したライブ・エイドを再現した。ほかの機関は、世界中の三一〇〇万人から、G8首脳への手紙や電子メールを集めた。草の根の運動「貧困根絶をめざす世界の声（GCAP）」には一億二〇〇〇万人が署名した。

サミットの会合では、ブレアが各国首脳に、こうした声に耳を傾けるよう求めた。その前年のアメリカ・ジョージア州シーアイランドでの会合では、ブッシュ大統領が促進する「アフリカの角で繰り返される飢饉を解消し、農業の生産性を上げ、食糧不足の国で農村部の開発を促進する」計画をG8首脳陣が支持した。「我々は、二一世紀には飢饉は防げるとの信念のもとに結束した」と文書は始まっている。そして、翌年のグレンイーグルズでは、その目標を達成するために資金を拠出するよう各国首脳に求めた。二日間の対話ののち、各国首脳は二〇一〇年までに援助を倍増することに合意した。これにより、アフリカへの援助が二五〇億ドル増えることになる。また、各国首脳は、世界の最貧国に対する五五〇億ドルの債務を免除することでも合意した。

アフリカを「世界の良心に残った傷」とかつて表現したことのあるブレア首相は、アフリカの飢餓の解消に向けて、経済的な緊急性だけでなく、道徳的な緊急性も織り込んだ。「現在のアフリカで起きていることが世界のほかの地域で起きたら、あらゆる場所から抗議の声が上がるでしょう」二〇〇五年、ブレア首相は『ウォール・ストリート・ジャーナル』紙のインタビューに答えた。「あまりにも無慈悲で痛ましいことです」首相はスイスのダボスで開催された世界経済フォーラムで開会のスピーチを終えたところだった。ダークスーツからジーンズとポロシャツに着替え、ホテルのスイートルームで地元アルプスのビール、モンシュタイナー・フースビアを飲みながら、イギリスの政治家としては珍しく、宗教と政策の関係に触れた。「信仰をもつ者なら、アフリカで起きていることを目にして、世界が何も行動を起こさないことを恥ずかしく思うのは当然です」

翌日、ダボスで開かれた記者会見で、ビル・ゲイツとボノと一緒に出席したブレア首相は、こう発言した。「私たち全員が、アフリカの現実に道徳的な義務だけでなく、『賢明な自己配慮』ももっています」こうした悲惨な貧困は反欧米的な感情の温床となると首相は懸念を表し、欧米の安全保障のためには、「アフリカを現状のまま放置することは賢明ではない」と発言した。

だが、欧米の自己配慮の中には賢明でないものもあった。二〇〇三年の飢饉の教訓を注視しない人々も、多くいたのである。こうした人々は、アフリカの飢餓問題に対する罪は自分たちにはないと考え続けていた。ジンバブエのロバート・ムガベ大統領とスーダンのオマル・アル＝バシール大統領を名指しし、「彼らに罪がある」と主張していた。

このため、大統領や首相の誓約にもかかわらず、欧米にはアフリカ支援の方針に従わない政治家もいた。こうした政治家は、利己主義的な政治を続けるために選ばれたわけであり、貿易を自国に有利にする農業補助金で地元の農家を支える立場を崩さなかった。ドーハラウンドの世界貿易交渉では、アフリカの交渉担当者が補助金改革は最優先課題だと主張したにもかかわらず、欧米諸国の自国への補助金を削減する動きはほとんどなかったばかりか、世界中に耕作地をつくる動きもほとんど見られなかった。アメリカの議会は、同国の食糧援助政策が時代遅れになったことを示す事例が増えているにもかかわらず、この政策の改革の検討を拒んでいた。中国やインドといった新興国で急増する中流層の食糧需要が膨れ上がって穀物備蓄が減る兆しが出ているにもかかわらず、アメリカもヨーロッパも、食糧をバイオ燃料に変える事業に力を入れ始めていた。アフガニスタンとイラクでの対テロ戦争にかかわる経費が、欧米諸国の予算の中でそれまでになく高い割合を占めるようになった。この支出によって財政が逼迫し、特にアフリカに対する国際開発援助を増やすという高尚な約束の履行が危うくなった。富裕国の国民総所得の〇・七パーセントを国際開発に充てるという目標の達成は、さらに遠のいた。「G8は、我々が有効だと考えている援助を増やすという約束から外れている」ボノに賛同する組織DATAは、グレンイーグルズの約束の進展を監視してまとめた二〇〇七年の報告書で、そう結論づけた。「G8は大胆な約束をしたことは正しかったが、約束を守らなかったことはまったく間違っている」

リベリアのエレン・ジョンソン＝サーリーフ大統領は、その報告書の中で、次のように不満を表している。「G8がアフリカに対して行った約束は消えつつある……この約束が果たされなければ、アフリカ諸国全体の夢を実現することはできない」

G8首脳の立派な言葉を空約束にし、自立をめざすアフリカの人々の努力を踏みにじり、世界の食糧危機の悪化に拍車をかけたのは、アメリカ、イギリスをはじめとする富裕国の賢明でない自己配慮――ブレア首相が求めていたものと正反対の主義――だった。

二〇〇三年の飢饉のとき、アメリカ国際開発庁のアンドリュー・ナチオス長官は、エチオピアの余剰穀物を買える柔軟性を法律に強く求めていた。そうすれば、アメリカから食糧を輸送するよりも、飢えた人々により早く、そしてより安く食糧が届くことがわかっていたのだ。一方で、アメリカ産の食糧だけを援助として輸出する政策を変えるという提案を少しでも持ち出せば、食糧援助の関係者と彼らに協調する議員の〈鉄の三角関係〉からの強い抵抗に遭うこともわかっていた。

しかし、G8首脳がアフリカへの関心を強めると、ナチオスはそこに突破口を見いだした。設定以来一〇年になる食糧援助プログラムを改革することで、アフリカの角での飢饉を解消するという計画がより強固になると、ナチオスはブッシュ大統領に提言した。二〇〇五年初め、政府は、「平和のための食糧援助法」による一二億ドルの食糧援助予算の四分の一をアフリカ産作物の購入に充て、それをアフリカで飢えた人々の食糧援助とするという提案を盛り込んだ、次年度の予算を議会に提出した。アフリカ産作物を買うことで、輸送にかかる時間を節約できるほか、食糧の購入コストも削減でき、年間五万人の命を救えると、政府は主張した。

「誰が反対できるだろうか?」とナチオスは思った。

彼は二〇〇五年四月にカンザスシティで開催された食糧援助業界の年次総会で、自分の提案を披露した。農家、穀物倉庫会社、商品の仲買人、輸送業者、人道支援団体と、あらゆる関係者が集まっていた。スーツを着た穀物販売の重役たちに、ブルージーンズにTシャツ姿の援助スタッフが混じっている。レーズンや大豆からサーモンやソバまで、ありとあらゆる食品の加工業者が食糧援助業界に群がっている。

二〇〇五年の総会は、「食糧援助の鎖を強化する」というスローガンのもとに開催された。だが、ナチオスは八〇〇人の聴衆に対して、まさに反対のことを実行するように言い、実質的に挑戦状を突きつけたかたちになった。二〇〇三年のエチオピアでの経験を引き合いに出しながら、世界中で飢えに苦しむ人々への食糧援助に充てる予算に対する支配力を緩和するよう求めた。「アメリカの農家と輸送業者が『平和のための食糧援助法』から恩恵を受けているという事実は重要ですが、それは副次的な恩恵でしかありません」とナチオスは話した。「第一の目的は、人々の命を救うことです」

聴衆は仰天した。ナチオスの発言は、まるでニューヨーク・ヤンキースのファンに向かってベーブ・ルースと縁を切るよう求めているようなものだった。「あのスピーチを聞いて彼と友達になろうとする人はいませんでした」と、特定宗派に属さないキリスト教系の援助団体で、長年アメリカの食糧援助の配給を担当してきたワールド・ビジョンのロバート・ザクリッツは話した。当のナチオスは、そうした控え目な表現は使わなかった。彼の話では、聴衆からの反応は「敵意に満ちていた」という。

その後の政治討論では、怒号が飛び交い、野次が飛んだ。カトリック・リリーフ・サービスやワールド・ビジョンのような宗教系の援助団体が提案に反対すると、かつてワールド・ビジョンで活動していたナチオスは、彼らの反対は「道徳的に弁護する余地がない」とまくし立てた。

ボルチモアにあるカトリック・リリーフ・サービスのロビーには、イエスの言葉が壁に掲げられている。「マタイによる福音書」の第二五章三五節「お前たちは、私が飢えていたときに食べさせ、のどが渇いていたときに飲ませた」が飾り板に刻まれ、すべての来客の目に留まるようになっているのだ。この一節に触発され、カトリック・リリーフ・サービスは過去半世紀で世界中の飢えた何百万人もの人々に食糧を援助してきた。ローマ教皇のヨハネ・パウロ二世は、大勢の人々に食糧を提供するこの団体の取り組みを祝福し、「深い感謝の意」を表明した。マザー・テレサは、彼女の祈りの中に同団体を含めていると、手紙で伝えている。

ワシントンにあるワールド・ビジョンのロビーには、ブルージーンズと野球帽という格好の羊飼いが静かな水辺のそばで草原を歩いている姿を描いた、巨大な壁画が飾られている。職員や来客者は、イエスの次の言葉の横で、エレベーターを待つことになる。「私が来たのは、羊が命を受けるため、しかも豊かに受けるためである」

政府は、この提案によって食糧を受け取る人の数が五万人増えると試算している。この試算があれば援助機関を十分に説得できるはずだと、ナチオスは考えていた。しかし、彼は神の介入に頼ることはなく、非宗教的な根拠をいくつも挙げた。二〇〇三年のエチオピアの市場にアメリカの食糧援助が与えた悪影響と、農家の意欲を妨げる要因を指摘した。その年、世界食糧計画が試算した結果によれば、アメリカからエチオピアまでの輸送費と取扱手数料は、穀物一トンに付き二〇〇ドル近くにのぼるという。同様の根拠は、アフリカのほかの地域についても示された。アメリカは、ウガンダ北部の戦闘で住む場所を追われて食糧不足におちいった人々に食糧を提供するため、二〇〇三年に五七〇〇万ドルを拠出して一〇万トンの穀物をウガンダに届けた。ウガンダ穀物取引会社のジョン・マグネイの推定によれば、ウガンダのほかの地域で国内の農家が生産した余剰穀物を買い上げたとすれば、アメリカは同じ資金で三倍近くの量の穀物を購入できたという。

二〇〇三年六月にアメリカ上院に提出された、アフリカ南部の食糧危機に関する報告書では、地元の食糧生産の不足は食糧援助の遅れによって悪化したと、アメリカの会計検査院が指摘している。「世界食糧計画の概算によれば、現物による支援には、提供国が支援を確認してから最終的な配給地へ食糧援助が届くまでに、三カ月から五カ月かかる」と報告書に書かれている。「一方、支援を現金のかたちにして食糧を国内で調達すれば、配給にかかる時間は一カ月から三カ月に短縮できる」

会計検査院の指摘はこれだけではない。ザンビアはアメリカ産トウモロコシに遺伝子組み換え作物が含まれていることを恐れ、七万六〇〇〇トンのアメリカ産トウモロコシの受け取りを拒否したという。こうしたトウモロコシによって、食糧援助を受け取った人々の健康が害され、国内の農作物の多様性が脅かされ、遺伝子組み換え作物の混入を恐れるほかの国々へのザンビア産農作物の輸出に影響を及ぼす可能性があるというのが、拒否の理由だ。アフリカの国々の中には、遺伝子組み換えトウモロコシが国内の農家によって栽培されることのないよう、アメリカ産トウモロコシは必ず製粉した状態で輸入するとの条件を付けている国もある。会計検査院は、南アフリカでトウモロコシを製粉するために一トン当たり八〇ドルのコストが国内の配給費に上乗せされるとの世界食糧計画の概算を引用している。

ナチオスは、以上のような数多くの根拠を基に、食糧援助の方法に柔軟性をもたせて国内調達を可能にすることの利点を挙げた。これだけのデータがあれば、慈善団体、特に宗教系の慈善団体から支持が得られ、議会での議論を進められるだろうと、彼は考えていた。「人々の命を救い、飢饉に立ち向かうために、人道支援団体は法律の改正を必要としています」と、議員に持ちかけるつもりだった。

しかし、慈善団体は長年の活動の中で、農家と輸送業者とともに、食糧援助の恩恵を受ける関係者として〈鉄の三角関係〉の一角を占めるようになっていた。食糧援助の配給に参加している援助団体は数十にのぼる。実際、海外での活動で中心的な役割を果たしているのが、こうした援助団体なのだ。カトリック・リリーフ・サービスの場合、食糧と輸送費の大半はアメリカ政府から提供され、その額は二〇〇四年度で二億八一〇〇万ドルと、この団体の予算の半分以上を占める。同じ年、ワールド・ビジョンは、アメリカの「平和のための食糧援助法」による食糧と輸送費として一億六六〇〇万ドルを受け取った。これは、同団体の収入の約五分の一を占める。

〈鉄の三角関係〉のどの関係者も、アメリカ産の農作物の輸出が減ることに興味をもたなかった。実際のところ、彼らは輸出をもっと増やしてほしかったのだ。カンザスシティでの総会に出席した援助団体の役員たちは、黒い文字で「2」とだけ書かれたボタンを服に付けていた。これは、連邦政府からの食糧援助の予算を二〇億ドルに引き上げてほしいとのメッセージだ。二〇億ドルは前年の二倍近くの額である。そんななか、ナチオスの提案は、食糧援助の予算が削減されるのではないかとの不安を広げた。予算の現金項目は、資金がアメリカ国内にとどまる食糧項目よりも将来削減されやすいと、人道支援団体の役員は不安視した。

アフリカで二〇年過ごした経験のある、カトリック・リリーフ・サービスの最高執行責任者マイケル・ウィーストは、危機感を募らせた。「食糧援助プログラムの歴史の中で最大の危機に直面している」

援助機関の役員たちは、アメリカ産の農作物に注ぎ込む援助金を削減すれば、農業部門の従事者が食糧援助への関心をなくしていくだろうと警告した。食糧援助が正しい行為だから——飢えた人々に食糧を与えるのはアメリカ的な行為だから——という人道主義的な観点から議論するだけでは、決して十分とは言えない。食糧援助への資金供給を維持するのは経済的な私利私欲だけだと、彼らは考えていた。「築き上げられた連携を壊せば、世界の貧困層への援助は現在ほどの規模ではできなくなるだろう」と、ウィーストは主張する。

ナチオスはこうした論拠を一蹴する。「同じ資金で調達できる食糧を増やせるのに、なぜそうしないのでしょう？　カルテルを保護するためだけですか？」

「カルテル」は、アメリカ経済全体に支店をもつ、ひとつの家内工業のようなものだった。最大の得意先が食糧援助プログラムだというパルースのレンズ豆農家、政府にコーンミールを売るバンジ社のような大手食品加工会社、食糧援助の穀物を入れるアメリカ国旗入りの袋を製造する会社。そして、カンザスシティ郊外にある地味なオフィスパークで、小麦から乾燥ジャガイモまであらゆる食糧援助の入札案内を農産物供給業者に電子メールやファックスで送る四五人の政府職員。さらに、ルイジアナ州のレイクチャールズ港で働くドウェイン・ジョルダンなどは、パルース産の小麦をアメリカ国旗の入った袋に詰める作業をしている。彼らが取り扱う食糧援助の量は、毎年最大で四〇万トンにのぼる。

ジョルダンは政府の提案を良く思っていなかった。「食糧援助の予算を海外で使うようになれば、国内の仕事が減り始める」午後、ルイジアナの焼けつくような日差しの下で、彼は額の汗をぬぐいながら言った。彼が受け取る年金の額は、働いた時間によって変わるという。食糧援助を袋詰めする量が減れば、彼の年金額も減る。「このあたりで、政府の提案に賛成する人は多くないね」とジョルダンは言った。

ナチオスの提案に関する公聴会が開催されたとき、その提案に賛成する議員も多くなかった。〈鉄の三角関係〉を成すすべての業界も結束して、あらゆる変更に反対した。提案によって救える命が何人増えるかという議論ではなく、その提案がアメリカの農業にとって有益かどうかの議論に終始した。

カリフォルニア州ローズヴィルにある輸出業者ライス・カンパニー社のジョン・レスティンギは、二〇〇五年六月の下院公聴会で、援助用の食糧を海外で調達すれば「アメリカの農業が誇りと思いやりをなくすだろう」と証言した。

「援助を現金ではなく食糧のかたちで届けるのは、私たちの権利だ」そう同意するのは、ホライズン・ミリング社のジム・マディック副社長だ。同社が共同企業体を組む大手食品加工会社のカーギル社は、海外の食糧援助プログラム向けの穀物をアメリカ政府に大量に納入している。

下院農業委員会の委員長で共和党のボブ・グッドラット議員は、ナチオスの提案を却下した。「予算を海外の市場に、つまり、世界市場に参加するアメリカ農家の競争相手のポケットに入れることは、税金の使い道としては適切でない」と彼は主張した。「恩恵がアメリカ経済全体に引き続き行き渡るよう、食糧援助にはアメリカ農家の生産物を使わなければならない」

時間と予算の節約のため、そしてアフリカの農家を助けるために、食糧援助の四分の一を現金で現地国に支給するという政府の提案は、二〇〇五年には却下された。

そして、二〇〇六年にも却下された。

二〇〇七年にも。

二〇〇八年にも。

ワシントンを拠点に活動する団体〈アフリカの飢餓と貧困を削減するパートナーシップ〉は、改革に向けた運動を取りまとめようと、仲介役を買って出た。「食糧援助に関するアメリカの政策を運営するうえで、飢えた人々の食糧需要を満たすことが最優先事項でなければならない」と、同団体は主張した。カトリック・リリーフ・サービスやワールド・ビジョンといったいくつかの援助団体は、場合によっては援助先での食糧調達を柔軟に実施する必要があると、提案を受け入れる姿勢を示した。また、議会も農業法の中で申し訳程度のパイロット・プロジェクト――予算は四年でたった六〇〇〇万ドル――を承認した。しかし、依然として〈鉄の三角関係〉は、同じ主張を繰り返してあらゆる重要な改革を阻止することができた。アメリカの小麦業界は、議会でこう証言している。「我々の考え方はシンプルです。食糧援助は食糧で、ということだけです」

アメリカの食糧援助の改革にとって大きな障害になっていたもののひとつは、食糧援助の予算の大部分が、対外政策を取り扱う委員会ではなく、議会の農業委員会に掌握されていることだった。これは、「余剰作物の処分」という、食糧援助のそもそもの目的を引きずっているからである。両院の農業委員会の委員は、アメリカの外交政策にとって——あるいは、世界の貧困層にとって——最善のことを優先するのではなく、有権者である農家の利益を注意深く保護していた。

変革に向けて過去に類を見ないほど機が熟していたときでも、似たような政治的な私利私欲が、農業法の農業補助金に関するあらゆる改革の機会を握りつぶした。生産量に基づいた連邦政府からの援助という大恐慌時代の「方程式」は、貧しいアメリカ人——当時、その多くは農家だった——のポケットに金を入れるという、そもそもの意図とは異なりつつあった。農業経営の中心が家族経営の小規模な農家から大規模な農場へ移ると、補助金のほとんどが大規模な農場に入るようになった。農家は生産量を増やすほど、受け取る補助金の額が増した。しかし、生産量に応じた補助金でアメリカ農民の貧困をなくす手法は、もはや効果的ではなくなった。たとえば、二〇〇四年、年収二〇万ドルを超える農家がアメリカ農務省から受け取った補助金の額は、八億七〇〇〇万ドルにのぼった。二〇〇六年には、アメリカ農家のうち、売り上げで上位一〇パーセントを占める農家が、補助金全体の半分以上を受け取っていた。

さらに、生産量に応じた補助金に反対するワシントンの環境団体エンバイロンメンタル・ワーキング・グループによれば、補助金の大部分を受け取っているのは、四三五の下院議員選挙区のうち二二の選挙区に限られるという。

大恐慌の時代、農家の収入は、農家以外の人々の半分しかなかった。それが二〇〇七年には、農家一世帯当たりの平均収入は八万六二三三ドルとなった(アメリカ農務省調べ)。これは、アメリカの全世帯の平均収入を二七・五パーセント上回る。二〇〇二年の農業法の下ではどの年も同じ状況だ。二〇〇二年と〇七年のあいだには、アメリカの全世帯の平均収入は一六・九パーセントしか伸びていないにもかかわらず、農家一世帯当たりの平均収入は三二パーセントも上昇している。

一般的なアメリカ家庭と比べたときの農家の財政的な優位性は、財産についてはさらに大きい。これは、国土の大半が農家の管理下にあるという事実によるものだ。連邦準備制度によれば、アメリカの一世帯当たりの純資産の中央値は、二〇〇四年で九万三一〇〇ドル。それに対し、同年の農家一世帯当たりの純資産の中央値は四五万六九一四ドルにのぼる。この額は二〇〇七年には五三万三九七五ドルにまで伸びた。一般家庭と農家の差は、アメリカの農業部門の純資産が二兆一〇〇〇億ドルに達した二〇〇八年には、さらに広がるだろう。平均的な農家は、食糧を買う人々よりも経済的に良い生活を送っているということだ。にもかかわらず、政府は後者から取り立てた税金を注ぎ込んで、前者に補助金を支給している。

こうした経済的な現実を武器に、納税者がつくる数多くの団体が補助金に反対する動きを見せ始めた。その動きに、〈世界にパンを〉といった飢餓撲滅をめざす団体も加わった。こうした団体は、欧米諸国の補助金がいかに二〇〇三年のアフリカの飢餓を起こしたかを実際に見ている。オックスファムから、リバタリアニズムの立場をとるケイトー研究所や全米納税者連合まで、さまざまな立場をとる団体が手を組んで、補助金制度に反対するため、〈賢明な農業政策を望む同盟〉を結成した。農業地帯でも、彼らを支持する人々が出始めた。

二〇〇六年初め、補助金の恩恵を特に大きく受けている州のひとつ、アイオワ州で、農家は受け取る補助金の額を減らすべきだと訴える男性に会った。やせていて、口ひげを生やし、白いカウボーイハットをかぶったその男性は、同州の農務長官の選挙に立候補した共和党員マーク・W・レナードだ。アイオワ州立大学構内の建物の前で、集まった農家のグループを前に、いかに連邦政府の補助金が生産過剰をまねき、海外で作物価格の下落を引き起こしているかを説明していた。「キリスト教徒の立場からすれば、我々の補助金がアフリカにしていることを聞くと、心が痛みます」とレナードは農家の人々に言った。彼は以前、自分の農場があるアイオワ州ホルスタインの近くで開かれた教会の会合に、マリの綿花農家を案内する役割をオックスファムから与えられたとき、いかにアメリカの綿花農家への補助金がアフリカの農家の生活をむしばんでいるかという話を何度も聞いた。

補助金に反対する同盟に名を連ねた環境保護主義者の中には、生産量に応じて補助金を支給する制度によって、農家はなるべく多くの補助金を得るために畑を酷使するようになったと考える人もいた。トウモロコシ、小麦、綿花、大豆という、政府が推奨する四つの作物が、アメリカで利用されている窒素肥料、リン酸肥料、カリウム肥料の六〇パーセントを消費しているのは偶然ではないと、彼らは考えている。農家が肥料に使う額は年間ざっと一〇〇億ドルにものぼるから、農家は肥料を無駄にしたくないのだ。肥料の与え方は無駄が出ないようだんだん厳密になってきてはいるが、それでも化学肥料で汚染された土壌が畑から川や水路に流出し、やがてミシシッピ川に流れ込むことになる。こうした汚染水によって、メキシコ湾には「死のゾーン」が生まれ、その範囲は一時期、マサチューセッツ州よりも広かったことがあった。アメリカ環境保護局の報告によれば、水中に含まれる窒素とリン酸が過剰になって藻が大発生し、水中の酸素が大量に消費されて、魚などほかの海洋生物が生息できなくなったという。

それと時を同じくして、政府が対テロ戦争に充てる連邦予算が増えつつあった。この事態を受け、政府と民主党の両指導者が珍しく、農業補助金はコストがかかりすぎるという一致した見解をもつようになった。補助金を増額した二〇〇二年の農業法に署名した大統領は、その改革について真剣に検討したいと考えるようになったのである。農業補助金は予算を圧迫しているだけではなかった。大統領は二回のアフリカ訪問の中で、欧米諸国の補助金がアフリカの農業に与えている被害をたっぷり聞かされていたのだ。補助金はエイズのイニシアチブで生まれた善意を傷つけていると、大統領は言われた。

さらに、世界貿易機関（WTO）でのドーハラウンド交渉からの圧力もあった。アメリカとEU（欧州連合）はこの交渉を通じて、工業製品や金融サービスに関して発展途上国との関係を強めたいと考えていたのだ。発展途上国はかつて、欧米諸国が交渉した世界貿易協定をおとなしく受け入れていたが、今や中国とブラジル、インドが発展途上国を呼び集めて、アメリカとEU諸国が自国の農家に払っている補助金の大幅な削減を求めている。農業補助金のせいで、欧米諸国の企業は新たな市場を支配している、と彼らは主張した。国際的な貿易関係が大きく損なわれることを恐れ、補助金の廃止を求める世界貿易機関内での訴訟をアメリカ政府は回避した。

そこに、アメリカの国内政治がじゃまをした。二〇〇六年の選挙で民主党が上院・下院の両方で勝利を収めると、補助金の改革に向けた党首の熱意が冷めた。改革への攻勢を強めるのではなく、改革から後退してしまったのだ。民主党は二〇〇八年には議会での主導権――そして、大統領の地位――を確固たるものにしたいと切望したため、議席の減少につながるようなことは避けたいと考えた。農業補助金を改革すれば、農業のロビー活動が最も強力な中西部と南部で議席を減らすかもしれない。

長年、農業界はロビイストたちに賢く資金を提供してきた。ほとんどどの州にも農家はあるため、実質的に一〇〇人の上院議員のすべてが農業関係者から圧力を受けやすくなっていたのである。一方、下院では、ほかの政策分野での政争が激しくなるなかで、農業州から選出された議員が党よりも農業関係者を優先させる歴史があった。また、農業補助金にかかわる法律は、取り消しが異様に難しくなるように構築されていた。事前に決められた期日で自動的に期限切れとなるほかの多くの法律とは違って、補助金の基礎となる法律には期限が設定されていない。議会がおよそ五年ごとに新しい農業法を作って制定しない場合、一九三八年の農業調整法と一九四九年の農業法に戻る仕組みになっているのだ。これらの法律では、一部の農家に対する補助がさらに手厚くなっている。

こうした巧みな法律の仕組みのおかげで、農業のロビイストたちは補助金の存在を正当化する必要がなかった。仮に補助金制度が自動的に期限切れになる仕組みになっていたら、こうは行かなかっただろう。議会は、遠い過去の法律に逆戻りするという無茶な事態を避けようと腐心することが多かった。

ダーウィンの考えた適者生存のように、農業法は長く生きながらえることによって、生存能力を進化させてきた。農業にかかわる有権者はアメリカの全人口の一パーセントにも満たないが、農務省は数多くの地域にその影響力を広げ、議会の農業委員会にとっての「政治的な通貨」を作り上げた。農務省の予算を決める農業法が取り扱う範囲は広がり、食糧割引券、学校の給食、食肉検査官、農村部の公益事業と住宅、土壌保全、輸出信用保証、作物保険、そして山火事の消火までもが含まれるようになった。農務省の予算のうち農家が受け取るのは三分の一未満で、予算の大半は低所得層、子供、高齢者の栄養補助プログラムに使われる。

農務省の役割が拡大したことで、農業州選出の議員は、農業法にかかわる「価格変動対応型支払い(countercyclical payment)」と「融資不足支払い(loan-deficiency payment)」の区別はおろか、未経産牛と去勢牛の区別も付かない議員と交換取引ができる立場になった。貧困層向けの栄養補助プログラムへの予算を農業委員会から得たい議員たちは、ずっといい暮らしをしている農家への支援に賛成するしかないのだ。

こうした事情により、二〇〇二年の農業法が改正の時期を迎えたとき、二〇〇六年と〇七年に市場に大きな変化が起きていても影響はなかった。多くの農家にとって、生産量に基づいた補助金がなくても、大した痛みを受けない状況になっていたのだ。トウモロコシ由来のバイオエタノールに対する新たな需要が生まれたことで、あらゆる種類の作物への需要も高まった。農家がバイオエタノール用のトウモロコシを競って栽培しようとするなか、栽培をやめた作物の価格も上がった。大豆や小麦からポップコーンやレンズ豆まで、あらゆる作物の加工業者が、こうした作物の栽培を農家に続けてもらって十分な量を確保できるよう、仕入れ価格を上げたのである。

同時に、アメリカの農産物の輸出量が記録的な高さにまで急増した。中国やインドなどで急増する中流層が食べ物により多くのお金を使えるようになるなか、ドル安によって、海外のバイヤーの目にはアメリカ産農作物が魅力的に映るようになったのだ。

二〇〇四年から〇八年までのあいだには、多くのアメリカ農家が過去最高の利益を上げた。農務省が概算した利益である純農業所得は、二〇〇七年には前年より四八パーセント高い八六八億ドルを記録した。二〇〇八年には、八九三億ドルとさらに上昇した。

穀物市場が活気づくにつれて、補助金の支出の規模は縮小していった。連邦政府から農家への支出の一部は年によって変わらないものもあるが、補助金の大半は市場価格に連動している。政府はそれぞれの作物について、農家が投資額を取り戻せて事業を続けられるブッシェル当たりの価格（綿花の場合は、ポンド当たりの価格）を決めている。たとえば、二〇〇二年の農業法で決められている政府の目標価格は、一ブッシェルのトウモロコシで約二・六〇ドル、一ブッシェルの大豆で五・八〇ドルだ。市場価格がこれらの目標価格を下回ると（たいていはこのケースに該当する）、政府にはその差を埋め合わせる義務が生じる。しかし、二〇〇六年後半までに、市場価格は価格支援の支払いが自動的に発生する水準を超えていた。さらに、世界中で作物への需要が高まって、補助金が適用されたアメリカ産作物の価格が新たな水準に上昇するだろうと、多くの経済学者たちが予測し始めた。

作物の補助金制度に反対する人々は、この予測によって、何よりも農業団体が改革運動に同調するようになるのではないかと期待した。生産量と結びついた古い制度とようやく決別し、環境に優しい取り組みや過去の財政支援レベルなど、新たな基準に基づいた補助金に移行するカギは、農家の財政的な関心にあるように見えた。

しかし、期待通りにはいかなかった。農家は従来の補助金が無意味になるほど長期間にわたって作物の価格が高止まりするのだとは、簡単に信じなかったのである。彼らは以前にも、同じような話を聞いたことがある。一九九六年、アジアへの輸出ブームのなかで、連邦政府の財政赤字を削減したいと切望した共和党政権下の議会は、七年にわたって農家への補助金をやめる法案を可決した。だが、数年後、アジア向けの輸出が急に冷え込むと、政府は非を認め、アメリカ農業の経済は周期的な不景気におちいった。

議会の農業委員会は、よくやる手を使った。ホワイトハウスを含めて、立ちはだかる反対勢力を打ち負かすため、農業州選出の議員たちは、非農業系の議員にうまい話をたっぷり用意して政治的な取引を持ちかけた。こうして史上最大規模の補助金を支給する農業法が成立したのである。

二〇〇八年六月にようやく制定された農業法は六七二ページと、二〇〇二年の農業法より六〇パーセントも多いページ数となった。連邦議会予算事務局の予測によれば、二〇〇八年の農業法では五年間で約一〇四二億ドルが、農家に補助金を支給するプログラムに注ぎ込まれるという。その予算で、作物価格の維持や休閑地の補助から作物保険の補助金まであらゆるものを賄う。この法律には、国有林の土地をスキーリゾートに売却する権限や、デザートレイクへの予算も含まれる。栄養補助プログラムの予算の大幅増と引き替えに、農家はいくつかの作物に関する補助金レートの引き上げや、支援対象作物の拡大、そして、家畜と作物に関する「永続的な」災害基金の設立という恩恵を得た。

ブッシュ大統領は、特定の補助金について支出上限を五年間で六〇パーセント削減すると貿易相手国に提案することで、ドーハラウンドの交渉を維持しようとしていた。このため、農業法への拒否権を行使する非常措置をとったが、それも効果はなかった。議会は拒否権を覆す投票によって、二回目にたやすく法律を承認した。

農業団体は二〇〇八年の農業法を、農業に「安定」をもたらすものと称賛した。ドーハラウンドの貿易交渉は暗礁に乗り上げ、補助金に反対してアイオワ州の農務長官に立候補したマーク・レナードは落選し、補助金制度への反対派は改革の機会を逸したことに不満を述べることくらいしかできなかった。「餌入れに群がるブタが、納税者からの惜しみない補助を奨励し続けた」とオックスファムは述べた。また、エンバイロンメンタル・ワーキング・グループのクレイグ・コックス副理事長はこう語った。

「補助金の持久力には目を見張るものがある」

アメリカの私利私欲は、別のかたちでも噴出した。世界の穀物備蓄が減り、飢餓が拡大しているにもかかわらず、それまでにないほど速いペースで食糧を燃料に変えていったのだ。世界の食糧供給に過去最大のひずみが生じる予兆となった二〇〇三年の飢饉があったにもかかわらず、アメリカの政治家たちは、トウモロコシを使って燃料を作るバイオエタノール産業のブームに火を付けた。これが、食糧を求める世界の飢えた人々にとって大きな競争相手となった。二〇〇八年にアメリカで生産されたトウモロコシの約三〇パーセントが、自動車の燃料として利用された。

またしても補助金は、エネルギー会社との競争において、飢えた人々を不利な立場に追い込んだのである。アラブ諸国による原油の禁輸措置がアメリカ経済の足を引っ張り、中東の古くからの紛争にアメリカを巻き込んだ一九七〇年代以降、バイオエタノールは政府にとって聖域だった。バイオエタノールは、アメリカが豊富に産出する穀物を原料に、単純な製法で作れるため、代替燃料を開発する取り組みにおいて簡易な解決策となっていた。バイオエタノールの製造方法は、トウモロコシなどを原料としたアルコール飲料の製造方法と基本的に同じだ。なかでもトウモロコシは、イーストなどの微生物が好む糖分を豊富に含んでいて、バイオエタノールの生産に適している。しかし、バイオエタノールはガソリンよりも製造コストが高いため、その産業は経済的には成り立たなかった。このため、一九七八年以降、アメリカ政府は石油精製業者に対して、ガソリンに加えたバイオエタノールの量に応じた税額控除を実施してきた。さらに政府は、ブラジルのサトウキビ由来の安いバイオエタノールに一ガロン当たり五四セントの関税をかけて、アメリカのバイオエタノール産業の保護に動いていた。こうした奨励策は年間数十億ドルの規模に達した。

一九八〇年代と九〇年代には、石油価格が下がり、バイオエタノールへの投資家の関心はいったん薄くなった。だが、二一世紀に入って石油価格が徐々に上がり始め、対テロ戦争とイラク戦争のコストがかさんで自国産のエネルギー供給に対する政治的な魅力が増すと、代替燃料への政治的な関心がアメリカで再び大きく高まった。二〇〇五年のエネルギー政策法では、石油業界に再生可能燃料の使用義務を課し、その量を毎年上げるように設定した。トウモロコシ由来のバイオエタノールは当時、唯一の再生可能燃料だったため、法律の恩恵を最も大きく受けた。法律で定められた再生可能燃料の量は、二〇〇六年は四〇億ガロン。それが、二〇一二年には七五億ガロンまで上がる。

こうした奨励策によって、農業地帯全域でバイオエタノール工場が次々と建設された。過去数十年でアメリカの農村地帯に広がった最大の投資運動のなかで、農家やその近隣の人々が何十億ドルもの蓄えを地元のバイオエタノール会社に注ぎ込んだ。二〇〇七年が終わる頃には、一三四の工場が建設され、バイオエタノール産業は年間七二億ガロンの生産能力をもつまでに成長した。これは、その先数年にわたって必要だと連邦政府が推定した量をはるかに上回る。さらに数十の工場が、建設中あるいは計画中だ。

この急速な拡大についていくため、政府は使用義務の量をさらに上げて、石油業界にバイオエタノールの使用量を増やすように強制した。二〇〇七年に成立したエネルギー自給・安全保障法では、再生可能燃料の使用量を二〇〇八年に九〇億ガロン、二〇二二年には三六〇億ガロンにまで引き上げるよう求められている。

二〇〇四年には、アメリカ国内の生産量の一一・六パーセントに当たる約一二億ブッシェルのトウモロコシが、燃料の生産に利用された。そのわずか二年後には、バイオエタノールの使用量は、生産量の一四・四パーセントに当たる一六億ブッシェルまで上がり、二〇〇七年にはアメリカのトウモロコシ生産量の二〇パーセントがバイオエタノール生産に使われた。これは、アイオワ州のトウモロコシ生産量に匹敵する。

こうした需要の増加が、トウモロコシの価格を押し上げたほか、ほかの作物の栽培量を減らした。従来栽培してきた作物を捨てて、バイオエタノール用のトウモロコシを栽培する農家があまりにも多く出たため、大豆やモロコシ、大麦の価格も一気に上がった。

バイオ燃料に熱狂する国は、アメリカだけではなかった。食糧を燃料に変える政策は、世界の各地で出されていた。ＥＵが二〇二〇年までに車の燃料の一〇パーセントをバイオ燃料で賄うという目標を立てると、栽培面積でヨーロッパ第四位の菜種がバイオ燃料の原料に使われるようになった。目標達成に必要な量の作物を確保するには、EU域内で耕作可能な土地の約一五パーセントを使う必要がある。アジアでは、タイなどが、アブラヤシから採取したパーム油を使ったバイオ燃料の利用を奨励する政策を導入した。パーム油はこの地域で料理用に広く使われている油だ。二〇〇七年、タイではパーム油の価格が二倍近くまで上昇し、政府は三万トンの輸入を許可せざるを得なくなった。インド政府は、製糖所に対し、バイオエタノール工場を建設する際に補助金付きの融資を提供し始めた。ブラジルはバイオエタノール混合ガソリンの税額をガソリンよりも低く抑えることで、サトウキビ由来のバイオエタノールの消費を促している。カナダ、中国、インドネシアも、バイオ燃料の生産に対して義務や目標を定めている。

こうした動きはすべて逆効果だと、反対派は嘲笑した。バイオ燃料を推奨する国々は、価格の高い他国産の石油への依存を少しでも減らそうと奮闘するなかで、いくつかの主要な作物の価格と石油価格を不注意にも結びつけ、自国の経済を再生不可能な資源に対してさらに脆弱にしてしまったというのだ。特に欧米諸国では、自動車向け燃料の市場規模があまりにも大きく、大量の作物を投入して燃料を生産しても、そのバイオ燃料が燃料市場で占めるシェアは小さい。たとえば、アメリカは二〇〇七年に記録的な豊作となったトウモロコシの生産量の約二〇パーセントを投入してバイオエタノールを生産したが、その生産量が一四二〇億ガロンのガソリン市場に占める割合はわずか三パーセント程度だった。バイオエタノールの燃費はガソリンよりも数キロ良いが、そもそも、トウモロコシの栽培と収穫には大量の石油が使われるのだ。アメリカのトウモロコシ農家は、天然ガス由来の肥料を畑に施し、軽油で動くトラクターとコンバインを走らせ、収穫した作物を乾燥させるのに天然ガスを燃料としたヒーターを動かしている。

だが、世界の飢えた人々にとって重要なのは、以下の事実だ。バイオエタノールを八五パーセント含んだ混合油――アメリカで市販されている中で最もバイオエタノールの割合が高い混合油――でSUV（スポーツ汎用車）の二五ガロンのタンクを満タンにするには、八ブッシェルのトウモロコシが必要になる。これだけの量のトウモロコシがあれば、ひとりの人間の一年分のカロリーを十分賄える。

この計算を行ったのは、国連人権委員会の「食糧に対する権利」特別報告者を務めたジャン・ジグレール。アメリカが自動車の燃料に使うトウモロコシの量がまもなく何十億ブッシェルに達するとの予測を受けて実施した計算だ。アメリカの行為は最終的に「人道に対する罪」になると、彼は非難した。

13章　失われた環（ミッシング・リンク）

ケニアとガーナ

技術が奇跡をもたらす時代に飢餓が急速に進んだという事実は、悪しき歴史は繰り返すという衝撃をもたらした。かつて世界最大の慈善団体だったロックフェラー財団がメキシコに特別研究室を設立してから六〇年後の二〇〇五年一月、現在の民間慈善団体では最大規模のビル・アンド・メリンダ・ゲイツ財団は、世界でも甚大な生活格差を縮めるため、資金を分配し、非常に有効な対策を講じるという、遠慮忌憚のない目標を掲げた機会創出戦略を構想した。ロックフェラー財団の科学者チームが、栄養失調によるマラリアや鉤虫（こうちゅう）症対策から着手し、その後飢餓削減に目を向けたように、ゲイツ財団のスタッフが農業に着目したのは、予防を試みていた疾病や病死の最大の原因が飢餓であることを見抜いていたからだ。凶作など収穫量が予想を下回った場合は、ワクチンや薬剤で立ち向かう。ジョー・マムリン医師をはじめとするゲイツ財団は、自分たちが疾病と「飢餓の交差点」という悲惨な事態に取り組んでい

ることを実感していた。

「アフリカの農村部にある診療所に行ってごらんなさい。患者は全員農民です」と語るのは、機会創出戦略の再検討を指揮したゲイツ財団の医療プログラムの古参メンバー、ラジフ・シャーだ。「栄養失調が不作と連動していることもわかります」農村部の貧困を克服しなければ、健康に関する重要な課題に対処できないのではないかと、彼らは自問した。

飢餓克服の必須条件とは、農業への大規模投資と貧しい農民の収入増である。飢餓の脅威への対策として、政府や政治家はもっぱら美辞麗句を並べた政治的意向を打ち出すが、希望にあふれる公約を掲げても、国内の偏狭な私利私欲によって何度も頓挫してきた。コフィー・アナンが呼びかけた「アフリカの緑の革命」を実現させるには、資金力のある多くの社会起業家の行動力に加え、新制度の確立、市場開拓、生産物の改良によって飢餓を終結にみちびき、アフリカの食糧自給を促すという強い決意が求められる。ゲイツ財団は医療の分野で成功した実績があり、長期間なおざりにされていたアフリカ農業に才能と熱意、一連の新しいビジネススキルや経済的ノウハウをもたらすはずだ。

機会創出戦略のために、ゲイツ財団は農業、公衆衛生、資金投入など、世界各地で四〇を超える候補を投資対象として検討した。シャーはゲイツ財団の人間にこんな質問をぶつけた。「地域の貧困救済を促す推進力とは？　階級格差が最も著しい地域は？　格差を解消する最も効果的な手段とは？」

彼らの視点がどこに向かっていても、「最終的に行き着くところは必ず農業だ」と、シャーはのちに語っている。「農業は重大な問題であり、悪化の一途をたどればたどるほど、国際協力は尻つぼみになっていく。危機的状況に思える。だから貧困解消にとって、農業は何より大切な要素だ」
対象を農業に絞り込むと、彼らは詳しい調査に入った。アフリカ各地を視察したゲイツ財団のプロジェクトスカウトチームは、将来性ある志の高い人材と出会った。畑に座り込んで新しい品種を開発する科学者たち、亜鉛やビタミンAなどの微量栄養素で主要作物に活力を与える取り組み、手頃な価格で設置できる必要最小限の灌漑システムの整備に当たる人々。しかし、彼らの活動は個別であり、資金集めに腐心し、散発なものでない大きな牽引力を得ようともがいていた。

ゲイツ財団のチームはこんな質問を投げかけた。農業への支援を短期間で拡大し、大勢の人々、特に発展途上国の小農が利益を得られるだろうか。財団が資金投入をやめても財務面や環境面で発展は続くだろうか。何より大きな問題がある。飢餓は本当に撲滅できるのだろうか?

アメリカ、ヨーロッパ、日本、そして緑の革命を成功させたメキシコ、インド、中国と、ゲイツ財団の調査員は、農業で成功を遂げた事例について歴史をさかのぼって調べた。直近では二〇〇三年、エチオピアの飢饉に端を発した市場破綻など、失敗例についても検討した。

そして彼らは、アフリカで農業革命への勢いが集約しつつあるということを感じた。農業を第一の優先課題に掲げる国家政府が増え、国民への食糧の供給を実現させていたのである。特にゲイツ財団が注目したのは、収量の高いハイブリッド種子や携帯電話を利用した市場情報の拡散など、アフリカ大陸全体に広がる新技術である。固定電話をもったことのない村民さえもが、次世代の携帯電話をもつようになった。その携帯電話は、道路脇の売店（キオスク）などでも手に入るようになっていた。

一六カ月におよぶ調査を終え、ゲイツ財団は解決策を見いだした。飢餓は必ず解消できる。アフリカの農家には、アフリカを貧困から救う力がある。おおむね人道的行為である医療支援とは対照的に、発展途上国での農業は経済支援活動である。ゲイツ財団グローバル・ヘルス・プログラムの政策・財源担当副局長を務め、その前は二〇〇〇年の大統領選でアル・ゴア陣営の政策顧問やイギリス内閣の政策支援にもたずさわってきたシャーは、医療と農業には大きな違いがあると語る。医療は誰かがどこかで資金を負担すべき公益である。農業は収益を生み、富を創出し、さらには人々に食糧をもたらす自立可能な市場の経済活動なのだ。

二〇〇六年四月、ゲイツ財団の組織改編によってグローバル開発部門が設立された。六月には世界の大富豪、ウォーレン・バフェットが、バークシャー・ハサウェイ社の株式一〇〇〇万株を毎年ゲイツ財団に贈与するようになった。バフェットが贈与する株の資産価値は三一〇億ドルに相当する。九月になるとゲイツ財団という新時代の慈善事業の資金は、昔からあるロックフェラー財団の慈善事業の資金と力を合わせることになった。ロックフェラー財団は、既にアフリカで種子や土壌改良の慈善事業を行なっていたが、あまりはかばかしい成果は得られていなかった。そこで彼らはエチオピアでのコフィー・アナンの呼びかけに応え、〈アフリカ緑の革命のための同盟〉（AGRA）を共同で設立する。AGRAはケニア・ナイロビに拠点を置き、アフリカ人自身で運営する（アナンはその後会長に就任する）。初期投資額は一億五〇〇〇万ドルだった。二一世紀の慈善事業家たちの情熱が喚起された、まさに一〇〇万人規模の生活を救う挑戦とも言えるものだった。農業投資に財団の医療活動を兼ね合わせれば、アフリカ発展の時計の針は画期的に進むと確信した。

ゲイツ財団は、自分たちが農業に参入すれば、必然的に議論を生むのを承知していた。まず、活動の第一歩である名称の時点で非難を浴びるはずだ。「緑の革命」という文言を使うべきだろうか。環境保護活動団体など一部の団体は、緑の革命という名称から、かつてアジアで展開された同じ名前の活動が、肥料を濫用し、水資源に負担をかけたといういきさつを連想した。ゲイツ財団は、今回の機会創出戦略の調査では、過去からの教訓を学ぶことに気を払っていた。肥料や水を無計画に使っていた過去の事例を検討し、収量を増やす活動では、肥料の量よりも良質な種の使用を重視すると決めた。土壌に栄養を還元させる作物の栽培や、農薬を使わずに土壌を再生させる不耕起栽培などの農法を重点的に採用する。地下水を汲み上げるのではなく、雨水を集めるプロジェクトを中心に取り組む。ゲイツ財団は、「緑の革命」という言葉の明るい未来（プロミス）というイメージを取り入れたのだ。この約束が彼らのスローガンとなった――多くの人々に食糧を、命を救おう、貧困を減らそう。

　地域文化保護活動家は、アフリカ独自の思想や知恵が、今後シアトルから発信された言葉に従わなくてはならないのかと、ゲイツ財団のグローバル開発チームを批判した。彼らが言うとおり、アメリカのワシントン州、ユニオン湖沿いに位置する同財団の事務所と、飢餓と干ばつに苦しむアフリカは、地理的にも、物資の面でもかけ離れている。こうした意見の衝突を和らげるため、ゲイツ財団のシャーは世界各地で開催される開発会議に出席し、同財団そのものがアフリカの現場で主導権を取るプロジェクトは少なく、むしろ財団にプロジェクトが提案されるのを待ち望んでいると述べた。財団は自分たちが企画したプログラムを運営するのではなく、第三者の活動に資金を投じて実現させるのだ。また資金の調達について財団は、世界規模での医療問題に資金を投資したときとまったく同様に、アフリカの農業においても、さらに多くの資金を集める磁石として機能したいと考えていた。たとえばエイズ対策では世界中から投資があり、一九九六年では二・五億ドル程度の資金が、一〇年後に一〇〇億ドルにまで拡大している。

「アフリカにはこんな格言があります」シャーはこの言葉をよく口にする。「早く進みたければひとりで行け。遠くまで進みたければ徒党を組め」

シアトルには、農業にかかわる事業の提案が大量に押し寄せてきた。選考に当たり、シャーのチームは主に二点を検討した。一点は、かつてエチオピアで市場開拓に失敗したために農家が生産意欲をなくしたことを念頭に置き、どのような作物を生産するにしても、市場への明確な経路を含めてプロジェクトを提案しているかということ。もう一点は、小農とその家族にとって、最も有益な対策を地元自治体と話し合う機会が提案に含まれているか、ということだ。

小さいが整然としたシアトルの財団事務所、その机の背後の壁に飾った一枚の写真から、農業開発担当ディレクターのシャーはあるプロジェクトを思いついた。アフリカの幼い少女が青い洗い桶の中でうずくまっている写真。桶の縁からは少女の頭しか見えない。財団の要は世界的に影響力を持つビル・ゲイツではなく、彼女にあるというのがスタッフの総意だと、シャーは語った。「我々はこの子のために働いている。ボスは彼女だ」

この少女に応えるため、AGRAは、研究所で新品種の開発に携わるアフリカ人科学者、小さな種苗店で種を売る事業者、畑に種をまく農家、そして市場で食糧を買う消費者を結ぶ確固たるリンクを築く必要がある。AGRAでは、このつながりを「バリュー・チェイン」と呼んでいる。アジアでの緑の革命のとき、このようなバリュー・チェインが「大勢の人々を貧困から救った」とシャーは知っていた。

アフリカでは構造調整がバリュー・チェインのリンクを数多く断ち切ったため、苦境から誰ひとり救うことができずにいた。

「大事なのは種なんだよ!」四駆でケニアの灌木地帯を走行中、ジョー・デブリースが言った。「農家は種を植えるんだ」

ナイロビを拠点に活動するロックフェラー財団の植物学者、デブリースは数年をかけて、アフリカ農業のバリュー・チェインの最初のリンクを直そうとしていた。だがアフリカ向けに新しい品種を作るのはむなしい行為であり、追加支援が来ないことにもいら立ちを募らせていた。「民間の慈善団体のあいだでも、ロックフェラー財団は飢餓の撲滅については人目につかない形で精一杯活動している」と、デブリースは語る。「飢餓の終結は時代遅れの施策だった」

デブリースやロックフェラー財団のスタッフが品種改良で画期的な成果を挙げても、アフリカ農業は世界の注目をまったくといっていいほど浴びず、新品種はたいてい畑にはまかれぬまま研究所の棚の上で朽ち果て、その上にほこりが積もるようなありさまだった。中央政府や国際機関は農家への種の配布や地元で収穫された作物の市場振興といった提案には何の興味も示さず、資金もほとんど投じなかった。自分たち科学者は、堅牢なバリュー・チェインを組むどころか「万事休す」という気分だったとデブリースは語る。

AGRAが設立されると、ロックフェラー財団チームは〈アフリカ種苗システム整備プログラム〉(PASS)を急ピッチで進めた。このプログラムでは、土壌改良の準備をすでに整えていた。アジアではノーマン・ボーローグが開発した背丈の低い小麦種が緑の革命を起こしたが、アフリカでは一種類の魔法の種子だけではうまくいかないということに、科学者たちは気づいていた。熱帯雨林から砂漠と非常に多岐にわたるアフリカ大陸の生産地域では、一種類の種ですべてをまかなうというやり方は通用しない。デブリースも「車に飛び乗って一六〇キロほど走ると、農地環境ががらりと変わる」ことに気づいていた。

この話は二〇〇七年初頭、よく晴れた土曜の朝にデブリース本人が体験したことだった。トヨタ・プラドに飛び乗った彼は、草木が青々と茂るナイロビの高地を出発した。目的地は湿度がとても低い南部の平原地帯で、干ばつ地帯が点在し、ケニア農業研究所の栽培研究本部もある。「アジアの緑の革命はビッグバンのように起こった」デブリースはナイロビからインド洋に面したモンバサ港を結ぶ主幹国道に入ると、路上に空いた穴に気をつけて運転しながら話を続けた。「ここではビッグバンではなく、段階的な革命が起こるよ。科学者も研究も、今までよりずっとたくさん必要になる。ボーローグのような科学者がひとりか二人いるだけじゃ困るんだ。今の世代の科学者全体をレベルアップしなければ」

ボーローグ継承者のひとり、ジェイムズ・ゲティが研究所でデブリースを大歓迎した。この二人には育種という共通の使命があり、ゲティもこの学問に一生を捧げていた。学者らしい雰囲気を漂わせたケニア人で、カナダとアメリカで育種を学び、ボーローグ継承者として、大きな事業を達成することをめざして祖国に戻ったゲティは、地元に巻き起こる農業革命の気運に触発されていた。

国立研究所で祖国のわずかな科学者を必死に世話する一方、ゲティは責任の重さにうちひしがれてばかりいた。次世代のハイブリッド・トウモロコシを開発し、家族のひもじい生活を楽にしてほしいと、ケニアの農家は自分に期待を寄せているのだと思い詰めていた。しかし研究を助成する資金提供者がいなければ、新品種の開発に成功しても、農家に広められず、せっかくの成果が研究室の中で朽ち果ててしまう。そのようなゲティ本人と彼の研究に衝撃を与えたのが、ゲイツ財団とロックフェラー財団の飢餓に対する取り組みだった。ゲティはデブリースに言った。「研究の途中で放り出してはいけないことにようやく気づきました」

農業研究所からひしひしと興奮が伝わってくる。むせかえるようなアフリカの暑さに耐えられるよう設計された二階建ての研究所の上階にある研究室に、ゲティはデブリースを案内した。屋外に作った廊下はかすかな風もとらえ、オフィス全体の風通しをよくしている。研究所に勤務する育種家たちも、ゲイツ財団とロックフェラー財団による合同出資という新鮮な風を取り入れ、大規模なプロジェクトへと展開させたのだ。

ゲティは沿岸地域、丘陵地域、乾燥地域の三種類の生態系で穀物の栽培に取り組む一方、水不足、トウモロコシの胴枯れ病、やせた土壌といった問題とも闘い、さらには収穫後のゾウムシやほかの害虫の被害についても調べた。研究所のすぐそばには広大な試験場がある。土曜日だというのに、研究者は畑に覆いかぶさるようにして穀物を観察し、ノートに書き付けている。彼らの研究対象は、これまで三〇年間、アフリカのいたるところで見向きもされなかった二種類の丈夫な穀物、モロコシとキャッサバの新品種である。この研究者たちは、マラリアに効く化学物質を生成する植物の試験栽培区画の世話まで担当していた。

ゲティは背の高い強靱なトウモロコシの茎が生い茂る一角へと連れて行ってくれた。「現状の品種より質の高いものを、農家に提供したいんです」ゲティはそう言って、干ばつに耐える二種類の穀物が育ちつつあることを喜んでいた。「順調に生育しています」

次に案内されたのは、害虫への耐性を試験する区画だった。トウモロコシの葉に身体をこすりつけるようにして長い畝（うね）に分け入っていくと、三匹の幼虫がゲティのカーキ色のパンツや茶色いシャツにくっついてきた。「試験用作物には防虫剤を散布しません。ここで生息させれば虫の繁殖過程がわかります」そう言いながら、ゲティは服についた虫を払い落とした。品種改良に携わる中には、害虫に情がわき、名前を付ける者もいるという。中でも根気強く生命力のある甲虫類には、アフリカの過酷な道路をものともしないスカンジナビアの頑丈なトラックにちなみ、「スカンディア」と命名した。破壊力の強い害虫に付けられた名前は「ウサマ」だ。

試験場を回っていると、アフリカで取り組むべき課題が見えてきた。ゲティが取り組んでいるのは、収量は少ないが地元の農家が五〇年間植え続けてきた、あるトウモロコシの品種改良だった。地元農家は土壌の変化や天候、未知の害虫に対応するための品種改良は行わず、同品種を何世代も伝承してきた。ゲティによると、この地域の農家が使っている最新のトウモロコシ品種は、一九九五年に導入されたものだという。そして不満げにこう付け加えた「農家は新品種の導入に着手してきませんでした。仮に手を着けたとしても、資金が底をつき、実現には至らなかったでしょう」

ＡＧＲＡは過去になかった切迫感と目的をもった。デブリースは、試験場で見たトウモロコシの新品種に感銘を受けたことをゲティに告げ、「この品種を農家にできるだけ早く配布してほしい」と、バリュー・チェインの次のリンクを早急に作成するよう促した。デブリースが主張する飢餓撲滅の最短手段とは、「新品種を実験段階から実用段階に移し、アフリカに広める」ことだと力説した。

だが、AGRAの予想どおり、それは簡単なことではなかった。実のところ、アフリカの研究所が農家の畑で最新技術を実現させるのは、アフリカの農業革命が失ったリンクでもあったのだ。

この問題はアフリカ大陸最大の謎でもあった。サハラ砂漠の集落や、赤道直下のうっそうとした灌木地帯を含めて、アフリカのどこに行っても、コカコーラやペプシ、ファンタ・オレンジといったソフトドリンク、そしてギネス・スタウトや地元のビールが手に入る。それなのに、そうした辺境の地に行くと、最新の種子や肥料が手に入らないのはどうしてだろう。デブリースはこう考える。「アフリカ農家は、将来性、経営の仕方、栽培知識に問題があると考える人が多すぎる。アフリカはあまりに長いあいだ軽視されてきた」

その結果、種子、肥料、農具の生産者のほとんどが、まったく売る気を失ってしまった。彼らは、わずか数エーカーの畑を耕して生計を得ている農家は、市場にはならないと思いこんでいたのだ。飲料メーカーの計算では、農家はコーラやビールを買う余裕がありそうだという結果が出ているのに、なぜ、ひと握りのハイブリッド種子やごく少量の肥料を手に入れられないのだろうか。ソフトドリンクやビールの小売業者らは競い合うように営業努力を重ね、製品を森林の奥の奥まで浸透させた――コカコーラは「すぐ手の届くところにコークを」というスローガンを掲げ、世界のほぼ全域で目標を達成した。農業の世界では考えられないことである。農業に必要な物品を売る業者は、政府の専売会社も民間企業もおおむね大都市での商売で満足し、大規模で裕福な商業農家とのビジネス関係を深めている。種苗や肥料を扱う業者の大半が、どこでも手に入るコークを飲みながら店先に座り込み、小農は必要なものがあれば店に買いに来ると思っている。

ゲティのような科学者の活動がアフリカの飢餓問題に影響を与えるのなら、ＡＧＲＡは、新しいハイブリッド種を商用化しようとする種苗会社や、小農に農業製品を販売する小規模店舗などの販路を作って、新たなバリュー・チェインのリンクを築かなければならない。それを理解していたデブリースは、ケニアの数少ない民間種苗会社の人間と会い、商談をまとめた。新技術を商品化して発売したいと考える企業があれば、ＡＧＲＡが新品種の開発に資金を出す。「種子のことなら心配ありませんよ、我々が動いていますからね」と、デブリースは言った。

ＡＧＲＡとのパートナーシップを結んだ企業家の中に、サリーム・エスマイルがいる。彼はケニア西部に拠点を置くウェスタン・シード社の最高経営責任者（ＣＥＯ）だ。ウェスタン・シード社はケニアでも新興の民間種苗会社で、「農家への技術提供」をスローガンに掲げている。この提携に、自社の研究開発費を減らし、種子のコストを下げる可能性を見ていた。世界的な大手種苗会社とは対照的に、ウェスタン・シード社は作物が育ちにくい環境に暮らす貧しい農民向けのビジネスを展開している。エスマイルは、そこに利益の創出点があると判断した。「中小の民間企業は、貧困地域の事業を成功させ、その成功を持続させるべきです。そうすれば、収益を継続的に上げられるようになるでしょう」と、エスマイルは語る。小農は高品質の作物を栽培してできた余剰作物を売り、種苗会社は農家からの需要増に応じる。「それが驚くほどの効果を上げるんです」とエスマイルは言う。「農家が必要なものを当社が提供すれば、農家は自分たちでうまくやっていく。農家が必要なのは、収量を上げ、多くの食料をもたらすもの、そして、良質な貯蔵施設です」だが困ったことがある。「農家が必要なものを必要なときに供給しなければなりません。また、農家の方に金銭的余裕も必要です」

この問題は、バリュー・チェインに加えるべき次なるリンクだ。このため連盟は、農業市場開発トラスト（AGMARK）からの資金提供による小売店主のネットワーク整備に乗り出し、ほかの商品と一緒に、種子や肥料、その他の必需品を売るよう呼びかけている。呼びかけに応じた店主の多くが若く、高等教育を受け、起業家精神をもっている。過半数を占めるのが薬剤師や獣医たちで、彼らは駆虫薬やダニパウダーを置いている棚にスペースを作った。のこぎり、釘、刷毛、強力接着剤など農業の必需品を置く雑貨店や金物店の店主も、少数ではあるが参加している。「アフリカの今を変える新しい世代です」。AGMARKの東アフリカ地域ディレクターを務めるカレブ・ワンギアはそう言って、顧客回りに出かけた。

アメリカ・ワシントンを拠点に農村部の起業家支援をする機関、CNFAの関連機関であるAGMARKは、同機関で研修を受講した卸売業者に最新の農業技術を提供し、卸売業者と販売業者が信頼のおける関係を築けるよう基盤づくりをしているいる。奥地に出店するよう店主に奨励し、農業物資が農家の手に届きやすくするのが、AGMARKの何よりの狙いだ。「卸売業者は、アフリカの食糧安全保障を確立するうえで大きな役割を果たせます」と、ワンギアは語る。「小農は最良の資材やハイブリッド種、肥料を使って生産性を上げ、食糧を増産したいのですが、店があまりにも遠く離れた場所にあるんです。雨が降って種まきをしたいと思っても、都市部の店に行くことができません。だから手持ちの古い種を植えるしかないのです。こうした悪しきサイクルは繰り返されます。前進はありません」

ケニア西部の高地を抜け、ウガンダとの国境付近を運転しているあいだ、人なつっこいワンギアはしゃべりどおしだった。舗装道路から降りていった先の狭い砂利道は、轍(わだち)が深く刻まれ、角ばった石が散らばっている。道そのものに傾斜はないが、路面にはでこぼこが多いため、自転車に乗っている人はいったん降りて、轍やくぼみを避けながらつま先立ちで自転車を押して歩く。ケニアの主要交通手段としてどこでも見かけ、満員の乗客を乗せて向こう見ずな運転をする乗り合いバス「マタトゥ」でさえも、この道にあえて入ってこようとはしない。舗装された幹線道路からこの道に入ると、ワンギアは四輪駆動の車を減速して、車の底をこすったり、マフラーを落としたりしないよう、洗濯板のような危険な道をのろのろと進んだ。

　舗装路を降りてから五キロほどでこぼこ道を走っていくと、ワンギアはナロンドの小さな村で車を停め、木材とトタン板でできた小屋が並ぶ集落に近づいていった。入り口から差し込む日の光以外に照明というものがない店のカウンター越しに、グレゴリー・ワンジャラ・ワヨンゴが顔を出した。タマネギ、コラード（訳注：キャベツの仲間）、スイカ、トマト、キャベツなどの種子の袋や缶詰を置いた背後の棚が、商品の重みできしんでいる。中でも一番多いのが、ハイブリッド・トウモロコシの種子だ。床には肥料袋が並んでいる。そんな雑然とした中、背負い式の噴霧器と小型の灌漑ポンプも置いてあった。

　ワヨンゴは三十代半ばの実直な男で、学校では獣医科学を専攻。この分野では文字どおり先駆者であり、ケニアの伝説の開拓者といってもいい。彼がこの店を開くまで、人里離れたこの村に種や肥料を持ち込むには、農民は長旅を続けて必需品を集めざるを得なかった。「距離にして八キロ、一〇キロ、二〇キロ」と、ワヨンゴは言う。移動距離は、ウガンダとの国境近くに位置するこの地域の主要都市、ブンゴマ郊外のどこに住んでいるかで決まる。種苗会社や農機具販売業者はブンゴマまで舗装路を走り、そこで商品を荷下ろしする。農家が店に買い出しに来るのは一日仕事、雨が降れば二日がかりになる。豪雨に見舞われれば、買い出しそのものが取りやめになってしまう。

ナロンドで動物病院を営んでいたワヨンゴは、農民が季節ごとに骨を折りながら備品を求めて移動している様子を見て、あることを思いついた。「農民は必要な品を買うために大きな町に行くのだと気づきました。需要があることがわかったので、店を開くことにしたのです」ワヨンゴは農民に代わって物品の調達に回ることにした。彼は言う。「業者に来てもらうにしても、うちは幹線道路から離れすぎていますからね。だから車をチャーターして、ブンゴマにある店に行くんです」

移動時間が半分に減ると、ナロンドや近隣の村出身の農民はおのずとワヨンゴの店に集まった。早い時間に買い物を始めると、備品を選んで帰宅し、種まきや畑の世話までの作業が朝のうちに終わる。「これまで農家は、ハイブリッド種子や肥料をあまり使っていませんでした。ちょうどいい時間に町に行けなくても、気にならなかったからです」と、ワヨンゴは言う。「今では彼らはうちの店に来て、農場の必需品に興味を示しています。技術面のアドバイスを求めに来る客もいます。たくさんの質問をたずさえて」

ワヨンゴ本人もたくさんの疑問を抱えていた。あるときＡＧＭＡＲＫのセミナーに申し込んだ彼は、種子や土壌の栄養に関する科学的な知識を学ぶと同時に、簿記のスキルや在庫管理の知識も身に付けた。わずか一〜二エーカー（約〇・四〜〇・八ヘクタール）の土地を耕す客には種や肥料を小分けにしたり、種まきの時期が来たら十分な資金が貯まるよう、農家による預金グループの結成を促すなど、顧客の要望に応える対策を立てていった。店のカウンターの後ろに、研修コースの認定証を目立つように飾った。入り口脇には「ビジネスマネジメントスキル、製品知識、農業資材の安全な使用に関する研修受講者」と、AGMARK認定の看板を掲げた。

この看板が客を引き寄せた。ワヨンゴの月間売上は平均三〇万ケニア・シリングだとワンギアに語った。種まきの最盛期である三月と四月になると、一日三万シリングを売り上げることもあった。多くの人々が一日わずか数ドルで生活する農村地域で、彼は文字どおり成功者である。ビジネスをさらに拡大するため、この地域の降雨量が減る九月に育つ、ハイブリッド・トウモロコシの新品種を試験畑にまいた。トウモロコシが穂を出す頃、彼は丈夫で背の高いトウモロコシを見せるため、農民を畑に招いた。小さなメモ帳と鉛筆を手にやって来た農民たちは、ワヨンゴが語る種についての説明をしっかりと書き留めた。「農民は感心していましたね。百聞は一見にしかずだって！」とワヨンゴは息まいた。思惑どおり、視察会の後には次の種まきの季節に向けた注文が続々と届いた。収穫量が増えると、今度は農民と消費者とを引き合わせ、自分は買い付け担当者になろうと考えた。ワヨンゴはAGMARKとともに、農家が育てたトウモロコシを粉にする粉ひき機の購入に目を付けた。ただ、二〇〇七年の総選挙後に暴動が起こり、ケニア西部の農村部では各所で物資の流れが寸断されたため、ワヨンゴはかなりの努力を払い、必要な種や肥料を顧客である農家のために確保した。

「君は地域の誇りだ！」ワンギアはかつての弟子、ワヨンゴを抱きかかえて褒めたたえた。「ケニアに君がいてくれて本当によかった」と言うと、ワンギアはワヨンゴの店に集まってきた人たちに向かって言った。「ここを見てごらんなさい。ここにあるのは、アフリカの緑の革命から生まれた新品種です」

その頃、アフリカ大陸の反対側では、もうひとりのアメリカ人篤志家が、緑の革命の主導者、ノーマン・ボーローグの足跡をたどっていた。

その篤志家、ハワード・バフェットが乗ったほこりを被った四輪駆動車が、ガーナ・アシャンティ州のフフオ村に向かう。ボーローグが二〇年前、緑の革命を継続させようと奮闘した場所である。アメリカ・イリノイ州の屈強な農民であるバフェットが、ガーナ人の農学者コフィ・ボアに連れられて、コンクリートブロック造りの大きな建物に駆け込むと、そこにはすでに三〇人の農民が日差しを避けて集まっていた。

「遅くなってすみませんと伝えていただけますか?」バフェットは言った。この日の朝、ガーナの首都アクラに空路到着したバフェットとジミー・カーター元大統領は、ジョン・クフォー大統領と接見した。その後、都市部のクマシから起伏に富んだ道を跳ねるように走り、車がすっぽり入ってしまうような大穴に気をつけ、左右に揺れながら車はスピードを上げた。トラックのウインドウの下には「神のみぞ我を裁く」というスローガンが書いてある。

「お時間はまだ大丈夫ですか?」五二歳のバフェットが礼儀をわきまえながら尋ねる。

バフェットはアメリカで八〇〇エーカー(約三二〇ヘクタール)の畑でトウモロコシと大豆を栽培し、ジョン・ディア社の最新式農機具を何台も持っている。ほこりまみれの大地を棒や鉈(なた)でひっかいている農民たちを目の当たりにしたバフェットは、彼らから大事なことを学びたいと考えていた。フフオの人々は以前、ボーローグによって新しい農法の試験が実施されたとき、暮らしの改善を経験している。

この土地ですでに手ごたえを感じていた彼らは、実験の再開にとりかかろうとしていた。農学者のボアは焼き畑式農業から、彼が言うところの「不耕起栽培」への転換をはかるよう近隣農家に指導をしている。

アフリカの多くの村落で、たいていの貧しい農民は——その大半が女性だ——その土地に生えている木々を数エーカーほど伐採して、自分たちで食べる分の穀物が育つだけの畑を作っている。切り倒した木々は数日間乾燥させてから燃やして、裸地を作り、そこをさらに畑にする。ガーナでは土壌の有機物含有量が非常に少ないため、こうした狭い畑で数年作物を育てると、土地はやせ細って収量が減少する。土がやせると、茂みの別の場所を切り開き、畑を作り直すというわけだ。

ボアも、焼き畑式農法が環境にも農民にも酷な手段であることは承知していた。灌木を切って焼く作業は手間がかかるうえ、健全な土壌に欠かせない有機物をも焼き払ってしまう。数年おきにこのようなことを続けていると、土壌を健全に保とうとする農家の意欲が失われてしまう。益虫が駆除され、土地は無防備のまま浸食される。焼き畑農業が森林を浸食し、野生動物の生息域を破壊している地域も出ている。

この種の農法は、穀物が摂取した土壌の栄養分を補えるだけの施肥がなされていない場所で行われている。化学肥料は高価格で、家畜の糞尿も不足している。アフリカでは、害虫が媒介する病気によって、ウシが十分に育たない地域もある。アフリカ大陸で生きる家畜たちも、人間と同じように栄養失調におちいっているのだ。焼き畑が終わった区画は、灌木が生い茂って土壌が健康な状態を取り戻すまで五年から一〇年を要する。

ボアは焼き畑農法が以前よりも深刻な問題になりつつあるのを痛感した。アフリカ、そしてガーナの人口が増加し、農地の需要が高まったため、農家が土地を休ませる時間は減ってきている。土壌がやせていては、農家の食糧生産はますます困難をきわめる。

フフオの農家は焼き畑をできる限り減らすべきだと、ボアは説いた。農家がやっていいのは土に穴を空けて種をまくことだけで、土地を掘り起こしたり、草木を焼いたりしてはいけない。葉、茎、根といった有機物は貴重な栄養源であり、ごみではないのだ。

フフオの農家は種まきの季節が近づくと、はびこる雑草に背中にしょったタンクから中国製のグリフォセート除草剤を吹き付け、種をまくスペースを確保するという手段を学んだ。グリフォセートはほぼすべての草に効き、欧米で広く利用されている。環境に短期間でなじみ、動物への毒性がきわめて少ない農薬のひとつだ。アメリカでは、モンサント社が製造・販売しているラウンドアップより、グリフォセートの知名度のほうが高い。フフオでグリフォセートを散布した農家のトウモロコシは雑草よりも生長が速かった。幸先のいいスタートを切ったトウモロコシの葉が覆いとなり、雑草に日が当たらなくなったのだ。

不耕起栽培のほうがはるかに収量が高く、労働力が格段に少なく済むことを、村人たちはすぐに理解した。畑の表面を覆う雑草などが、作物のための水分を蓄えるスポンジのような役割を果たすうえ、雑草は枯れて腐食すれば肥料になる。雑草を抜いたりやぶを伐採したりする手間が省けた分、その時間を、収入を生み出す労働に充てられる。ガーナ政府が輸出の収入源として高く評価しているカカオの木の栽培を始める者、余った穀物を餌にして養鶏を始める者が現れた。彼らは近隣の村に卵を売って収入を得た。

「一ヘクタールにつき、トウモロコシの種はどの程度まきました？」分厚いレンズのメガネごしに鋭い視線を投げかけながら、バフェットは質問の答をノートに書き込み、彼の息子はカメラを手にあちこち歩き回っている。「今ならもう少し広い土地で農業ができますか？」不耕起栽培がもたらした影響力に好奇心をそそられたバフェットは質問を続ける。「トウモロコシの収穫はどの程度でしたか？　利益は得られましたか？　除草剤はどれくらい使いましたか？」

バフェットは、彼がイリノイの農場で実践していた不耕起栽培の手法がアフリカの人々の食糧確保を促すことを、アフリカのほかの農家にも納得してもらえるだけの確証を得たいと心から願っていた。貧しい農家が高額なインフラや資材に頼らずに家族を食べさせていける、持続可能な対策を見いだすのが、バフェットに与えられた使命だった。バフェット財団は、病気に強いサツマイモや井戸の掘削、農民の教育、少額融資の提供といったプロジェクトに年間多額の資金を投入した。

バフェットから次々に質問が飛び出し、部屋にいた農民たちは顔を見合わせた。アメリカ人がこれほど多くの質問をしてくるのは久しぶりのことだ。バフェットは帰り際に、アフリカ風の握手を披露して農民たちを驚かせた。チーターの噛み跡がある右手を差し出すや、めまぐるしく指を鳴らし、手のひらを叩いたのだ。

二〇〇七年二月、フフオから走り去っていったSUV（スポーツ汎用車）には、保険業と製造業の複合企業、バークシャー・ハサウェイの会長になると目されている人物が乗っていた。砂ぼこりが車を飲み込むなか、農民たちは、ハワードがウォーレン・バフェットという億万長者の長男だということを教えられた。

ハワード・バフェットは生まれついての篤志家だ。彼と姉弟は、一族の資産は自分たちが使うのではなく、人に分け与えるものと決められていた。ハワードの父はネブラスカ州オマハで身分不相応につましい家に住み、子供たちが「バフェット家に生まれたという運のめぐり合わせ」のおかげで巨万の富を相続してしまっては、まったく社会貢献にはならないと公然と言ってのけたのだ。財産を親族に渡すよりも、恵まれない人々の支援に投じたほうが、その相乗効果はずっと強いというのだ。

これはある意味、金銭感覚が人とは違っているからこそ可能な考え方である。ハワードの父は天才投資家で、投資で得た金額は自分の投資パフォーマンスを保つ手段と考え、その金額でどんな贅沢品が買えるかということは考えていない。バフェットからすれば、わずかとは言えない財産を子孫に残すのは、偉大なるスポーツ選手がグラウンドで達成した記録を子供たちに残すより意味がなかった。二〇〇七年一一月、ウォーレン・バフェットは遺産税の徴収を**賛成する**ために国会におもむき、不健全な富の集中に異議を唱えている。

ハワード・バフェットとその姉弟は、父から自活せよという人生観を得た。当時はわからなかったものの、培ったキャリアはアフリカの飢餓救済に役立つことになる。誰にも真似のできない形でアフリカの人々を救えるはずだ。

ひとり事務所にこもって企業データの世界に没頭するのが何よりの幸せと感じる父とは対照的に、ハワード・バフェットは外で仕事をするのが好きな、社交的なタイプだ。二三歳で祖父から相続した株式を現金化し、採掘業を始めるためにブルドーザーを買った。本当は農場経営を夢見ていたのだが、それには資金が不足していた。そんな彼に父親はネブラスカにささやかな農場を買ったのだが、バフェット家の伝統に従い、市場価格で息子から借地料を取った。

下院議員の孫であるハワードは、公益の価値を高く評価している。ネブラスカのバイオエタノール生産プラントの建設推進を目的とする州当局の長官となり、オマハのあるダグラス郡を治める行政委員会の選挙に当選した。農業関係者への影響力と、バフェット家の一員というネームバリューのおかげで、彼はイリノイ州ディケーターにある穀物加工大手、アーチャー・ダニエルズ・ミッドランド社（ADM）の冷静沈着な会長兼最高経営者、ドゥエイン・アンドレアスの右腕として働くことになる。

ADMの取締役会に加わり、副社長の地位を与えられたハワードは、イリノイの農場向けに土地を買い付けるうちに、農業をグローバルな視点でとらえる力がついた。価格協定のスキャンダルから逃れるため、一九九五年にADMを退社した彼は、鋼鉄製の穀物貯蔵庫を製造するGSIグループに転職する。その後まもなく大規模穀物農家とのビジネスに乗り出すため、彼は南アフリカに飛んだ。

ハワードはたちまちアフリカの魅力のとりこになる。祖国で野生動物の撮影を趣味にしていたこともあり、すんなりと自然保護推進派に加わる。まもなくハワードはヨハネスブルグ近郊にチーターの保護区として土地を購入し、直後に四カ月ほどそこで暮らした。また、ゴリラやチーターの保護などの活動に投資する小さな財団も設立した。

アフリカでの滞在期間が長くなると、ハワードは別の懸念を抱くようになった。二〇〇〇年末、GSIの仕事でガーナを訪れた彼は、ワールド・ビジョンの招聘でカメラを携え、タマレ市北部近郊のとある病院に行った。彼は横向きに寝たまま動かない、幼い少女の写真を撮った。少女の腹部は栄養失調で膨れ、いつマラリアや髄膜炎の犠牲になってもおかしくない病状にあった。レンズを通して、ハワードはこの幼子の目を見据えた。どうしようもなくなった彼女の姿は、五歳児の父親であるハワードの心を揺り動かす。スナップ写真を撮ると、彼は必死で平静を取りつくろった。

「あのときのことは今でもよく覚えています。あの子の母親が絶望的な面持ちで見ていました。私は彼女の肩に手をやると、実に残念だと言いました」

こうした状況を目にしたジャーナリストと同様、ハワードはアフリカの現状を伝える証人として、彼らを助けることができるだろうかと考えていた。あの幼女の写真を発表すれば、飢えた子供たちの窮状を人々に喚起するのに役立つだろう。病院を歩き回ったハワードは、もうひとり、栄養失調で重篤な状態にある少年と出会う。感情を突き動かされる体験はニジェールでもあり、ここで彼は膨れ上がった腹と棒のようにやせ細った脚の少女の写真を撮る。彼女は三日後にこの世を去った。

荒涼たる平原からヌーやシマウマをセレンゲティ国立公園に移送するときも、飢餓の問題は彼の心に飛び込んできた。写真を撮ろうとカメラを構えると、農民が焼き畑をした跡が目に入る。ゲイツ財団が健康キャンペーンを成功させるためには飢餓の問題に取り組むしかないと悟ったように、ハワードは、

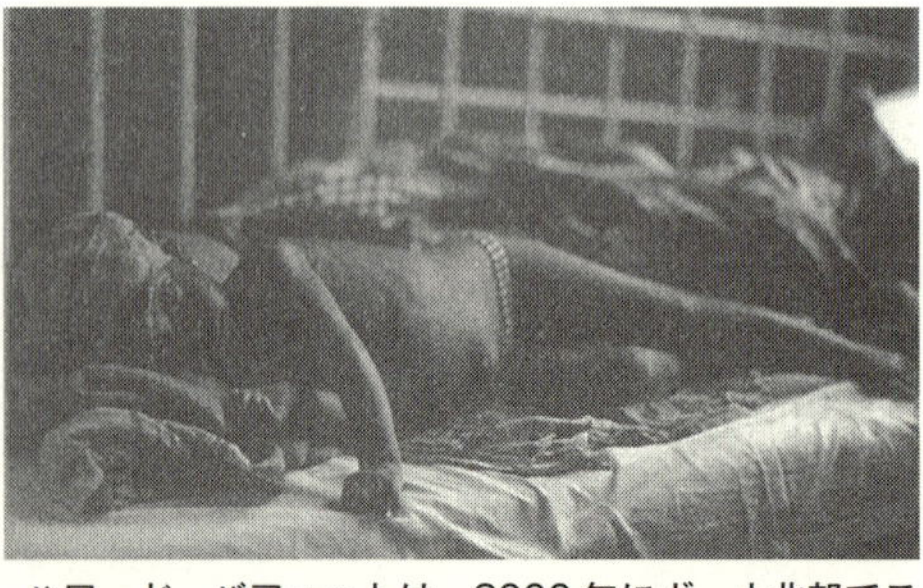

ハワード・バフェットは、2000年にガーナ北部でこの飢えた少女の写真を撮影したあと、飢餓との闘いを始めた。（ハワード・G・バフェット財団提供）

人間の苦難とまず闘わなければ、アフリカの環境は守れないと悟ったのだった。

「こうした状況を注視しながら、『彼らは最後の森林を破壊しようとしている』と思いました」と、ハワードはのちにこう語っている。「象徴的な出来事だと思いました。飢えた人々は自然保護を考える余裕もないのだ、と。アフリカの人々が食糧を自給できる環境を改善しなければ、環境は守れないのだと感じました」

母親のスーザン・バフェットが二〇〇四年に卒中で死去したのを機に、世界で絶望の淵にある人々へのハワードの関心が具体的な形となっていった。これが新たな契機にもなった。バフェット家の子供たちは、両親の莫大な財産の分配は母親の財団が管理するのだと常々思っていた。スーザンは長いあいだ、医療研究、教育、堕胎の権利を支援し、子供たちには社会的に進んだ視点を持つようしつけてきた。オマハの住宅供給プロジェクトに赴く際、スーザンは幼いハワードを伴い、カブスカウト団を手伝わせている。

ウォーレン・バフェットは妻が七二歳でこの世を去ると、当時およそ四〇〇億ドルあった遺産の寄付をどのように始めていくかという問題に、いやがおうにも直面することになった。そこでバフェットは、投資持株会社バークシャー・ハサウェイの大量の株式をゲイツ財団に寄贈することにした。バフェットは、かねてから橋渡し役を務めてくれていたバークシャー・ハサウェイ社の役員であるビル・ゲイツに信頼を置いていた。さらに、ゲイツ財団はこれだけの資金を運用できる基盤をもち、さらにバフェット本人と同じ思想を掲げていた。

加えて、ウォーレン・バフェットは、三人の子供たちが運営する各財団に、彼らの予想をはるかに上回る、当初価格五〇〇〇万ドル相当の株を毎年贈与すると約束した。ハワードは父から財団に贈られた株式から自分の給与を受け取らなかったものの、少なくとも収入は八倍に増えた。ウォーレン・バフェットは語る。「息子は私から資金を、母親からは思いやりの心を相続したというわけです」

アメリカとアフリカの両方の農業に携わったハワード・バフェットは、アフリカ大陸が独自の緑の革命の展開にこだわった理由を誰よりも理解していた。SUVでガーナからトーゴ、ベナンへと移動するうち、ハワードは同行者にアジアや欧米で行われている、数種類の穀物に特化した栽培法をアフリカで採用するのがいかに危険かを語った。変わりやすい天候や害虫に立ち向かう大勢の貧しい農民たちにとって唯一の保険となるのが、雑穀、モロコシ、トウモロコシ、キャッサバ、サツマイモなど、できるだけ多様な穀物を育て、何らかの形で収穫が得られる可能性を高めることだった。

バフェットが着目したのは、アフリカのほとんどの農場で、次回の収穫まで家族の食糧をもたせるのが女性の最も大切な仕事だということだった。農民たちが「飢餓の季節」と呼ぶ、食糧が底をつく過酷な時期に追い打ちをかけるように、畑仕事が最も過酷になる時期が重なる。ちょっとした見込み違いが死を招くのである。

「まずは家畜の餌を減らし、次に自分の食べる量を半分に減らし、さらに木の葉でスープを作っています」トーゴの村で七人の子供たちを育てている、やせ細った女性はハワードに語った。

ハワードはその日の夜、飢餓の季節に貧しい農家が生き延びるための支援策に目を向けたいと、同行しているアメリカの人道主義機関ＣＡＲＥの派遣団に訴えた。「自給自足できない農家ほど皮肉な存在はいません。このような層に機械やインフラ、肥料が行き届くと考えていてはいけません。不耕起栽培や種子の質の向上など、農業を支援していかなければ。このやり方で収量を二倍にできるなら、三、四カ月ある飢餓の季節を切り抜けようとしている家族の大きな助けになります」

ハワードは全力を挙げて飢餓対策に取り組んだ。すでに進行中の多数のプロジェクトに即した知識を求めて、ハワードは二〇〇八年の一年間でアフリカ一一カ国を回り、距離にして二八万四八〇〇キロを飛んだ。何よりもアフリカの育種家が干ばつに強いトウモロコシを利用できるよう、モンサント社のバイオ技術を無償で利用できるプロジェクトの企画と資金調達を特に支援した。

ハワードはイリノイの自分の農場で働いているときでも、アフリカのことを考えずにはいられなかった。政治家や科学者、芸能人、企業の要職者を招いては、ジョン・ディア社のトラクターの運転席に乗せた。GPSを使ってトウモロコシや大豆畑を走り回れば、同乗者は確実に関心を抱く。教育基金を運営しているコロンビア出身のセクシーなポップシンガー、シャキーラは、何十万ドルもするハワードの収穫用コンバインの運転を許された数少ない招待客のひとりだ。

ハワードは、農場に招いたある人物から、成果を挙げる自信はあるのかと問われたことがある。数分間コンバインに乗ったまま考え込み、ハワードはこう答えた。「アフリカには可能性があるんです。

ブルンジのトウモロコシ畑で、農家に指導するハワード・バフェット。2009年。(メリッサ・L・ヒコックス提供)

『やってみる以外に何を達成できるだろうか』と私はときどき思うのですが、おそらくそれで十分なんじゃないでしょうか」

アフリカの飢餓は何とか最悪の事態を乗り越えたが、足をとめてる場合ではない。多くの最前線、とりわけ長いあいだ看過されてきた市場で、新たな構想がようやく生まれつつあった。

14章　取引開始のベルが鳴る

シカゴからアディスアベバ、
クァクハスネックへ

タクシーがシカゴのラサール街に差しかかったとき、エレニ・ガブレ＝マディンの視界に、二〇〇三年のエチオピア飢饉のときから彼女を駆り立ててきた夢の象徴が広がってきた。「そう、ここよ、まさにこの場所なのよ！」エレニの声に運転手は驚く。正面から、アール・デコ調の高層建築、シカゴ商品取引所のビルが数ブロック先に見える。明るい朝の日差しの下、ビルの頂には豊穣の女神セレスの像が立っている。エレニは『オズの魔法使い』でエメラルドの都を間近にしたドロシーのように目を見晴らせている。

シカゴ商品取引所の受付担当者に導かれ、エチオピア人の経済学者であるエレニは、広々とした取引所に通された。そこでは明るい色のジャケットを着た男女が両手を振りかざし、めまぐるしく指で合図をしながら、小麦やトウモロコシ、大豆相場の売り買いを入れている。部屋の上方に据え付けられた巨大なボードでは、あらゆる種類の商品相場価格が点滅している。「まさにこんな感じです――色も、人も、興奮も、数字も」二〇〇七年の初春、活気のある取引の様子を身をもって体験したエレニは驚いていた。

エレニは、祖国の機能不全の市場について、ずっと警告を発していた。その市場が二〇〇三年にエチオピアを飢饉におとしいれてからというもの、アフリカ版商品取引所の設立という、ただひとつの使命に取り組んできた。彼女の叫びは飢饉という形で裏付けされた。アフリカの農家でなければまず体験することのないリスクに耐えている限り、農業の好不況のサイクルを制御することはできず、エチオピアの農家に繁栄はない。

祖国を離れ、二〇年間、国際機関や国際会議の喧噪の中で大声で呼びかけたのちエチオピアに帰国した二〇〇四年、エレニは農業市場の改革を決意した。商品先物市場の設立に向けて精力的に活動し、政府高官と議論を重ねて、助言と財政の両方で支持し、支援するよう説いた。新たな千年紀（エチオピア暦では二〇〇七年九月から始まった）を迎えるに当たり、商品先物市場は最も重要な金融プロジェクトであると宣言するエチオピア大統領のスピーチを、エレニは誇らしげに聞いていた。

自分が立てた構想を実現に近づけるため、エレニはエチオピア国内はもとより、国外に流出したエチオピア人の専門家らに声をかけ、あるチームを結成した。大勢のエチオピア人がすでに世界の金融市場、特にアメリカで働いていたこと、立会場（たちあいじょう）の業務や証券法規、情報技術の専門知識を持っていたことに驚くと同時に喜びを感じた。エレニはチームのメンバーと、インド、中国、南アメリカを回り、小農やその生産に与える影響を分析しながら、新興諸国の商品取引について学んだ。

なかでも大きな教訓となり、自信を持つきっかけとなったのが、世界随一の最先端かつ有名な商品先物市場、シカゴ商品取引所だった。立会場を見下ろす会議室で、一八四〇年代に商品取引所が開設される以前のアメリカ中西部の農家の生活について説明を受けた。価格を定めるという考えがなく、信頼できる買い手もおらず、倉庫の広さも限られていたので、農業はとてもリスクの高い事業だった。見学にやってきたエチオピア人たちはうなずきあった。「この状況は現在の我が国の農業ととてもよく似ています」エレニは彼らに語った。農作物を育てても、いざ売る段階になると選択肢はないに等しかった。

公正な価格設定、品質の統一基準、価格の変動リスクを配分する先物契約。エレニと仲間たちは、アメリカの農業を変えた商品取引所の斬新な手法で、エチオピアの農業も変わるはずだとの手ごたえを感じて祖国に戻った。今や彼らをはばむものは何もない。エレニは法的枠組の作成に着手し、官民のパートナーシップを具体化して、両者の交流を管理し、必要な資金を集めた。政府は取引の参加者を取引不履行から保護するため、基金のかなりの部分を確保するとともに、立ち上げ予算二一〇〇万ドルのうち二四〇〇万ドルを拠出した。残金はエレニが世界銀行や国連のさまざまな機関、アメリカ、カナダといった各国を駆け回って調達した。

エチオピアの首都アディスアベバ、セント・ジョージ醸造所から通りを下ったところにある流麗なガラス造りの新築ビルの二階で、立会場の骨組みが形を成してきた。沼地に囲まれ、隣接する空き地では少年たちが布を固く巻き付けて作ったボールでサッカーに興じる。そんな折、国連世界食糧計画（WFP）の事務局長に就任したばかりのジョゼット・シーランが訪ねてきた。シーランが二〇〇七年春に世界食糧計画のトップに就任後、初のアフリカ訪問だった。最初の訪問先は食糧の流通現場ではなく、この穀物相場取引所の建設現場だった。最初に面談したのは食糧の援助を求める飢えた人々ではなく、食糧支援の供給源となりうる投機家や農民たちだった。エレニが進めていた活動を視察したシーランは、世界食糧計画の購買力を小農に割り当て、市場を利用して農業の振興を促すことが第一の課題だという思いを新たにした。世界食糧計画は飢餓を防ぐための機関であり、飢饉からの復興のためにあるのではない、シーランはエレニにこう語った。「飢餓の連鎖は、農民と市場の連携不足も要因のひとつです」米国通商代表部の副代表、米国経済・実業・農業担当国務次官を歴任したシーランは語る。「この商品取引所は連携を築き、飢餓の連鎖を断ち切る可能性を秘めています。他国の模範になるでしょう」

世界食糧計画は、アフリカ最大の穀物の買い手となった。二〇〇七年、二六カ国からほぼ九〇万トン、総額二億四五〇〇万ドルを超える穀物を買い付けた。その取引の大半が、質、量、配送の三要素で世界食糧計画の入札条件を満たす大規模投機家だった。二〇〇七年、世界食糧計画はエチオピアで五万三四一二トン、総額一八〇〇万ドルを上回る穀物を買い付け、二〇社以上の業者と定期的な取引を行っている。シーランは、世界食糧計画の買い付け基盤を小農へと広げ、より多くの資金や生産意欲を彼らにもたらせるよう商品取引所を役立てることはできないだろうかと考えていた。

「もちろんです」エレニはきっぱりと答えた。商品取引所の目的とは、まさに小農が余剰作物を市場に売るのを支援することにある。たとえば一〇〇〇トンのトウモロコシなど、大規模農家でなければ応じられない量の買い注文を出すのではなく、世界食糧計画は複数の小農の生産物をまとめることで、商品取引所経由で売却できる量を確保して購入できる。そのトウモロコシは商品取引所の倉庫に保管され、出荷予定は商品取引所の契約書で保証される。世界食糧計画は提示された入札価格ではなく、市場価格で買い付けられるため、このような取引は信頼性や透明性が高くなるほか、価格も安くなるだろうと、エレニは主張した。「貧困層の立場に立った、民主主義的な市場購入について考えるべき時が来ました」と、エレニはシーランに言った。「商品取引所では、誰でも穀物を売ることができるのですから」

商品取引所の建設が順調に進むなか、エレニは、アフリカ大陸ではほとんど聞くことがなかった「市場の問題」というメッセージを唱えるアフリカの主導者の仲間入りを果たした。構想や情熱を熱く語るエレニのメッセージは広まり、二〇〇七年六月、タンザニアのアルーシャで世界の有力な思想家や起業家が集まる、技術（Technology）、エンターテイメント（Entertainment）、デザイン（Design）の頭文字から命名された、TEDグローバル会議に招待された。「今日のアフリカは、支援策や似たり寄ったりの海外政策を待っているようなところではありません」聴衆を前にエレニは訴えた。「かなりゆっくりではありますが、アフリカは学びつつあります。市場はひとりでにできるものではない、と。八〇年代、『適正価格の設定』を語るのが流行りましたが、この言葉は、もっぱら政府を市場から閉め出すことを指しました。今の私たちは、市場の力を解き放つことは市場の正常化を図ることだと認識しています。そこには、適切なインフラや必要な市場機関の開発への投資も含まれます。条件が正しく揃えば、革新の力が活性化し、世界中のほかの地域のように、アフリカで一気に花開くことでしょう」

アフリカの農家が、大陸の発展に寄与する可能性を看過していた多数の開発専門家から何年にもわたって受けてきた見当違いな助言を批判し、エレニはこう述べた。「本当に問題にすべきなのは、農民ひとりひとりを改革や起業に駆り立てるエネルギーを動力源として、市場はいかに発展できるかということです。もし明らかなことがひとつあるなら、アフリカはビジネスに対して開放的であり、農業はビジネスであるということです」

エチオピア商品取引所は、二〇〇八年四月四日に業務を開始した。取引開始に先がけ、アディスアベバの広々としたカンファレンス・センターで、ナショナル・フォーラムが開かれた。「所有する価値のあるもの、達成する価値のあるもの、闘う価値のあるものはすべて、夢から始まります」エレニは高らかに宣言した。

彼女のかたわらには、エチオピアの首相、副首相、大勢の議員連、世界各国から集まった大使や外交官が集まっていた。彼らの前には、一二〇〇人の好奇心旺盛で誇り高きエチオピアの人々が立っている。ホールには、「農家への選択権の付与、農業の発展、エチオピア改革」という、商品取引所の使命をうたったスローガンが花で飾られていた。「エチオピア商品取引所の構想は当初、夢物語から始まりました。エチオピアを変えようという夢です。一般の市民が毎日直面する現実的な問題に、具体的に取り組もうという夢です」と、エレニは聴衆に向かって語りかけた。「私たちの夢は、これから立ち上がろうとしている市場機構を通じて、祖国の農業経済を改革することにほかなりません」この日は、シカゴに商品取引所を設立するための第一回正式会議が開かれた日（一八四八年四月三日）から、一六〇年と一日目に当たる。

その後二週間、商品取引所では当時約一〇〇名となった会員と試験的な取引を行い、問題点を洗いだした。全国に点在する、五〇〇〇トン以上のトウモロコシや豆を商品取引所の倉庫に預託する農家が、売り出しの準備を整えていた。四月二四日の朝、エレニは顔を上げ、商品取引所の立会場の上につるされた真鍮のベルを見つめた。鎖を数度振ると鐘の音が鳴り響き、取引初日の始まりを告げた。

つや出しした木材と磨き上げたガラスで囲まれた取引ピットから、とぎれとぎれに聞こえる大きな声、せわしなく動く手。トウモロコシや豆を取引する商品取引所の「オープン・アウトクライ」（訳注：大声や手ぶりを使った売買注文）が始まる。この日、一八五トンのトウモロコシが取引され、価格は寄り付きから一〇〇キログラム当たり九ブル（エチオピアの通貨。約一ドルに相当する）上昇した。二〇トンの豆も買い主が現れ、価格安定を維持した（その後、小麦やその他穀類、ゴマなどの油糧種子、コーヒーも取引銘柄に加わった）。エチオピア人にとって、まさに待望の瞬間だった。エレニの夢は、商品取引所のような組織がないことが原因で起こった大規模な飢餓という悪夢がきっかけとなって生まれた。エチオピアは商品取引所の開場を知らせるベルの音が鳴るのを、価格にごまかしがなく、農家にやる気を与えるような時代の到来を、心から待ち望んでいた。エチオピアを破滅に導いた余剰と飢饉の繰り返しの終焉を告げる鐘の音でもあった。

アフリカにとっても重大な瞬間であった。インド、中国、南アメリカの商品取引所の急速な拡大で各国の緑の革命の結束は固まったが、アフリカ大陸では、南アフリカの北側の国境であるリンポポ川より北の地域は、手つかずの状態

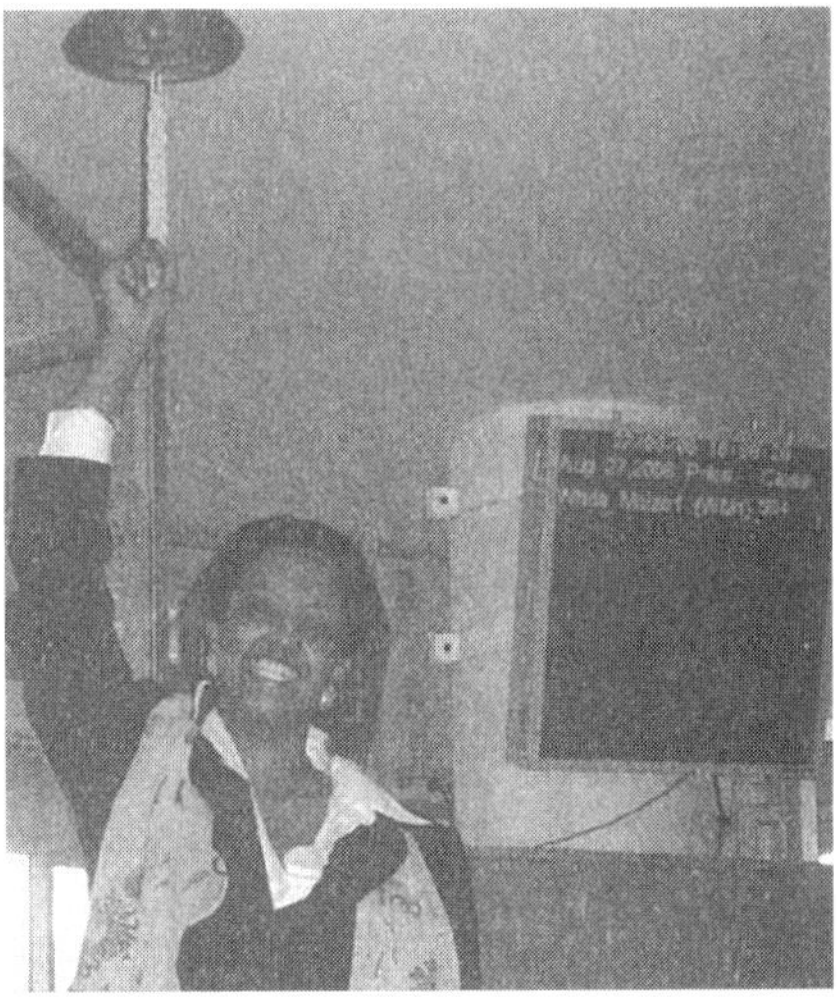

2008年、アディスアベバのエチオピア商品取引所で、真鍮のベルを鳴らして開設を合図するエレニ・ガブレ＝マディン。

だった。だが、世界一貧しく、飢えに苦しむアフリカ大陸で商品取引所のオープニングベルがついに鳴り響くと、マラウイ、ウガンダ、ガーナをはじめとする各国も、自国の商品取引所の開設に向けて動き始めた。飢餓と窮乏が広くはびこる土地に商品取引所が開設されれば、アフリカ全土で緑の革命が起こる希望や可能性は、当然のごとく生まれるはずだ。商品取引所の開設の日、アフリカ大陸は住民の食糧確保に一歩近づいたという期待に飲み込まれた。エレニには、この取引所を汎アフリカ商品取引基盤の礎とするという、もっと大きな夢があった。そうなれば、食糧が山積みになっても市場が見つからないと、大陸の片隅で飢えに苦しむ人がいなくなるはずだ。

商品取引所の設立だけで、国あるいはアフリカ大陸を新たな食糧危機に追い込む、干ばつや流行病の脅威を一掃するわけではないと、エレニも承知していた。マルクス主義政権の名残や貧困が残した深い傷跡、たとえばお粗末な遠距離通信設備や管理・規制のインフラが、資本主義の普及に対して多くの困難をもたらしている。しかし、商品取引所は、立会場で行われる取引に加えて、貧困の中で大いなる可能性を表す象徴となった。取引ピットの外の通りで物を売っている露天商にまで、将来を有望視する雰囲気が漂っていた。取引所に面した土の上やでこぼこの歩道に敷いた防水シートの上に、『ポジティブな思考の力』や『ユー・キャン・ウィン』といったタイトルの本が並べて売られている。

商品取引所が成功したのは、大勢の小農のあいだで技術革新や起業家精神が盛んになり、そこから国内の生産力が増強したからだろう。ある推計によれば、エチオピア全体の農業生産高の大部分、実に九五パーセントが、数エーカーの畑で農耕する小農によるものだという。かつて農家は、作物の余剰を出せば、エチオピアの未発達な市場のリスクにさらされるだけだった。余剰在庫やめまぐるしく変動する需要によって、わずか数カ月で価格が八〇パーセントも乱高下するような市場に振り回されるだけだったのである。

商品取引所の役割は、正当な価格が定まる場所、生産の余剰分を引き受けて分配する場所、農家のリスクを軽減する場所、作付けの前に決めた価格で先物契約が締結できる場所、そして、最終価格の三分の二を搾取するような複数の中間介在者を通すのではなく、農家と消費者を直結できる場所を提供して、価格の不安定さを抑えることにある。エチオピアの農家にとって、初めて選択権を与えてくれる場所だ。「順調に機能している市場には選択権があり、選択権とは自由を意味するのです」と、エレニは商品取引所の立会場で語った。

エレニはスタッフとともにエチオピア中を回り、小農らが貧困から逃れられない事情を説いて回った。農家は余剰を出したとしても、ほかのすべての農家も生産物を売る収穫期、つまり価格が最安値になった時期に作物を売ることになる。借金の返済時期が訪れ、長期保管施設は足りず、売りへの圧力が高まる。注文がこれ以上来ないのではないかと不安になり、たいていは最初に買いに来た知り合いに売ってしまう。そして、作物の収穫が減り、食糧が減る時期が来て、家族の備蓄食糧が乏しくなった頃には、次の収穫期まで数カ月を残し、多くの農家で食糧を買い求める需要が生じるため、この時期の価格が一年で最も高くなってしまう。

エレニが国中の集会を回って説明したとおり、商品取引所は農家に時間や場所の制限を課さない。寄り付き後の売り買いを表示する画面とともに、雄牛が引く鋤（すき）の後ろを歩く農夫の姿と、地球の軌道上から市場情報を送る衛星の映像が同時に映し出される。アディスアベバの立会場から発信される価格は、エチオピア各地の二〇〇あまりの市場の電光掲示板に映し出される。農家は余剰作物を取引所の倉庫のひとつに持ち込んで、重量と品質を証明する文書を取得し、いつでも作物が売れるよう、倉庫の受領書を受け取る。彼らはこの受領書を担保に、次のシーズンの種子や肥料を購入したり、小規模な灌漑システムを作るための融資を受ける。「市場システムの改革は、将来に向けての我々の希望です。農業の古いやり方から脱却しなければなりません」と、映像のナレーターは語る。

モジョという、楽しそうな名の町にあるルメ・アダマ農業協同組合のデメレ・デミッシエ組合長は、自由市場がすでに開かれていると実感していた。農協のコンクリート造りの倉庫では、数十名の女性が床に座り、決まった手順で作物を市場に出す準備をしていた。きびきびと手を動かし、彼女たちは数トンの白インゲン豆から雑草や茎、小石を取り除き、豆をふるって残りの土を払うと、葦で編んだ籠で受け止める。デメレは前方を見やりつつ、この裏舞台を歩き回った。「もうすぐ我々は世界と結びつきますよ」と、彼は全員に伝えた。

この農協が商品取引所の会員に登録されてから、デメレは一万九〇〇〇人の会員の代表として取引できるようになった。会員の大半は、雄牛が引く鋤の後ろを歩き、手で収穫している小農だ。デメレは選択肢が増えたことを喜んでいた。「アディスアベバの取引員が、たとえば二〇〇ブルの取引を提示したら、『いや、シカゴでは二五〇で売れる、ロンドンならもっと高く売れる』と言えるんです。アディスアベバの値で引き受ける前にね。これからは、世界の穀物価格がわかるようになるんですから」

彼は農家の生産量増を見込んでいる。「価格とは、できる限りたくさん作ろうと発憤させる唯一無二の材料ですからね」

ブルブラ・チュレやチョンベ・セイヨムといった大規模農家も会員申込書を握りしめ、商品取引所に駆け込んで、二〇〇三年にはなかった選択肢を手に入れた。二〇〇一年と〇二年の豊作で余剰作物が大量に出て壊滅的な価格の急落が起こると、彼らは経費を削り、数千エーカーの土地を休ませ、肥料や上質な種子を節約するために栽培面積を減らし、灌漑システムを遮断したのだ。それ以外に策はなかった。「あの頃、商品取引所があれば、飢饉は起こらなかったでしょう」商品取引所が開く週になって、ブルブラは友人たちに打ち明けた。「中国やシカゴに余剰の穀物を買ってもらえれば、価格の低下は阻止できたのです。豊作となった作物が売れるとわかっていれば、例年通り苗を植えたでしょう。我々は何も知らなかったのです」

「切り詰めるしか選択肢がなかったというのは、ひどい状況でした」チョンベは繰り返した。チョンベは二〇〇三年に農業で破産寸前になってから、ジョン・ディア社の販売代理店業に転身して構えたアディスアベバの事務所にいた。「当時は穀物の買い手すら見つからずに難儀しました。もし商品取引所があったら、穀物を取引所の倉庫に預けて受領書がもらえるので、収穫直後に銀行から返済の催促を受けずに済みました。やけになって投げ売りせずに済んだのです。我々はみなおびえました。価格は下がっていく、それならと穀物を投げ売りすれば、事態はもっとひどくなりました。商品取引所があれば、倉庫に作物を預け、受領書を担保に農業が続けられたはずです。灌漑を止めずに済んだのです」

この二人の弁によると、損失を取り戻すまで五年かかったという。それでも彼らは、二〇〇三年に自分たちが取った行動をいまだに悔やんでいる。地元住民が食糧を求めて手を差し出すなか、ブルブラは広大な農地を手つかずのまま残し、チョンベは灌漑を止めたのだ。「経済面、心理面、倫理面の影響はまだ残っています」とチョンベは言った。

商品取引所は人々の気持ちとインフラの両方を変える触媒になるだろうと、エレニは考えていた。先端技術と市場情報を農家に提供すれば、農村部の教育を向上させようという需要に拍車が掛かる。市場ができたことによって農家の生産意欲が高まれば、国家の豊富な水資源を使って灌漑事業を推し進める気運が高まる。価格の電光掲示板のネットワークを国内各所に整備することで電気通信当局が刺激され、光ファイバーケーブルが地方まで延びる。農場と市場を結ぶ、轍だらけの土の道が、平らな舗装路になる。さらに、だらだらと進むロバが引く荷車が、猛々しく走るその威嚇的な姿から「アルカイダ」と呼ばれるいすゞの五トントラックに代わる、より効率的で安全な長距離輸送システムを生み出す起業家も出てくるだろう。「市場主導の開発とはこういうことなのです」と、エレニはその可能性に希望をもちつつ語った。

エチオピアの農家チョンベ・セイヨム。現在はジョン・ディア社の同国の販売店を経営している。2008年。

これはまさに世界食糧計画が展開している構想だった。世界食糧計画はエチオピア商品取引所の立ち上げ当初からの買い手であり、シーラン事務局長は事業を拡大する決意を固めていた。世界食糧計画の現金拠出額は増加し、特に民間からの寄付によって（アメリカ政府は食糧援助だけを継続していた）、食糧援助に頼らず、アフリカの農家が必要とする必需品がさらに買い付けられるようになった。エチオピア商品取引所が開設した直後の二〇〇八年四月、シーランはエレニのもとを再び訪れた。アフリカの行く末を変えられると確信しながら、二人は取引ピットに立った。「ここでは希望どおりのことが行われています」シーランは両手を大きく広げ、立会場全体を抱きしめるようにして言った。「緑の革命を促す、市場革命が」

アフリカ大陸のバリュー・チェインのリンクが脆弱なのは、市場が未発達であることが一因だと指摘されていただけに、ゲイツ財団や〈アフリカ緑の革命のための同盟〉も、エチオピア商品取引所に注目した。科学者はより良い種子を生み出し、商店主はへき地でも商品を在庫できたが、小農は収穫量が上がってもそれを売りさばく市場が見つからないため、生産意欲が低下して改良種への需要が減ってしまう。バリュー・チェイン全体が崩壊してもおかしくはない。

エレニが鳴らした商品取引所の鐘の音は、シアトルまで届いた。エチオピアの農家が最先端の市場知識を駆使するようになったなら、彼らはアフリカ大陸全土に市場を導入できるのではないかと、ゲイツ財団は考えたのだ。同財団は世界食糧計画のシーラン事務局長が唱える、食糧の購入が市場を形成し、アフリカの小農の収入になるとする〈前進のための食糧購入〉（Purchase for Progress、P4P）プログラムの展開への支援呼びかけに応えた。

P4Pプログラムは、保証された価格水準で穀物や豆を三年間購入する契約を農家と結ぶというもので、アメリカなど先進国では古くから農業経営の基礎であり、エレニがエチオピア商品取引所に導入しようとしていたものと同じ形式の先物取引だった。アフリカの農家はこの取引によって種子、肥料、農作業の必需品が必要なときに手に入り、農業生産率を高めることができる。世界食糧計画とゲイツ財団は、市場が信頼できれば農家の意欲も高まり、生産量が増して、アフリカ大陸が食糧の自給に一歩近づくだろうと考えた。また、世界の大手食品会社などの民間企業が、いつかこの契約モデルを採用して、アフリカの農家から買い付けするようになるのではないかとの希望も抱いていた。

これほどの大望は、ささやかな一件の取引から生まれた。内陸国であるレソト王国の人里離れた地域、クァクハスネック県には、かつて、トウモロコシの余剰分を売る市場がなかった。二〇人の農民からなるグループが貴重な水を有効利用するため、丘の中腹に棚畑を作るといった環境保全型の農法をかたくなに守り、ある種奇跡のようだが、自分たちの腹に収まる以上の量のトウモロコシを生産していた。その量は八トン以上にのぼった。だが、この地域は大きな市場から離れていて、長期保存可能な施設もなく、農民たちは余った穀物がだめになってしまうのではないかと恐れていた。そこに二〇〇七年、深刻な干ばつのさなかに食糧の買い付け先を探していた世界食糧計画が訪れ、トウモロコシを二八〇〇ドルで買った。世界食糧計画がレソトの農民から初めて買い付けた取引である。世界食糧計画にはささいな取引だったが、レソトの農家にとっては、その年唯一の収入源であり、大事件だったのだ。世界食糧計画は買い付けたトウモロコシを地元小学校の食糧プログラムで活用し、次回の収穫期に余剰があれば、再び買い付けると約束した。クァクハスネックの農民は大喜びで申し出を受け入れ、世界食糧計画に断言した。買ってくださるのならもっと作ります、と。

実をいうと、これが世界食糧計画の最初の先物取引だった。翌年、クァクハスネックと二つの村の農家の収穫量は四倍となり、三二トンを世界食糧計画に売却した。「小さな市場でも、アフリカの農家の生活に大きな影響を与えることもあるのです」と、シーラン事務局長はこの取引を高く評価した。

二〇〇八年九月、五年間で三五万人の農民が収益を上げることを目標とした、P4Pプログラムが立ち上がった。ゲイツ財団はプログラム発足時に、エチオピア、ブルキナファソ、ケニア、マラウイ、マリ、モザンビーク、ルワンダ、タンザニア、ウガンダ、ザンビアの一〇カ国に六六〇〇万ドルを投資することになった。農家で篤志家のハワード・バフェットは、リベリア、シエラレオネ、スーダン、中南米では、エルサルバドル、グアテマラ、ホンジュラス、ニカラグアに九一〇万ドルを拠出。ベルギー政府は、元植民地域のひとつだったコンゴ民主共和国に七五万ドルを寄付した。

アフリカ農業のバリュー・チェインはひとつひとつのリンクが強化されていくだろうと、ゲイツ財団は考えていた。信頼できる市場に参入した農家が、収量を上げるために最善の種子や肥料を仕入れ先の商店に求めれば、科学者に対して品種改良を求める新たな需要が生まれる。国連でプログラムを発表する際、ビル・ゲイツは、「最終的にはアフリカの貧しい農村部の多数の世帯にとってメリットをもたらせる、持続可能な改革に向けての大いなる第一歩だ」と述べた。

クァクハスネックの事例で明らかになったように、アフリカの農家にとって手つかずだった最大の市場のひとつは、大きな樹の木陰に毎日のように集まる子供たちや、風通しの良いおんぼろの教室で勉強する子供たち、つまりお腹をすかせた小学生なのだ。

P4Pプログラムの参加国のひとつ、マラウイでは、ある涼やかな九月の朝、マガダ小学校の生徒四三〇人が大きなマスクの木の下に集まって、世界食糧計画からの客人を迎えた。乾燥してほこりっぽい空気の中で、咳払いが聞こえる。まるで、この新たな市場が注目を浴びたいがために咳払いをしているかのようだった。農家の皆さんの収穫した作物を与えてください、私たちのような人々がアフリカ全土に数え切れないほどいるんですよ、と。

「胃の中が空っぽでは、一日中座りどおしで集中して勉強に励もうとするのは難しいです」生徒たちの代表として選ばれた一二歳の少年、ミシェック・チワンダが大人びた口調で言った。緑色のシャツ、カーキ色の短パンという制服に裸足のミシェックは、ニュースキャスターになりたいという将来の希望も実現するだろうと思わせる、流暢なイギリス英語を話した。

ミシェックのクラスメートらしき六年生、七年生の少女たちが来客者のため、学校の花壇から花を摘んでいた。赤、黄色、ピンクの花が、三つのプラスチック製コップに生けられ、紫のホロホロチョウのシルエットを施した緑と青のテーブルクロスを敷いた小さな木のテーブルに置いてあった。テーブルは運動場の中央の土の上にあり、足元がぐらぐらしていた。

ミシェックがしっかりと地面を踏みしめて立ち、人々の注目を仰ぐと、世界食糧計画からの視察団にこう言った。「皆さんからの食糧は、僕たちにはとっても大事なものです」

どっしりとした木の向こうで、たきぎとわらぶき屋根の廃材を燃やした煙が、学校の食堂からもくもくと立ちのぼっていた。マガダ小学校のほとんどの教室と同様、食堂には壁がない。大きな銀色の大釜が火にくべられている。たきぎ数本を燃やすと、熱気は金属製の円筒形ストーブパイプを伝わって釜の底に当たる。朝食用のポリッジ（おかゆ）を作っているのだ。

調理器の前後にひとりずつ、一年生から七年生に当たる六歳から一六歳の子供たちが、赤いボウルとコップ、金属製のスプーンを手に、お玉一杯か二杯分のポリッジをもらうために並んでいる。このトウモロコシと大豆のポリッジは地元で「リクニ・ファラ」と呼ばれ、一日に生徒が平らげる量は合計で約五〇キロになる。生徒たちのほとんどは、このポリッジが一日のうちで食べられる唯一の温かい食事である。

その日の朝、リクニ・ファラはマラウイ全土の学校で用意された。ここ以外の四八八校でも、およそ五〇万人のお腹をすかせた生徒たちがボウルとコップ、スプーンを手に列を組んだ。二〇〇七年から〇八年にかけての学期、小学生たちはトウモロコシ一万五〇〇〇トン以上、トウモロコシと大豆のミックス八〇〇〇トン以上を食べた。約八〇パーセント、金額にして四五〇万ドルの材料は世界食糧計画が購入し、学校に配ったものだ。学校は、政府プログラムに従い、わずか一～二エーカー（約〇・四～〇・八ヘクタール）の土地を耕すマラウイ農家に肥料や種子の購入代金を補助し、食べきれなかった作物を買い上げてくれる唯一にして最大の市場だ。ここがなければ、需要を上回った作物は買い叩かれ、農家の意欲を失わせていたはずだ。

「学校給食制度の導入が、我が国の農家に格好の機会をもたらしてくれました」マダガ小学校で集まった生徒たちのあいだを歩き回りながら語るのは、世界食糧計画のパトリシア・ソーキラだ。「この制度のおかげで、生産量を可能な限り伸ばしてみようという気持ちが芽生えたのです」

アフリカの学校給食プログラムは当初、教会や国際慈善団体が実施していたが、一九六三年に発足した世界食糧計画に受け継がれ、子供たちに食事を与える、登校率を上げるという、二つの目標を常に掲げてきた。食糧不足の地域では、毎日食事を与えることが何としてでも達成すべき目標であり、学校が子供たちにとって魅力あるものとなり、通い続ける誘因になる。学校給食プログラムは、貧しい親たちにとって、子供たち、特に少女を家事労働に従事させず、学校に行かせようという強い動機となる。食いぶちが減るのは大きいからだ。栄養状態が悪いために、およそ四分の一の子供たちが標準体重を下回り、約半数が発育不良の状態にあるマラウイでは、最貧層の一部には学校でトウモロコシも配給されている。これが、通学の経済的なメリットにもなっている。給食制度の開始後、マガダ小学校の出席率は二倍になった。

アフリカのほかの食糧プログラムと同じく、市場はその後にできあがる。学校給食制度は、国際的な食糧援助活動の一環である飢餓救済措置とみなされていた。アフリカで給食を導入する大半の学校が、地元産以外の食材で給食を作っている。

Ｐ４Ｐは、自国の飢えた生徒たちに食事を与えるという新たな目的をもたらした。学校給食は援助活動ではなく、その国が発展する手段となる。このプログラ

2007年、マラウイの農村部にあるマガダ小学校の生徒たちが、地元農家の育てたトウモロコシと大豆で作ったポリッジ（おかゆ）を食べる。マラウイの小農にとっては、お腹をすかせた生徒たちが主な消費者だ。

ムで、世界食糧計画の買い手としての信頼度も上がる。世界食糧計画は、飢餓の状態の深刻度に応じて市場から撤退することもなく、学校給食プログラムに一定量の必要な食糧を供給し続けるからだ。この市場はまた、自発的に成長する市場でもある。学校に魅力を感じる子供たちが増えるほど、アフリカ農家の市場は拡大するのだ。

しかも、その市場は果てしない。二〇〇七年、世界食糧計画の学校給食プログラムは、約一〇〇〇万人のアフリカの子供たちに食事を与えた（この数は、世界食糧計画が支援している全世界の貧困国の子供たちの半数に相当する）。世界食糧計画は、政府や国際支援機関、慈善団体が運営するプログラムから食糧を得ている子供たちが、もう一〇〇〇万人いると推測している。合わせると、二〇〇〇万人の子供たちが七二万トンの穀類と豆を食べていることになる。

しかしこれは、アフリカ農家にとって有望な市場としては、はるかに小規模だ。国連機関は、学齢に達したアフリカ大陸の子供のうち、空腹の状態で学校に通っている子供たちはまだ二三〇〇万人いると推測し、世界食糧計画は一日一食を全員に与えるには、一二億ドルの食糧を購入しなければならないとしている。このほかに、学校にすら通えない子供たちがさらに三八〇〇万人いると、国連はみている。

膨大な可能性を持つ学校給食市場は、農業生産の向上を考えるアフリカの指導者たちから注目を浴びている。アフリカ大陸各国が独自に良好な社会統治と経済成長、自立を促すために設立した〈アフリカ開発のための新パートナーシップ〉（ＮＥＰＡＤ）は、五〇〇〇万人の学童を国産の食品で育てるという目標を掲げた。また、各国政府や民間企業に食糧供給プログラムを主導するよう呼びかければ、慈善団体や救済組織の善意を上回るメリットが継続的にもたらされる。ＮＥＰＡＤは、一日一度の食事に加え、毎月の食糧配給で年間五〇〇万トンの食糧需要が創出されると算出している。これは、最大二〇〇万人の小農によって供給が可能な量だという。

マルグラテ・オシテニは、いつの日か学校給食プログラムの一員に加わりたいと考えるようになっていた。マガダ小学校の朝礼では、自分の娘である一四歳のグレース、一二歳のトマイダとともに、世界食糧計画の視察団の歓迎を指揮する要となった。オシテニは、娘たちは食事がもらえなければ学校には行かなかっただろう、と語った。「食べ物を買うお金を稼ぐために、半端仕事をしていたでしょう」自宅ではトウモロコシを育てているが、一年を通して家族を養える量はとうてい収穫できないという。「娘を働かせなければ、家族を養えない状態でした」

だが、地元の食材を使う学校給食プログラムのおかげで、マラウイのほかの農家も家族を養えるようになった。オシテニは感謝し、彼らの計画に大いに影響を受けた。マスクの木の下で生徒たちが集まるのを目にしながら、オシテニは自分の労働力を対価として評価する市場を初めて目の当たりにした。そこで彼女はあることを思いつく。良質な種子や肥料で収量を上げることができれば、資金ができる。そうすれば、この国の飢えた子供たちに食事が与えられる。「そんなこと、できるとは思っていませんでした」と、オシテニは言った。

マラウイの南に隣接するモザンビークのナゾンベ村では、別の農民グループが、節くれだった手で作った主要作物を市場で売りさばこうとしていた。彼らは衣料品ブランドを開発した。レシピも作っていた。コマーシャルソングまで作っていた。エチオピアのエレニのように、生産と並行して市場を開拓する重要性を認識していたのだ。エレニは商品取引所のオープニングベルを鳴らしたが、この地の農民はコマーシャルソングのオープニングを繰り返し歌った。「お気に召したら、お子さんにオレンジサツマイモを毎日与えましょう。体にとってもいい、オレンジサツマイモを！」訪問者を女性たちのコーラスで出迎え、オレンジサツマイモの栽培試験にいざなう。月桂樹よろしくサツマイモの緑のつるを頭に飾り、腰には幅広の鮮やかなオレンジの布をスカートのように巻いている。歌と拍手は次第に大きくなり、次のフレーズへと続く。「オレンジサツマイモを食べると乳の出が良くなるよ。あたしたちはオレンジサツマイモを食べて育った。体にとってもいい、オレンジサツマイモを！」

ビタミンAを豊富に含み、アメリカでは感謝祭ディナーでおなじみのオレンジサツマイモは、たしかに体にいい。ビタミンA不足が原因で、失明や発育不良、免疫力の低下に苦しむ子供たちは、アフリカには数え切れないほどいる。飢餓対策としてオレンジサツマイモを普及させるかどうかをめぐり、栄養学者とその他勢力とのあいだで、専門的な論争が長く続いていた。しかしアフリカでは、サツマイモの色は白か黄色なのが普通だ。オレンジ色の食べ物をテーブルに並べるのは、墓地にまぶしいネオンを置くようなものだ。オレンジサツマイモの普及を考える人は、ごく少数だった。

このように、「まず育てよ、売るのはその後だ」という考えが常識で通るアフリカ大陸では、オレンジサツマイモの栽培計画は、たしかに失敗だった。初期にオレンジサツマイモの栽培を手がけたウガンダのとある農民グループは、買い手不足で収穫の三分の二が市場に出せないと、彼らは口角泡を飛ばして怒った。失望した農民たちは、腐りかけのオレンジサツマイモを薄切りにし、鶏や豚の餌にした。

ところがハーベスト・プラスという団体がオレンジサツマイモの新品種をモザンビーク北部に導入す

ると、供給のみならず需要も動き出した。ハーベスト・プラスは、国際熱帯農業センターと国際食糧政策研究所の事業であり、アメリカ、イギリス、デンマーク、スウェーデンの国家開発機関のほか、ゲイツ財団が出資者に名を連ねている。この団体の使命は、鉄、ヨード、亜鉛、ビタミンAといった微量栄養素を多く含んだ小麦やトウモロコシ、豆、イネ、キャッサバ、サツマイモの品種を開発することだ。どの作物もアフリカ全土ですでに広く消費されているが、オレンジサツマイモだけは販促キャンペーンが必要だった。

「ヘルシーなスイーツの登場だ！」モザンビーク・ミランジェの中央市場の売り子、エウゼビオ・コスタが叫ぶ。

「このイモは体にいい！　病気も防げる！」相棒のアグスティン・ンクワンガが大声で言う。

オレンジ色の野球帽をかぶった二人の行商人は、サツマイモのキャラクターを配したロゴ入りのバイクに乗っている。彼らは明るいオレンジの塗装が目にまぶしい、できたてのコンクリート造りの売店の中に立った。店の前にはオレンジ色の看板が掲げられている。

「ビタミンAが豊富なオレンジサツマイモ販売中。」

ハーベスト・プラスは、ミランジェの街中をオレンジ色に染めた。地域センターの一団がオレンジの

2007年、モザンビークのミランジェ村。マーケットの壁には、ビタミンAが豊富なオレンジサツマイモを食べるよう呼びかける言葉が書かれている。

衣装を着て地域を練り歩き、ドラマやコメディを交えてオレンジサツマイモの普及に努めた。ラジオのコマーシャルでは、良質の栄養の必要性を訴えた。オレンジの壁には、一家が集い、オレンジサツマイモを食べている壁画が描かれている。オレンジは健康と良質な栄養素の色となった。「オレンジであることが好都合なんです。特長が目に留まらなければ、もっとやりにくいですし」と語るのは、国際ポテト・センターとヘレン・ケラー・インターナショナルと合同でサツマイモの草の根キャンペーンの調整役をしている人道支援団体、ワールド・ビジョンの補助作業員、リチャード・ダヴだ。ダヴはオレンジ色のシャツを着て、オレンジ色のトラックを運転している。

オレンジ・キャンペーンは効果を上げていた。二〇〇八年初頭には、ミランジェ地域は、オレンジサツマイモで作ったフライ、ロールパン、ケーキ、ジュースと、オレンジの食品であふれかえった。ナゾンベの女性たちがサツマイモのポリッジ、サツマイモと卵、サツマイモとココナツミルク、サツマイモとピーナッツと、歌でお気に入りのレシピを紹介する。

ミランジェ中央市場では、売り子のコスタが十分なサツマイモを仕入れられずにいた。「朝の八時であらかた売れてしまうんだよ」と彼は話す。明け方、コスタは地元農家から五〇キロ入りのサツマイモを四袋仕入れて商売を始める。だが、二時間経つと四つ目の袋の底が見え始め、相棒が自転車で五袋目を買いに走るのだという。

通りの先にあるロサ・ソージーニョ・ドワルチェが営む小さな雑貨店では、彼女手作りのオレンジサツマイモのカップケーキが飛ぶように売れるという。「作るそばから売れていくのさ」と、ある土曜日の朝、ドワルチェは言った。小さな電気式オーブンで一度に焼けるカップケーキは七個。「もっと早く店を開ければ、六〇から一〇〇個は売れるね。お客さんは順番待ちリストに名前を書いていくんだ」

ドワルチェは週に六〇ポンドのオレンジサツマイモを使い、町に売りに来た農家から直接購入している。店がミランジェの大通りに面していて、途中に学校や病院がある場所なら、もっと大きなオーブンが入れば売上が二倍にも三倍にもなるはずだと彼女は思っている。店の前に掲げた看板——もちろんオレンジ色だ——には、こんな宣伝文句が書いてある。「目がよく見えて、健康にもいい、オレンジサツマイモのケーキを販売中」

ドワルチェはウィンクすると、栄養をとるためにケーキを買う人ばかりではないと言った。「小麦で作ったケーキよりおいしいって人がたくさんいるのよ」

もうひとりの店主、アイッサ・ソアレスは、店の脇で大きなかまどに火を熾（おこ）していた。店内では種子、鍬（くわ）、じょうろ、鉈（なた）、文具、ノート、石けんなどを売っている。ソアレスは店の裏で、オレンジサツマイモのパン——彼女いわく「黄金のパン」——を焼き、週に四〇〇キロあまり売りさばく。「商売はうまく行ってるよ。もう一軒店を増やしたいね」とソアレス。「だけどそうなったら、オレンジサツマイモを安定して手に入れる手段が必要になる」

市場は生産を一定の割合で増やせるほどに成熟した。ミランジェ郊外、ダヴのチームは、オレンジサツマイモの栽培用に五エーカー（約二ヘクタール）の雑木林を開墾した。四隅をちょっといぶすと、雑木林に火が回り、ネズミや害虫がその場から退散する。大勢の少年たちが火元のそばにうずくまってネズミを待ちかまえ、棒で突き刺し、炎にかざして焼いて食べる——マウス・ケバブ。この土地ではごちそうだ。ハーベスト・プラスの職員たちは、一万八〇〇〇人の飢えた家族に苗を配り、自分たちの手でサツマイモ生産を始めさせるのを目標としている。

農業を営むトマ・ガスティンは、できる限り苗を手に入れたかった。オレンジ・キャンペーンのパフォーマンスを見物していたし、オレンジサツマイモが栄養的にも優れた食品であることにも魅力を感じていた。何よりオレンジサツマイモが市場で新たな活気をもたらす手ごたえを感じたガスティンは、この作物に強い関心を持ったのだ。彼は小さな農場をもう一エーカー（約〇・四ヘクタール）広げ、キャベツ、タマネギ、レタス、トウモロコシの隣にオレンジサツマイモの栽培を始めた。最初の収穫で一一〇〇ポンドのオレンジサツマイモが売れると、もっと売れという市場の声を聞きつけた。「オレンジサツマイモは宝の山だ」と、畑に立ったガスティンは言った。裸足のまま、白黒の縞のベレーをかぶった彼の姿は、まるでスカンクを頭に乗せて落とさないようバランスを取っているように見えた。ガスティンはオレンジサツマイモの苗を植えるため、あと二・五エーカー（約一ヘクタール）分の雑木林を開墾した。彼は、大事な「商品」の一部を自宅で食べてしまうのだという。「オレンジサツマイモがなかったら朝食じゃないよ」とガスティン。「俺は五二歳。オレンジサツマイモを食べるようになったら、この年にしては丈夫になった」と、両手を挙げてボディビルダーのようにポーズを取った。これは効果の高いセールストークだ。作物を育てるだけでは足りない、市場の拡大が必要なのはガスティンもわかっている。

これが、アフリカで飢餓と栄養失調に苦しむ人々への支援として開花しつつあった、基本的なビジネスノウハウの一例だった。

15章 現場主義

ダボスからダルフールへ

「一、二、三、四、五……」

　オランダの大手貨物会社、TNTのピーター・バッカー会長が五つ数え、こう言った。

「我々が住むこの世界で、五秒にひとりの子供が飢えで死んでいる」

　バッカーは押し黙った。視線を足元に落とす。頭の中でもう一度数を数える。一、二、三、四、五……。

　視線を上げ、バッカーは言う。「私が五秒間黙っているあいだに、またひとり子供が死んでいる」

　国連事務総長、世界銀行総裁、国連世界食糧計画（WFP）の事務局長、国家の首長、多国籍企業の最高経営責任者（CEO）や社長多数、ベルギーやオランダの王族。二〇〇八年一月、スイス・ダボスで開かれた世界経済フォーラムに集まった政府高官や経済界の大物たちは、沈黙の一秒一秒を決まり悪そうに過ごしていた。

彼らはアルプス山脈のふもと、ダボスという、貧困とは最も縁遠い場所に集まっていた。だが、切り立った雪の坂道をおぼつかない足どりでざくざくと音を立てて歩いた先の会場には、アフリカのような光景が広がっていた。TNTのスタッフが、世界経済フォーラムの会場にタンザニアの校舎を再現したのだ。壁にはベニヤ板を、屋根にはトタン板を使い、ナベレッラ学校と名付けた。校舎の裏には発展途上国の惨事の象徴、白の難民テントを組み立てた。冬のスイスで気取った参加者たちが耐えられるよう、暖房と室内トイレを据え付けた。到着するや、ゲストらにはアフリカの学校給食プログラムの標準食である、トウモロコシと大豆のポリッジ（おかゆ）がたっぷり注がれた赤いプラスチックのコップと、つつましやかな食材が盛られた皿が供される。

バッカーは、飢餓と闘う巨大事業への参加者が現れるのを期待していた——場合によっては腕ずくでも仲間に引き入れるつもりだ。

一、二、三、四、五……。

またひとり、子供が死んだ。バッカーは、みずからの良心と自責の念をあらわにして言った。「この問題にどう目を向けるべきか——子供たちに食糧を与えられるなら、飢餓の問題をどうやって防げるのか——それなのに、これは自分たちの役目ではないと言って、何の手段も講じていない」

行動を起こして一刻も早く人を動かす。これは厳密には彼の仕事だった。バッカーは、物流上の問題を解決する立場にある。だがこれには問題がある。恐ろしい問題が。世界には食糧があふれているのに、それでも飢えで苦しむ人々がいる。貨物輸送会社の会長として、バッカーは何をしてきたのか？

バッカーは正直に述べた。「当社はゴルフ・トーナメントの出資者（スポンサー）でした。四日間のゴルフの試合に三〇〇万ユーロを投じて。F1カーのスポンサーになりたいとも思いました」オランダの同朋と同じく、バッカーも大柄なスポーツマンだ。彼はオランダでも一、二を争う巨大企業にふさわしい活動について話し合おうとしていた。はたしてそれは、ダッチ・オープン・ゴルフ・トーナメントの主催者か、それともレーシングカーのいたるところに自社のロゴを貼り付けることか？

二〇〇一年一一月、アムステルダム発シドニー行きのフライトの途中、バッカーはそんな選択肢に思いをはせていた。当時を彼はこう述懐している。「長いフライトだったので、新聞や雑誌をいくつも読んだのですが、その中に、9・11が起きた理由を問いかける記事がありました。貧富の差が狂信的な集団を作る基盤となることを論じた記事です。そこに、こんな一文がありました。『この問題について、あなたなら何をしますか？』と」

バッカーは時計で時刻を確認した。飛行機が出発するまでまだ一〇時間ある。「あなたなら何をしますか？」この問いかけが彼の脳裏に引っかかっていた。ゴルフ・トーナメントの主催者？ F1レーシングカーへの広告出稿？ 彼は思いつくままに紙に書き留め、アイディアをいくつか練った。

乗り継ぎのため、バッカーはシンガポールに数時間滞在した。荷物の中からラップトップを取り出した彼は、アムステルダムの本社にいる経営陣にメールを送った。「世界の出資者として、我が社に何ができる？」

TNTの広告出稿統括者のルード・オールリッヒが、地球の裏側で電子メールソフトの受信トレイを開き、頭をかいた。「何かあったのか？」と、オールリッヒは思った。「どういうことなんだ、世界の出資者なんて」

バッカーは答えた。「世界の救済にかかわる人々のパートナーになろうじゃないか」

CEOの命を重く受け止めたオールリッヒとTNTの社員は調査に乗り出し、六〇を超える団体の活動を検討した。政治的に中立で世界的な取り組みをめざし、かつTNTの物流の専門知識が活かせる問題に取り組んでいる団体が最適だ、バッカーはそう提案した。TNTの経営陣はタンザニアの難民キャンプを訪ね、いくつかの国連機関の活動を見学した。難民キャンプには、いたるところに物流上の問題点があった。ひとつ目を引いたのは、世界中のさまざまな場所から届いた食糧を、飢えた人々の居住地に送るために奮闘する援助スタッフの姿だった。送り先の居住地では、日々飢えた人が増えているうえ、流入してくる人が抱えた問題にも差がある。

世界食糧計画との提携を勧める提案が、バッカーのデスクに届いた。提案を読むにつれ、バッカーはこれ以上のパートナーはいないと確信した。世界食糧計画は食糧の世界で、TNTのように機能している。彼は当時の世界食糧計画事務局長、ジム・モリスと会った。モリスも民間企業との提携や、世界中の政府からの寄付で資金をまかない、支援基盤を多様化させるべきだと考えていたところだった。二人は固い握手を交わした。TNTは業務面のスキルを世界食糧計画に提供し、世界でも深刻な悲劇であり、難題でもある、食糧が余っている地域から、ほとんどない地域への輸送手段の問題解決に協力する。そのときバッカーはこう述べた。「当社は貨物をA地点からB地点に運ぶ。飢餓の解決に貢献できる単純な行為だ。当社がこれから取り組むのは、余った食糧を集めて飢餓地域に送るという、もっと難しい問題なのだ」

民間企業が旧来の枠組みを破りつつ社会的責任を担い、世界の大きな問題を各自の専門知識で解決し、社会の再建において役割を担うこと、それがパートナーシップの狙いである。企業の慈善事業は数十年前から展開されてはいるが、企業の社会的責任への動きが積極化したのは八〇年代になってからだ。アパルトヘイト時代の南アフリカで事業展開を図っていた欧米企業は、自社の黒人社員やカラード（白人・黒人の混血）の社員の生活環境の改善に力を入れなければならないという強い圧力を受けていた。国家の法律に人種差別を盛り込んでいた南アフリカから利益を得ている多国籍企業は、こうした暴力的かつ非人道的な法体系を受け入れているとみなされていた。

欧米の企業に向けた行動規範が作成された。これは、アメリカ人反アパルトヘイト活動家、レオン・サリバン牧師にちなみ、「サリバン原則」と名付けられた。すなわち、政府が見過ごしていた社会的正義や地域社会の改善活動に、企業が積極的に社員を関与させるよう義務付けられたのである。企業は住宅や学校を建設し、浄水や療養所などの開発プロジェクトに資金を投じ、事業展開している地域の食事や医療など、日常的な需要に対応した。株主や異議を唱える者たちは欧米企業に南アフリカへの投資をやめるよう迫ったが、企業は南アフリカでこのままサリバン原則を遂行すると明言した。サリバン原則は、今やすべての発展途上国で期待される企業行動となっている。

だが、世界食糧計画とのパートナーシップで、TNTは事業を展開している国の住民や社員の救済をはるかに超えた支援に乗り出したのだ。世界食糧計画への支援を事業戦略に盛り込んだのだ。バッカーは〈ムービング・ザ・ワールド〉という別途の事業組織を設立した。オールリッヒが社長を務め、当初、資金として五〇〇万ユーロが投じられた。バッカーは地元のサッカーチームやレクリエーションクラブといったスポーツの支援から、〈ムービング・ザ・ワールド〉に至るまで資金を投入した。眉をひそめて難色を示す者も大勢おり、社内で怒声が聞こえたのも一度ではなかった。それでもバッカーは、大舞台へと突き進んでいった。

TNTが世界食糧計画に対して最初に行ったのは、イタリア南部のブリンディジにある世界食糧計画の供給倉庫の規模を二倍に拡大するプロジェクトだった。食糧危機が世界のどこかで起こったとき、救援活動はブリンディジから始まることが多い。世界食糧計画は一二〇〇万ドルの予算で、倉庫の拡大と倉庫業務の合理化を図った。TNTの倉庫の専門家がブリンディジの入出庫の流れを調べた結果、三〇〇万ドル未満の経費で在庫量を二倍にすることができた。九〇〇万ドル以上の経費削減が達成された。

バッカーは数字を動かすビジネスマンだ。「三五ドルでひとりの子供の学校給食プログラムを一年間継続できる。九〇〇万ドル以上あれば、ほぼ三〇万人の子供たちに給食を与えられる」と、バッカーは試算している。TNTの主幹事業である物流の混乱を解決すれば、資金と生命の両方が助かるのだ。それまでTNTがやったことのなかった活動だ。

二〇〇三年一二月七日、TNTは三〇〇機のエアバスに三三トンの救援物資を積み込み、世界食糧計画としては史上初の民間投資による空輸で、飢餓に苦しむチャドのスーダン人難民に食糧を供給する支援を実施した。二〇〇五年、インド洋に津波が押し寄せた後、壊滅的被害を受けたインドネシアのバンダ・アチェに、世界食糧計画が派遣した最初のトラック部隊がTNTだった。パートナーシップの最初の五年間、TNTは三〇件以上の食糧危機の支援に駆け回り、一〇件を超える緊急空輸を成功させている。

輸送機器による貢献以外にも、ＴＮＴの社員は自発的に自社の物流知識を世界食糧計画の現地担当者に伝えた。二〇〇三年、食糧空輸がフル回転で行われていたアフガニスタンのカブールで、ＴＮＴの空輸専門家チームが大勢の世界食糧計画スタッフに航空管制官の研修を実施した。トラック輸送のマネジャーは、コートジボアールをはじめとするアフリカの飢餓地帯に赴き、世界食糧計画のトラック輸送の編成を組み直して、トラックが利用されない時間を減らした。ガーナやドバイなど世界の主要都市に世界食糧計画が人道支援対応倉庫を建設するときは、ＴＮＴの倉庫業務の専門家が支援に当たった。ＴＮＴは自社のＧＰＳ技術を導入して、リベリアの倉庫と学校の位置を地図上に落とし、二〇〇〇校を超える全国規模の学校給食プログラムで、コストを削減し、しかも効率よく食材を運べるようにした。こうした事業はすべてＴＮＴが費用を負担し、ムービング・ザ・ワールドの予算をやりくりして、緊急時の需要に対応した。立ち上げ当初の資金の二倍を調達する年もあった。

ＴＮＴは国連機関に、結果責任、透明性、リスクマネジメントに対して企業のアプローチを促すよう主張した。このことがきっかけで、世界食糧計画支援でのバッカー本人の財政上の責任が問われることになる。彼はダボス会議でこう語った。「取り組みに懐疑的な人々は、株価がどれだけ上がったか、収益がどの程度上昇したか知ろうとしました」

バッカーが言いたかったのは、世界食糧計画とパートナーシップを結ぶことでＴＮＴの評価は高まり、社員のあいだにモチベーションが生まれたことだ。彼は、オランダでの年間企業評価ランキングを引き合いに出した。「二〇〇一年に二六位だった当社が二〇〇八年には四位になったのです」ＴＮＴの社員一六万人のうち四分の一を対象とした社内調査によると、回答者の七八パーセントが世界食糧計画とのパートナーシップ締結を機に、今まで以上に勤務先を誇りに思うようになったと答え、パートナーシップに個人的に関わっていると答えている社員は五〇パーセント以上にのぼった。TNT社員からの世界食糧計画への寄付金は、パートナーシップ締結から五年で八〇〇万ユーロに達し、そのうち一万七〇〇〇ユーロは、一〇人のイギリス人社員がスポンサー契約をとりまとめ、航空アクロバットショーを催して得たものだ。彼らは複葉機の翼のあいだに体を固定させ、イギリスの田園地帯を遊覧飛行した。こうして集まった寄付金は、企業からの拠出も合わせ、五八〇〇万食の学校給食の資金となった。

マラウイ、タンザニア、カンボジア、ニカラグア、ガンビアの世界食糧計画学校給食プログラムの現場へ、ボランティアとして参加した社員も少なくない。現地に飛んだ彼らは、花壇の作成、トイレ用の穴掘り、集水システムの設計、倉庫の建設にたずさわり、活動の様子はブログや社内報の記事で世界中の同僚に報告した。「みなすばらしい書き手ですよ」と賞賛するのは世界食糧計画のジョン・パウエル副事務局長だ。「ある意味、我々が長いあいだ忘れていたことを詳しく文章にしてくれていると思います。TNTのある社員さんが、当団体の食糧供給プログラムで支援している、あるエイズ患者について書いておられました。患者さんの体重は三〇キロしかないとのこと。『飛行機の預け入れ荷物より軽い』と仕事で扱う荷物を例に挙げ、この女性の体重がいかに軽いかがとっさに連想できる表現でした。要はすべて、世界食糧計画の使命、世界食糧計画とのパートナーシップを新たな視点で見るということなのです」

パートナーシップ締結当初、バッカーは企業に与えられた使命を楽観的にとらえてはいないかと案じていた。「一〜二年、当社は道義的な活動をしているのかと悩んでいました。当社の活動を見ていた他社さんから、理想を求めすぎていないかと尋ねられたこともありました」

だが、ヤン・ウィレム・マースがすぐに仲間になってくれた。国際企業、ボストン・コンサルティング・グループ（BCG）のシニア・パートナー兼社長を務めるマースは、アムステルダムを拠点に活動しており、二〇〇二年一一月、バッカーの新事業に関する記事をオランダのニュース雑誌で目にする。「ピーター（・バッカー）はこう語っていた。『当社はF1やゴルフトーナメントのスポンサーにはならない。世界食糧計画と提携する』」ページからほとばしるバッカーの情熱に触発され、マースはTNTの最高経営者にボストン・コンサルティング・グループが役立てることはないかと手紙を書いた。

ボストン・コンサルティング・グループは世界食糧計画の企業パートナー第二号となり、世界食糧計画の大義に賛同する企業集めにとりかかった。それがコンサルティング会社の業務だからだ。「当社はワクチンを開発しません。しかし優秀な人材集めに貢献できます」マースはダボス会議でこう語った。

ボストン・コンサルティング・グループはTNTと協力し、世界食糧計画が企業から資金を調達する戦略を作成した。マースの説明によると、この戦略は世界食糧計画の活動に利益をもたらす製品やサービスを展開している企業と、企業パートナーシップを締結するというものだ。広告、自動車、飲料、コンピュータのハードウェアとソフトウェア、クレジットカード、ホテル、インターネット、航空会社、金融機関、食糧生産者、保険、石油、ガス、製薬、開運、電気通信といった産業がパートナーシップの対象となった。

オランダの二大栄養食品企業、ユニリーバとDSMが最初にパートナーシップを結んだ。「当社では食品と健康にかかわる商品を取り扱っています。当社の事業活動は、ほぼ全世界を網羅しています」と、塩やスパイスから石けん、シャンプーまでを扱うユニリーバのパートナーシップ開発担当シニア・ディレクター、パウルス・ヘルシューレンが説明した。「当社は常時一五〇人体制で栄養強化食品に取り組んでいます」同社は世界食糧計画の学校給食プログラム向けに、〈ブルーバンド〉や〈ラーマ〉ブランドのマーガリンの栄養分を強化するなどしている。

ユニリーバは、一日一ドル未満で生活している世界の最貧層の一〇億人を、将来有望な市場になるととらえている。「しかし、まず健全な社会を実現しなければ、そうした市場も生まれません」とヘルシューレン。TNTと同様、ユニリーバも世界食糧計画専任事業部〈子供の体力増強のために〉を結成して、パートナーシップを管理している。「歴史的に見て、企業の慈善事業は、団体に金銭を拠出するものでした。しかしこのやり方では、継続が難しいのです」とヘルシューレンは話す。「次期会長の夫人が、別の慈善事業を展開するかもしれない。活動を継続させるには、それを企業の事業活動に組み込む必要があります」

ビタミン食品界の世界最大手メーカーDSMは、食糧を支援する最大の機関と歩調を合わせるべきという考えに思い至った。「当社の目標は、ビタミンとミネラルが豊富な食糧を援助することです」と語るのは、DSMの世界食糧計画パートナーシップ担当マネージャー、フッコ・ウィンチェスだ。「これまで食糧援助では、カロリーの提供を重んじてきました。当社では、先端科学を食糧に取り入れたい、良質な栄養素も加えたいと考えています」

DSMでは、世界食糧計画が配布する食糧の栄養強化のための仕様と基準の作成に乗り出し、〈スプリンクルズ〉という、子供向けに毎日摂取するビタミン・ミネラルサプリメントを開発した。一グラムのパウダーに、ビタミンAからEまでの全種類のほか、葉酸、亜鉛、銅、ヨウ素が配合されている。コーヒーシュガーのように小袋のパッケージに入れられ、学校給食プログラムで標準食として供されるポリッジに振りかけることができる。

ダボス会議では、DSMのフェイケ・シーベスマ会長は席から勢いよく立ち上がると、キャンディのような色の小袋をいくつか振りかざした。「この〈スプリンクルズ〉を二〇〇〇万個寄付します」と、シーベスマ会長は世界食糧計画のジョゼット・シーラン事務局長に語った。シーベスマ会長は着席し、再び背筋を伸ばすと、同席したビジネス界のリーダーたちに向かって言った。「機能不全におちいった社会で、成功は遂げられません」

ピーター・バッカーは微笑んだ。彼の計画も進展していた。雪の中にアフリカの校舎を最初に建てた三年前、彼の呼びかけに答えたのは二人だけだった。実業界には、飢餓に対して策を講じる気運がなかったのだ。そして二〇〇八年、ダボスに造られた校舎の中で八〇名がひしめき合い、黙ったまま、バッカーと一緒に数を数えた。

一、二、三、四、五……。

「ここで我々が達成を望むのは、生き方を変えることです」バッカーは集まった人々に呼びかけた。「寄付をお願いしているのではありません。ただ、ご自分で考え、問いかけてみてほしいのです。『世界の子供たちを飢えから救うため、自分は何ができるだろうか』と」

携帯通信の大手、ボーダフォン・グループのヨーロッパ事業担当CEO、ヴィットリオ・コラオには、ある考えがあった。「情報の流れを加速し、食糧が不足している地域と飽和している地域との橋渡しが可能だ」コラオが「刺激を受けた」と語ったダボスの夜を契機に、世界食糧計画とボーダフォン・グループはパートナーシップ締結を検討し、後日、実現に至った。コラオは具体的な提案として、ボーダフォン・グループは世界食糧計画と協力のもと、飢餓が著しい地点（ホット・スポット）に緊急通信ネットワークを早急に確立する体制を実現させると述べた。

「今回の会議で、テクノロジーには、機会を平等にもたらす平衡装置としての役割があるのだと考えるようになりました」とコラオは話す。世界中のすべての人々が、食に対して平等な機会を与えられるべきだと彼は考えている。

カーネル・サンダースも同じことを考えていた。

ファストフード界を象徴する白ひげのおじさんは、お腹をすかせた人たちへの寄付を募る一方、シカゴ郊外のタコベルＫＦＣレストラン（訳注：タコスを売るタコベルとＫＦＣを合体させた業態のレストラン）に写真を貼るなど、昔ながらの手段で募金を集めていた。かの有名なスローガン「指までなめちゃうおいしさです」と派手に書いた空の紙製バケツを抱えて。

「この国に生まれて、何て運が良かったかと考えたことがないでしょう。店に食べに来ればいいのですから」通りを下ったところにある会計事務所の三人の女性が店に入ってくると、カーネル・サンダースはそう問いかけた。三人はバケツに一ドル紙幣を入れると、カーネル・サンダースに抱きついた。ポラロイドカメラのフラッシュが光る。「ありがとう」と、カーネル・サンダースは胸の貯金箱に入った募金を揺らして言った。「このお金で、自分たちで食べ物を手に入れられない人たちに食べ物が届きます」

このカーネル・サンダースは、本名をボブ・トンプソンという。ＩＢＭのプログラマーを退職後、ケンタッキー州ローレンスバーグ市の市長を務め、外見はＫＦＣのシンボル、ハーランド・サンダース軍曹とそっくりだ（彼の名刺には「ワールド・チキン・フェスティバルの王者、カーネル・サンダースのそっくりさん」と書いてある）。タコベル、ＫＦＣ、ピザハット、ロング・ジョン・シルヴァース、Ａ＆Ｗオール・アメリカン・フードなどのブランドを保有し、一〇〇万人の従業員を抱える世界最大のレストラン・チェーン、ヤム・ブランズ社の設立式で、トンプソンは大の人気者だった。世界中でフィリング入りブリトーやエクストラ・クリスピー・チキンで人気を博したヤム・ブランズ社は、世界食糧計画に活動の場を広げようとしていた。

ヤム・ブランズ社は創立一〇周年を記念し、二〇〇七年に世界食糧計画とパートナーシップを締結した。「全社一丸となって取り組める大きな理念を求めていたんです」と、同社の会長兼ＣＥＯ、デヴィッド・ノヴァックは語る。

人々に「食を与える」企業にとって――「与えすぎ」だという声もあるが――世界中で深刻化している飢餓の問題は、皮肉と当惑という二つの事態がのしかかっていることを意味した。ヤム・ブランズ社はすでにアメリカの〈フードバンク〉という団体に、レストランで余った食事を寄付している。だが、それだけでは、世界的な飢餓の全容を知るには足りなかった。企業ＰＲに格好の活動を率先して探す立場にある、ヤム・ブランズ社広報部門のトップ、ジョナサン・ブラムは、ある日、世界食糧計画のジム・モリス事務局長と新聞社の企画で対談することになった。「モリス氏に手紙を書いたんです。『私たちはお互いのことを知りません。あなたは世界最大の食糧援助機関の人間で、我々は大手レストランチェーンの者です』」と、当時のことをブラムは振り返る。ブラムの提案によって、会合の場が持たれた。「ニューヨークの空港にある航空機の格納庫でした。そこの会議室を借りました。一時間後、会議を終えて部屋から出てきた我々はこう言ったのです。『いやぁ、まさにパートナーシップを結ぶにふさわしい相手だ』と」

だがブラムは、世界食糧計画の活動をまず見届けておきたかった。そこで彼はスーダンへと飛んだ。二〇年間の内戦で荒れ果てた南部のある村にたどり着いたブラムは、薄暗い小屋の中をのぞきこんだ。「餓死寸前の女性がいました。別の村では、栄養失調で亡くなる間際の新生児を抱えた母親がいました。母親のほうも栄養失調で、母乳が出なかったのです」

村から村へとブラムは回り、飢えた人たちの瞳をのぞきこみながら視察を進めた。「心の底から落ち込んで帰国するかと思いました」とブラム。「しかし、自分たちに何かができるのではないかと思い立ち、心を奮い立たせたのです。仲間として、当社に何かできることがあるのではと」

ケンタッキー州ルイヴィルにあるヤム・ブランズ社の本部に戻ったジョナサン・ブラムは、同僚に視察の状況を語ると、世界の飢餓問題の概略について話した。聞き手は愕然とし、絶望のあまり、みな首を横に振った。「飢餓で亡くなる人々の数は、戦争やエイズ、マラリア、結核の犠牲者数の合計を上回るのです」デヴィッド・ノヴァックCEOは言った。「目の前に突きつけられ、『あなたに何ができるのか?』と問いただされてようやく見えてきた問題は、山のようにあります」

ノヴァックは世界食糧計画の活動を視察するため、自社の各部門の役員を連れてグアテマラまで赴いた。二〇〇七年一月、ノヴァックがモリスを招待したハワイで行われたヤム・ブランズ社設立一〇周年パーティが、同社と世界食糧計画のパートナーシップ締結の決め手となった。モリスは、ほんのささいな支援で子供たちは食べ物を手に入れ、人生を変えることができると熱っぽく説いた。部屋にいた全員が感涙にむせんだ。

そこでノヴァックCEOがこう述べた。「我々は一度として、人の命を救ってこなかった」世界食糧計画と提携することが契機となり、彼は飢餓に取り組むことになった。「我々は大勢の命を救える」

二〇〇七年一〇月半ば、ヤム・ブランズ社は、同社が世界一一二カ国で展開する三万五〇〇〇社の関連企業とフランチャイズ・レストランで世界飢餓救済週間を実施し、全世界で開催される〈世界食糧デー〉への参加を呼びかけた。世界食糧計画に貢献できるビジネススキルは何だろうか？ マーケティングである。普段はブランドごとに独自の広告キャンペーンを実施しているレストランが一丸となり、ひとつのキャンペーンで団結するのだ。「当社のフランチャイズ加盟店に、当社のネットワークを利用し、世界最大の問題への関心を広げようと提案しました」とノヴァックは語る。「それまで、すべてのブランドを集めた取り組みなど行ったことがありませんでした。普段はタコベルやKFCで販売するだけです」しかし、このキャンペーンで彼が目指したもの、それは「飢餓救済をお客様に売り込むこと」だった。

世界食糧計画の中には、ヤム・ブランズ社の姿勢を見極めようと慎重な態度を取る者もいた。この企業はいずれにせよ、食で収益をあげてきたのだ。当時を振り返ってブラムは言う。「世界食糧計画がヤム・ブランズ社の意欲に懐疑的な姿勢を取ったのも無理はありません。フライドチキンやタコス、ピザを売りつけようというのか？　そういったものを買うためのタイアップはしないよう、世界食糧計画は細心の注意を払いました。売上の一部にされては困るのです。大事なのは慈善事業への資金提供なのですから」

ファストフード批判派からの攻撃もあった。世界中で広がる肥満の問題は、ヤム・ブランズ社が供する食事で加速しているとの非難に対抗するための、点数稼ぎだというのだ。ノヴァックはこうした意見にいらだちを覚えていた。一兆ドルを上回る世界の食品サービス市場で、ヤム・ブランズ社のシェアは二パーセントであることを指摘し、取材に対してこうコメントした。「当社が世界の肥満問題の元凶だとみなすのは、じつにばかげたことです」

ヤム・ブランズ社の報告によると、世界飢餓救済週間で、一五億人の人々に情報が伝わり、同社社員がさまざまな資金調達プロジェクトに取り組むボランティア活動の時間数は、四〇〇万時間近くにのぼったという。最終的にヤム・ブランズ社がキャンペーンで調達した資金は一六〇〇万ドルに達し、その大半が世界食糧計画の学校給食プログラムに注ぎ込まれた。二〇〇八年、世界飢餓救済週間は一カ月のプロジェクトに拡大し――期間をさらに延長する国もあった――キャンペーンは大看板や店内のポスター、はてはフェイスブック、マイスペース、ユーチューブなどインターネットのメディアにまで広がっていった。ヤム・ブランズ社は企業として世界食糧計画最大の支援者となり、その寄付金額は一部の西欧諸国が拠出する金額をも上回る。

「五秒にひとり、子供が飢えで死んでいくなんて」と語るのは、ウェストバージニア州ホイーリングでタコベルとＫＦＣの両ブランドを扱う店舗を含め、ヤム・ブランズ社のレストラン二一店を統括するデベラ・ジョンズだ。「今日の午後、何人の子供たちがここに来たでしょう?」少なく見ても五、六〇人だ。この子たちがアフリカに住んでいたなら、カーネルおじさんにポラロイドで写真を撮ってもらうあいだに、一二人が亡くなっていることになる。

「ここに来てファストフードをほおばっていると、飢餓のことを考えさせられます」ジーンと名乗る女性はこう言うと、カーネルおじさんとの記念撮影代として一ドルを寄付し、タコスのプレートをしまい込んだ。

「申し訳ない気分になります」ジーンの職場の同僚が言葉を継ぐ。そしてタコスをナプキンで包むと、バッグの中に入れた。オフィスに戻ったら食べますと約束した。

「私たちは毎日大量の食べ物を捨てています」デヴォンという会社員は、カーネルおじさんと記念撮影を終え、フライドチキンとハニー・バーベキュー・ソースのランチを片付けながら話しかけてきた。「アメリカは肥満大国です。世界に食糧が不足している場所があってはならない」

デヴォンの妻、ダナも話に加わった。「企業は影響力も発言力も大きいですから。企業が飢餓対策に力を入れれば、かなりのことが可能になるでしょう。寄付が大幅に増えることはあっても、減ることはありません」

夕方近くなると、レストランの壁には小麦粉が詰まった世界食糧計画の麻袋を描いたポストカードが何枚も貼られる。寄付をした客は全員、このカードにサインをして、「世界から飢餓を撲滅する運動に参加した」ことを誇らしげに示すのだ。

別の客とポーズを取っていたカーネルおじさんが言った。「八億五〇〇〇万人を上回る人々が毎日お腹をすかせているのに、我々は大量の食べ物を捨てている。このことを考え、世界中の飢えた子供たち全員のことを考えてほしい」

四歳のサディア・モハメッド・ヨーシフは、飢餓に苦しむ子供のひとりだ。一家がスーダン西部、西ダルフール州の州都ジュナイナの郊外、サハラ砂漠と境を接したクリンディング難民キャンプにたどりついたとき、サディアは餓死寸前だった。ダルフールの自宅を民兵組織のジャンジャウィードに追われ、一家は約四〇キロ歩き続けた。サディアは途中で自力で立てなくなり、母親の腕に抱かれてきた。〈セーブ・ザ・チルドレン〉の救援隊員たちがすぐさまサディアに寄ってきて、銀と赤のホイル状の袋から食べ物を与えた。袋の隅を切り取り、底をかき回す。さまざまな栄養素を豊富に含み、甘く味つけしたピーナッツバター・ペーストが切り口から出てきた。このペーストを定期的に摂取して数週間後、サディアは再び立ち上がって歩くことができた――話すことも。ある朝、母親が手にしていた袋をじっと見ていたサディアは、棒きれとビニールシートでできた難民用の小屋からよろよろと出てくると、両手を差し出して言った。「プランピーちょうだい」

母のファトマは満面の笑みをたたえて娘を抱きしめた。「この子はプランピーで助かりました」サディアは両手をたたいて喜んだ。

プランピーとは、アフリカの飢えた人々にプランピー・ナッツと呼ばれ、フランス・ノルマンディー地方の草木がみずみずしく生い茂る田園地域で作られた、偶然が生んだ奇妙な名前の食品である。高級フランス料理で有名なこの土地で、民間の中小企業であるニュートリゼットSAS社が、人道的支援だけの目的で量産している栄養強化食品だ。大規模なビジネス基盤を活用して飢えた人々への食糧供給を支援するTNTやヤム・ブランズ社とは対照的に、ニュートリゼット社は飢餓への対応を主な事業とする、数少ない企業のひとつだ。同社の顧客はウォルマートやカルフールのような大手小売業ではなく、国連児童基金（ユニセフ）、セーブ・ザ・チルドレン、国境なき医師団といった人道支援機関だ。食の豊かな国々に暮らす消費者への認知度は低いかもしれないが、世界の飢餓地帯ではよく知られている。

深刻な栄養失調に苦しむ子供たちの治療に新風を起こしたニュートリゼット社は、プランピー・ナッツを世に送り出し、二〇〇三年のエチオピア飢饉で初めて大々的に注目を浴びた。深刻な栄養失調児への標準栄養食だった粉ミルクとは異なり、プランピー・ナッツは水不足に襲われた地域では貴重品の真水と混ぜる必要がなく、母親は袋の隅をちぎり、わが子の口にペーストを流し込むだけでいい。プランピー・ナッツのおかげで、栄養士たちは史上初めて、混雑した緊急食糧配給センターや病院施設もない、疫病が猛スピードで蔓延している地域、栄養失調の子供たちが暮らす共同体や家庭での治療に参加できるようになった。

この「人道主義者たちが長く待ち望んでいた食品」プランピー・ナッツにより、緊急時だけに対応する治療から、共同体で日常的に行う治療への変化が実現したと、飢餓救済を専門に扱うイギリスの政府機関、バリッド・インターナショナルのドクター・スティーヴ・コリンズ所長は言う。「治療を目的とした食事の提供とは、驚くべき技術革新です」

資本主義と人道主義を融合させた――善行で収益を上げる――起業家は、飢餓の終息をめざす革新的なビジネスを次々と生み出していった。たとえば、低価格で設計が単純な足踏み式の水くみポンプは、スポーツジムのステアマスターに似た仕組みで、実に多くの小農の作物に水をもたらした。作柄と収入が飛躍的に伸びたおかげで、彼らは飢餓から脱出できた。この形式のポンプを実用化した二社——キックスタート・インターナショナル社とインターナショナル・デベロップメント・エンタープライズ社——は、発展途上国全体からの簡易な灌漑システムへの莫大な需要を満たすよう、産業にたずさわる企業がこぞって立ち上がってほしいと考えている。「何百万もの人々を貧困から救うのが、我々に課せられた使命です」と語るのは、キックスタート・インターナショナル社の共同創始者、マーティン・フィッシャーで、彼が販売する主力製品は「スーパーマネーメーカー」と呼ばれている。「誰でも技術を活用できるようにするのが、一番有効な解決策なのです」

ニュートリゼット社は、同じ使命をプランピー・ナッツで実現させたいと願っている。プランピー・ナッツはそもそも、一九八四年のエチオピアでの記録的な飢饉に代表される、一九八〇年代前半にアフリカを襲った食糧危機がきっかけで生まれた。当時標準とされていた食糧供給体制はそもそも、第二次世界大戦時の栄養失調の生存者救済活動から始まり、アフリカの莫大な需要を満たしきれるものではなかった。援助食にはさまざまなタンパク質や脂質、

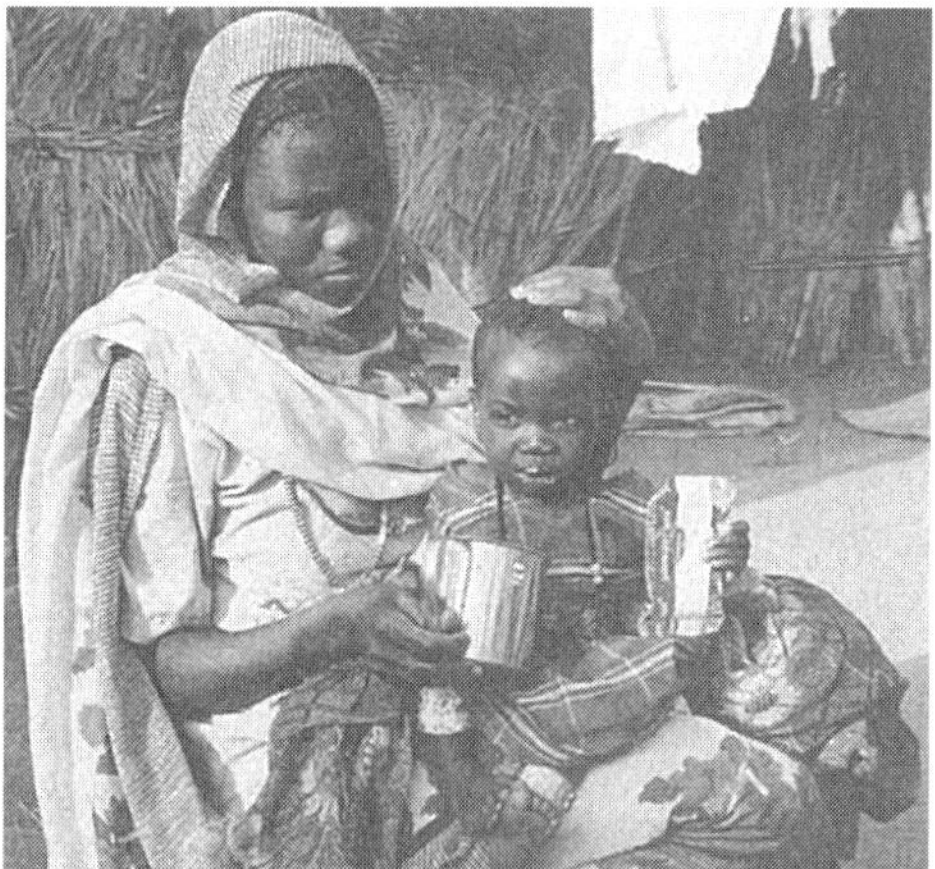

2005年、スーダンのダルフール地方の難民キャンプで、深刻な栄養失調におちいった自分の子供に、栄養補助食品「プランピー・ナッツ」を与える母親。

栄養素が含まれ、消化器がすでに弱っている栄養失調の患者の消化力を上回る量を与えると、症状が悪化するおそれがあった。特に子供たちには効果が強すぎた。しかもアフリカの飢饉では、子供の死者数がかつてないほどの勢いで増えていったのだ。

プランピー・ナッツを生み出したニュートリゼット社を設立したのは、フランスのミシェル・レスカンヌだ。彼はかつて、フランスの乳製品メーカーの研究所で、新製品の開発に取り組んでいた。飢餓に苦しむ子供たちを映し出したテレビを見た後、必要な栄養素を含み子供が食べやすいチョコレート・バーを世に送り出すための研究を、急ピッチで進めた。だが、その製品が市場に出回ることはなかった。「おいしくなかったんです」レスカンヌは渋い顔をして当時を振り返った。「しかもコストが採算に見合わなかった」

その会社はプロジェクトを断念したが、レスカンヌはみずから、自宅でのプライベートな時間に研究を続けた。そして一九八六年、はかりとミキサーを買い付け、自宅のキッチンでニュートリゼット社を設立した。

その頃、飢餓地帯から戻ってきたばかりの栄養士たちは、計画の練り直しに追われ、新たな治療食を加えようと考えていた。一九九〇年代初頭、彼らはF－75、F－100と名付けた治療用ミルクの成分を作り上げていた。レスカンヌと設立まもないニュートリゼット社は、そうした成分を飢餓地帯の現場に送り届けられる製品として、栄養価の高い粉状の混合物を完成させた。「とても簡単です。パッケージを開いて水を少し足したら、ほら、できあがり（ヴォアラ）！」レスカンヌはそう言うと、フランス料理のシェフのように両手を振った。

その製品は大好評を博した。栄養素を粉乳に混ぜるという手法は、栄養失調の治療ですでに採用されている。しかもニュートリゼット社は、その製品を現場に展開する支援機関というニッチ市場に着目したのだ。

だが、レスカンヌの挑戦は、これで終わりではなかった。彼だけではなく、栄養士らも、栄養分を粉乳に混ぜた食品には限界があると考えていた。乳製品は汚染された水と混ぜたり、開いたまま外気にさらしたりすると、細菌を繁殖させる培地となりうる。だから水を加える作業は、設備の整った病院や飢饉発生直後に設営された治療食配給テントといった、医療施設でしか利用できないということになる。そうなれば、栄養失調の子供たちが殺到し、下痢やはしかといった伝染病の蔓延を促してしまう。食糧を与えているあいだ、母親たちも栄養失調の子供たちと付き添わなければならない。栄養士たちは考えた。留守番をしているきょうだいの健康が損なわれるのではないか。治療センターまで行き着くことのできない人々をどうするのか。

「別の手段を思いつくまでじっと考え続けました」アンドレ・ブリエンが振り返って語る。ジュネーブの世界保健機構に参画するまで、彼はフランス政府開発研究局に務め、小児栄養学の専門家だった。発展途上国で何年間も活動した後、一九九〇年代初めにフランスに帰国し、ニュートリゼット社の顧問として働き始める。ブリエンとレスカンヌは、粉乳栄養食に代わる食品の開発に没頭した。ブリエンは栄養素を人体に取り込む手段として、パンケーキやドーナツを利用できないかと考えた。レスカンヌが一〇年前に取り組んだチョコレート・バーを試したが、高温の環境ではチョコレートが溶け、砂漠の飢餓地帯には向いていなかった。その上、レスカンヌがすでに見抜いたとおり、人体に必要なミネラル分を添加すると味が損なわれるのだ。

一九九七年のある朝、朝食を食べていたブリエンは、〈ヌテラ〉の瓶があるのに気づいた。ヌテラとはチョコレートとヘーゼルナッツのペーストで、ヨーロッパでは特に人気がある。ブリエンの自宅でも長年朝食のテーブルに並ぶ、おなじみの食品だった。それなのに、ヌテラのことはすっかり頭の隅に追いやられていた。ところがこの日の朝、ヌテラの存在に気づいたブリエンの頭に名案がひらめいた。「これだよ!」と心の中で叫んだ。「これしかない!」

ブリエンは大急ぎでレスカンヌに電話をかけ、こう口走った。「ペーストにしよう!」「ペースト?」レスカンヌは一瞬、彼の意図がつかめずにいたが、すぐに受話器の向こう側の熱意が届いた。「そうだよ、ペーストだよ!」固いチョコレート菓子の形で供するのはやめよう。ペーストにすればうまくいくかもしれない。

チョコレート・バーで懲りたブリエンは、ほかのペースト食品でいいものはないかと考えた。台所の棚を端から見て回った。ピーナッツバターはどうだろう? F-100の成分にピーナッツのペーストを混ぜたところ、ピーナッツ・バターに似た味で、甘みだけが増した。味は損なわれず、しかもおいしくなる。ピーナッツはアフリカ諸国では欠かせない食物であり、子供たちも食べ慣れている。

ブリエンとレスカンヌは実地調査のあいだ、ひどい栄養失調の子供たちが、栄養たっぷりのペーストを平らげる様子を見守った。「体重を測ろうとして袋を取り上げたら、子供たちに泣かれましてね」ブリエンはそのときのことを思い出して言った。

ニュートリゼット社は新しいペーストの製造機を開発し、新製品の生産に入った。だが、何と名付けよう？　ニュートリゼット社の重役らは辞書をなめるように調べ、臨床用語や科学用語ではなく、一風変わった個性ある名称を考え出そうとした。辞書の「P」の項で、栄養失調を克服した子供たちがこうあってほしいという思いを込め、ふとっちょ（プランピー）とピーナッツを組み合わせた。だぶった「ピー」を省いてナッツを残し、ピーナッツの形のアポストロフィを付けた。Plumpy' nut（プランピー・ナッツ）。さあどうだ（ヴォアラ）！

　大飢饉がエチオピアを襲った二〇〇三年、プランピー・ナッツが配布される手はずが整った。救援機関が飢餓地域に到着し、従来の手法に従って、乳製品主体の食餌療法を管理する給食センターのネットワークが立ち上がった。多数の命が救われたが、医療スタッフは、給食センターに押し寄せる子供たちの数に圧倒されていた。だが、プランピー・ナッツを導入した救援スタッフは、子供たちを家に帰し、自宅で食事をさせて混乱が緩和できた。

　プランピー・ナッツが初めて大々的に配布されたのは二〇〇四年、ダルフールでのことだ。「ダルフール向けに最初の注文があったとき、『何てことでしょう。また飢饉が起こったのね』と思いました」と語るのは、ニュートリゼット社の営業開発マネジャー、イザベル・ソーゲだ。そして次の瞬間には、フランス・マロネにあるニュートリゼット社の青と白の小さな工場に、二四時間体制で製造できるようスタッフを集めた。二〇〇五年には、緑なす牧場と草をはむウシたちという牧歌的な風景に囲まれた工場で、約二七〇〇トンのプランピー・ナッツを次から次へと作り出していった。

　この甘いペーストを手にした、スティーヴ・コリンズの〈バリッド・インターナショナル〉、アイルランドの援助団体〈コンサーン〉、そしてアメリカに拠点を置く〈セーブ・ザ・チルドレン〉は、深刻な栄養失調の子供たちの面倒を在宅で見ることに主眼を置いた、「地域に根付いた治療」という新しい治療法を広めていった。一日に三袋か四袋を数週間分（子供ひとり当たりで合計一〇キロ程度）のプランピー・ナッツを規則正しく食事として与えると、深刻な栄養失調に苦しむ子供が回復へと向かう。二〇〇七年にはおよそ七〇〇〇トンのプランピー・ナッツが配布され、七〇万人の幼い命が救われた。二〇一〇年末には、プランピー・ナッツが五万トン以上生産可能な体制が整った。

こうした組織の熱意に応え、配送時間を短縮し、コストを抑えるため――プランピー・ナッツの一キロ当たりの価格は三ユーロ、一〇〇グラムの小袋は三〇セントである――ニュートリゼット社は、マラウイ、ニジェール、コンゴ民主共和国の地元メーカーとパートナーシップを結んだ。二〇〇七年、アディスアベバ郊外のヒリナ強化食品製造センターで、エチオピア市場向けプランピー・ナッツの生産が始まった。汚れひとつない清潔な工場は、一日当たり一二トンの生産能力がある。二〇〇八年初頭、ニュートリゼット社は、ガーナ、マダガスカル、ドミニカ共和国、カンボジアとのパートナーシップ締結交渉に入った。基本的には、ニュートリゼット社が技術とミネラル・サプリメントの提供を、地元メーカーがピーナッツの調達を担当した。

それでも生産量は、世界中の需要のほんの一部を満たすにすぎない。コリンズの予測によると、重篤な栄養失調を有効に治療し予防するには、一〇〇万トンが必要だという。そこで彼は、アフリカ諸国やその他の開発途上国の事業家と提携し、トウモロコシやひよこ豆、ゴマなど、ピーナッツよりも豊富で安く手に入る地元の穀類で、プランピー・ナッツに似た食品を生産するバリッド・ニュートリションという非営利法人を立ち上げた。「栄養失調を減らすビジネスに携わっていきたい。その気持ちを支えるのは、ほかのビジネスと何ら変わりはありません。収益を上げることです」

ぱんぱんに物が詰まったバックパックを背負い、山登りのウェアを着たコリンズは、いつもアフリカのブッシュからひょいと出てきたような格好をしている。だがニュートリゼット社と組んで手際よく戦略を押し進め、将来的には栄養失調と闘う世界の人道支援機関のあいだで売買される、いわゆるすぐに使える治療食という新製品の生産基準と倫理基準の両方の作成に携わっている。パワーポイントのスライドを何枚も見せながら、コリンズは、自分のビジネスモデルを説明してくれた。利益を出す、飢えた人からお金をとるのではなく、飢えた人に食事を与える手助けをする、と。「利益は出しますが、その利益はすべてビジネスに還元します」とコリンズは言う。「研究開発や販売地域の拡大、コストダウンに使い、製品を手に入りやすくします。我々は企業のように見え、企業のように振る舞います。ただひとつ、株主に配当を払うことが目的ではないところが、企業とは違うのです。栄養失調の緩和、それが我々の目的です」

大企業や中小企業が、古い型を破り、新しい型を作って目的を達成する。すると、正しいことをするという道徳的なコンパスに導かれた人々が、集まってくる。「どんなささいなことも役に立つ」という、おなじみの言葉のもとに。

16章 小さな活動がもたらす大きな成果

ケニア、オハイオ州、マラウイ

ケニア・マチャコス県を横切るイキウェ川に設けられたマーシー・オブ・ゴッド・ダムには、特に目を引くところはなかった。ダム沿いに進むと、幅約三〇メートル、深さ約三メートルはあるだろうか、地元の村人がセメントと泥と砂を使って慣れない手で造った無骨で簡素な施設がある。だが、このダムは、春と秋の年二回の短い雨期に水を蓄えるという役目を立派に果たしている。ダムが二〇〇六年九月に完成する以前なら、雨水はあっという間に大地に染みこみ、激しい増水が二週間続いても、イキウェ川は砂地の川底がむき出しになっていただろう。ダムには、雨水が何カ月も貯水される。この水で、農民二〇〇人が飼う家畜の水源が確保され、二五エーカー（約一〇ヘクタール）の灌漑が初めて実現するとともに、自家消費用と出荷用の野菜が栽培できるようになった。

「飢えに苦しむことはなくなっています」ダムにキリスト教にちなんだ名前を付けた贖罪福音教会の司

祭、コスマス・ムワンジア師はきっぱりと言った。神の恵み（マーシー・オブ・ゴッド）そのものだ。

そんなムワンジア師は今、ダムの名前を変えようかと考えている。彼のかたわらに立つのは、オハイオ州アーチボルドという小さな町から来た家畜農家、ジム・ルーフェナハトと妻のリンダだ。ルーフェナハト家はアーチボルドの町の人々を集め、ケニア南部の不毛のこの地で懸命に農業に励む村人のため、子牛を育てて売ろうと呼びかけた。イキウェ川の水をたたえるこのダムは、ルーフェナハトたちが資金を提供したプロジェクトのひとつだ。

「マーシー・オブ・アーチボルド（アーチボルドの恵み）・ダムと呼ぶべきだ」ムワンジア師は提案した。彼いわく、響きもいいし、神の恵みのダムと安易に呼んで、無意識のうちに神を軽んじるよりずっといい。村人は英語の名前を口にすることはめったにない。マーシー・オブ・アーチボルド・ダムという名前に耳も慣れ、ふさわしいことこの上ない。「ダムができたのもあなた方のおかげです」ムワンジア師はルーフェナハト夫妻に言った。

アーチボルドの人々が寄付した三〇〇〇ドルで、マチャコスの農民たちは手作りでダムを建てた。寄付金からダムの設計をするケニア人技術者を雇い、セメントを購入した。農民たちは自分たちで砂や石、そして労働力を調達した。二五日も経たぬ間にダムは完成し、雨期に間に合った。

イキウェ川が満水になると、農家はアーチボルドからの寄付金で小型ポンプを購入し、川の水を低木が茂る干上がった左岸の畑へと送るパイプを数本敷設した。数カ月後にルーフェナハトがこの地を訪ねると、何エーカーもの畑でトマト、コショウ、トウガラシ、スイカが栽培されていた。農民のひとり、スーザン・カニニは杖に身をゆだね、最初の収穫で得たピーマンを誇らしげに摘んでいた。カニニはジムにピーマンを手渡し、「いろいろと手を尽くしていただいて、ありがとうございました」と言った。「いや、大したことはしていません」ジムは感激で声を詰まらせながら答えた。サングラスの裏側では涙が顔をつたっている。「自分たちも皆さんと同じ農民ですから」

このダムは、小さなプロジェクトが大きな成果を上げた象徴だ。ひとつの家族、ひとつの地域が大規模な国際機関より大きなことを成し遂げ、農業の発展を促して飢餓を撲滅に導くケースがいかに多いことか。アーチボルドの構想は、アメリカに本部を構える飢餓対策機関、食糧資源銀行（ＦＲＢ）の活動の一環として実施された。食糧資源銀行は教会などからの資金提供で運営され、都市部の信徒たちと農業団体を結びつける活動をしている。教会は、特にアフリカ、ラテンアメリカ、アジア、東欧で作物や家畜を育てる農業開発プロジェクトの資金調達支援に、もっぱら携わっている。食糧を援助物資として送るのではなく、食糧をアメリカの市場で売って得た利益を海外に送金している。援助を受けた農家は、そうして得た資金を、作物の生産量を高めるうえで最も有効な使途に使う。二〇〇〇年以降、食糧資源銀行はアメリカの二二州から一〇〇〇万ドルを超える資金を調達し、アフリカを中心とする三〇カ国以上の農村地域に送金してきた。二〇〇八年は、アメリカ国際開発庁との官民パートナーシップから、三〇〇万ドルを超える資金が追加投入された。

特に支援を求めていたのが、マチャコス県の農家だった。干ばつが続き、何千もの家族がやっとのことで食べ物を手に入れ、水を求めて遠く離れたところまで歩いていく。「とてもひどい状況でした。あのときのことを考えると涙が出ます」と、ムワンジア師は当時を語る。

彼は腹を空かせた教区民を、神への祈りで励まそうとした。「私たちが天に召される日、天国では水

コスマス・ムワンジア師が見守るなか、オハイオ州アーチボルドのジム・ルーフェナハトにピーマンを渡すスーザン・カニニ（上)。2007年、アーチボルドの住民たちが拠出した基金を使って、地元農家がマーシー・オブ・ゴッド・ダム（下）を建設した。このピーマンは、ダムによる灌漑で栽培された初めての収穫物だ。

不足に悩まされません。天国には飢饉もありません」

「でも牧師様」教会区民のあいだから声が上がった。「天に召されるまで、人は何をすべきでしょう?」

ムワンジア師は、援助機関から提供された食糧を教会で配ることにした。これでは何の解決策にもならないと知りながら。「一年たった頃、我々は援助に頼るようになってしまったのではないかという懸念を抱きました。援助に頼るのは、正しいことではありません」

ムワンジア師は、地域のリーダーたちを集めて会合を開き、「マチャコス農村開発プログラム」を創設して、干ばつ対策に地域一丸で取り組もうと呼びかけた。プログラムでは、干ばつに強い穀物の種子と水の確保、そして立ち上げ資金の調達を第一の優先課題に掲げた。数々の国際援助機関に、支援を求める手紙も送った。アメリカの食糧資源銀行は、マチャコス県からのこの要請について会員団体から聞きつけ、その意義を受け入れた。そして、現地農家の窮状を把握するため、マチャコス県のリーダーのひとり、エリザベス・カマウをアメリカに招いた。

カマウはアメリカの教会や学校で行われた集会で、干ばつによって水が一滴もなくなるという最悪の状況に立たされ、自分や子供たちが水を求めて一〇キロも二〇キロも重い足どりで歩くという生活について話した。比較的気温の低い夜のあいだに徒歩で水を運ぼうと、カマウと上の子四人は夜の九時に出発し、翌朝の四時に家に帰り着く。子供たちは起きて学校に行く支度をするまで、二時間しか眠ることができない。この子たちは、次の夜も同じ距離を歩いて水を運ぶのだ。

カマウの訴えに胸を痛めた人々が集ったアーチボルドのメノー派信徒教会は、食糧資源銀行とパートナーシップを結んでいた。「片道一〇キロも歩かなければ水が手に入らないという人が世界にいることに、ショックを受けました。私たちが水を得るためにそんなに歩いたら、ほかのことは何もできないでしょう」と語るのは、ジムの弟、コーク・ルーフェナハトだ。

ルーフェナハト兄弟は、毎年数十頭の子牛の売上をマチャコス県の農家支援に充てることにした。だが町ぐるみで取り組めば、プロジェクトはもっと大規模な成功を遂げるはずだ。アーチボルドの人口は四五〇〇人。緑なす草原と赤屋根の小屋に囲まれ、頑丈な造りの家々と尖塔がある教会があり、産業が安定した典型的なアメリカ中西部の農業の町だ。一九世紀前半にメノー派とルター派の信徒が入植し、未開の土地を開拓してできたこの町には、真摯で勤勉、「地の塩」と呼ばれるプロテスタントの精神が今も息づいている。この町を訪れると、中心街にはアーチボルド品性維持協議会のスローガンを青と白で描いた大看板が目に止まる。スローガンの内容は月替わりで、「自制心――自我を乗り越える人生の目的を持て」、「熱意――他者に活力とやる気を与え、意気盛んにせよ」、「感謝の心――言葉と行動で感謝の心を示せ」といったフレーズが掲げられる。

ルーフェナハト兄弟が子牛飼育プロジェクトを口コミで広めると、町の人々がこぞって興味を示した。「子牛にもっと餌が必要だと教会で話すと、教会から出る頃には、大量の干し草が我々を待っていました」と、コークが当時を振り返る。

ダーリーン・ポラセクとルイーズ・ショートは、子牛を飼う小屋を寄付した。「空いている小屋を持っているなら活用しなきゃね」とダーリーンは言った。

幼稚園から高校までの一貫教育校、ペティスヴィル・ローカル・スクールで農業科学を教えるジョン・ポールソンは、上級生にボランティアで簿記の実務に当たらせた。「生徒たちにとって、格好の実習体験です」

一方、地元のソーシャルワーカー、セシリー・ローズは、ルーフェナハト兄弟の呼びかけに賛同して、ちらしを印刷し、メッセージを広めた。「不安定な世界を変えていこう！　ひとつの教会、ひとつの学校、ひとつの地域グループでは足りないけれど、私たち全員が集まれば、きっとできる！」

現役を引退した農家のチャーリー・ベックは、子牛の世話をしたいと名乗り出た。アーチボルドの教会主催で、町の公園で毎年行われるハンバーガー・パーティーに、募金用の壺が用意された。

二〇〇八年末の時点でプロジェクトが集めた一三万ドルは、マチャコス県の合計五〇〇カ所の小規模ダムと貯水池の建設費用に充てられ、五〇〇〇世帯を超える家族に水と食糧をもたらした。ケニアを訪れたアーチボルドの人々は、救世主として大歓迎された。「特別なことは何もしていないんです」ジム・ルーフェナハトは恥ずかしげに何度も言った。「みんな、自分の蓄えからおすそわけしただけですから」

マーシー・オブ・ゴッド・ダムのそばに立っていたエドウィン・オニャンチャが、それは違うと言う。「アーチボルドの皆さんの活動は、とてもありがたい」オニャンチャは、食糧資源銀行の会員組織、キリスト教改革派世界救援委員会（ＣＲＷＲＣ）とパートナーシップ関係にある開発機関で、アーチボルドの寄付金をマチャコスに橋渡しした、ドルカス・エイド・インターナショナルの東アフリカ担当委員長だ。「我々は長いあいだ、世界銀行といった大プロジェクトを動かす巨大組織から無視されてきました。そのことは気になりませんでした。そして今、こうしたささやかなプロジェクトに、大きな意味があることを学んだのです。大規模ダムを建設するとなると、リスクの大きさに躊躇するでしょう。地元地域も『不具合が起こったらどうやって補修すればいいのか？』と頭を悩ませます。このダムは自分たちで造ったものですから、修理も自分たちでできるというわけです」

自分たちが集めた寄付による成果をその目で確かめるため、ルーフェナハト夫妻は、イリノイにある食糧資源銀行の栽培プロジェクト担当のジョン・グルシュキンと妻のシャーリーン、そして食糧資源銀行のマーヴ・ボールドウィン総裁とともにアフリカに向かった。彼らはプレゼントに驚くクリスマスの子供たちのように何度も目をこすっては、目の前に広がる豊かな畑が幻ではないことを確かめていた。普段は口数が少ないジムが、ケニアの灌木地帯を通るあいだずっと「すばらしい」を連発していた。

ダムを後にし、未舗装の道に入ってまもなく、彼らが乗るサファリ用のバンと自転車で並走する男がいた。小柄な体に大きな野望をたたえた屈強な男、ピーター・ムティソである。自転車の後部には、ポンプと機械式モーターがバランス良く積んである。

「そのポンプは何に使うんですか?」ムワンジア師が尋ねる。

「うちの灌漑施設を改良するためです」ムティソは笑みをたたえて言った。食糧資源銀行視察団はどやどやとバンから降り、ムティソが飢餓の克服に至った感動的な話に耳を傾けた。

二年前、ムティソは生きるのがやっとの貧しい暮らしを送っていた。家族のためにトウモロコシや豆を育て、少しでも余れば売りに出していた。収穫の多い年はめったにないが、たまにあると、八〇ドルは稼いでいたという。たいていは不作に終わり、ひからびた土地で上げる収穫量は、家族の食にも事欠くほど少なかった。多くの隣人たちと同じく、ムティソはプライドを捨て、食糧援助を受け入れた。

ムワンジア師のマチャコス農村開発プログラムから支援と助言を得たムティソは、シャベルを数本購入し、この地域で二度ある雨期に雨水をためる貯水池を掘った。キックスタート・インターナショナル社が設計した簡易な足踏み式ポンプ〈スーパーマネーメーカー〉も買った。一日何時間か、ムティソや妻、子供たちはポンプを足で踏み、貯水池の水を畑に引き込んだ。骨の折れる作業だったが、ムティソの二エーカー（約〇・八ヘクタール）の畑はがらりと様変わりした。主食のほか、水をうまく利用したムティソは、トウガラシ、ピーマン、スイカ、果樹など、市場性の高い作物へと手を広げていった。二〇〇七年、最寄り町の市場で収穫物を売り、ムティソは五〇〇ドルあまりの収入を手にした。

その収入で家族に与える食糧も増えたと、ムティソは言う。さらに、収益の三分の一を発電機とポンプの購入代金に充てた。新型ポンプのおかげで、家族が足踏み式ポンプを動かす時間が短くなり、浮いた時間はもっと効率のいい作業に費やすことができ、耕地は二倍に広がった。栽培する作物の種類を増やすことができ、家族に栄養価の高い食事を与えられ、しかも市場に売る作物の種類も増えたと、ムティソは言う。彼は新たに四〇〇本のマンゴーの木も植えた。

「私の話はこんなところでしょうか」とムティソ。イギリスのプロサッカーチーム〈マンチェスター・ユナイテッド〉の黒と赤のロゴを配した帽子を脱ぐと、視察団の尽力に心から感謝の意を表した。

ムワンジア師は誇らしい思いで胸がいっぱいになり、ルーフェナハト夫妻の目に涙が浮かんだ。ジムが叫ぶ。「すばらしい進歩だ！」

これから急いで近隣の村に行き、ポンプと発電機をつなぐ方法を教えてくれる人を探さなければならないからと言い、ムティソは去っていった。機器にはマニュアルが添付されておらず、売った店の人間もどうしていいかわからない。ムティソは未舗装の道の先を指差して、自分の家と畑のある場所を教えた。

バンに戻った一同は、次にムティソに会ったら、彼はリクライニングチェアに座って大画面テレビでイギリスのプロサッカーの試合を観ていることだろうと、たわいないジョークを飛ばしながら車を走らせた。だが、その後しばらくのあいだ、バンの乗客たちの会話は、前時代の農業の世界へと移った。マチャコス県の農業生産が飛躍的に伸びたのは、水の確保とハイブリッド種子のおかげだが、この状況は「アメリカの一九四〇年代にそっくりだ」と、ジムは語った。「農家はもともと自分の畑で収穫した大量の種子を使っていたが、あるときハイブリッド種子が生まれてから、収穫量が飛躍的に伸びたんだ」そのときジムは、六〇年代半ば頃、アーチボルドの実家の農場で最先端の種をまいた子供時代を思い出していた。「一大ブームだ、わが目を疑ったよ！ 当時の畑が今も目に浮かぶ、それぐらいすばらしかったんだ。トウモロコシがあんな風に育つのを見たのは初めてだった。収量は二〇パーセントから二五パーセント上昇した」

泥レンガを円形に積んだムティソの小屋から二〇〇メートル弱手前でバンが急に停まると、ルーフェナハト夫妻は二一世紀のケニアに引き戻された。遠くで三人の女性が、大きな棒を使って地面を叩いている。ムティソの妻と二人の娘が積み上げた乾燥豆のさやを木で叩き、中身を取り出そうとしているのだ。ムワンジア師が先頭に立って草原を横切り、二頭のコブウシの脇を注意深く通り過ぎる。ムティソの鋤（すき）を引っ張るアフリカコブウシだ。貯水池には、あと二カ月雨が降らなくても十分な量の水が、まだ残っていた。

豆のさや叩き作業をしていた女性たちはムワンジア師に気づき、棒を置いた。ムティソの妻が訪問者を出迎え、畑まで連れて行った。ムティソが話していたとおりだった。トウガラシやピーマンの畝（うね）が西に向かって畑の端まで続いていた。畑のまわりを取り囲むようにして、マンゴー、パパイヤ、オレンジの木が植えてある。ひからびた枝がもつれあう雑木林が続くアフリカのブッシュに出現した、みずみずしいオアシスのような光景だった。

灌漑システムのおかげで我が家の生活は変わりました、いえ、命を救われたも同然ですと、ムティソの妻は言った。これはすべて、地球の裏側に住むルーフェナハト家とその隣人がかなえてくれたのですよと、ムワンジア師は言った。ムティソの妻は手を叩いて喜んだ。「水が手に入るまで、私たちは食糧援助に頼り切っていたんです。どうもありがとうございます」

トウガラシやほかの野菜が育つ畑をひと通り歩き、言葉に窮したルーフェナハトは、「たまげた」とだけ言った。

バンに戻った食糧資源銀行視察団は、ンガンゲニ村とムワンジア師の教会に向かった。マチャコスの未舗装の道は、情け容赦のない悪路だ。まるで洗濯板の上を走っているかのような揺れが、何キロも続く。ある狭い道で轍(わだち)にはまってしまったバンは、片側のスライド式ドアが開かないほど傾いた。全員で窓から這い出ると、力を合わせて後部バンパーを押して、車を元の位置に戻した。

ンガンゲニ村に近づくにつれ、道の起伏が急になだらかになった。車は驚くほどスムーズに走る。未舗装の道が魔法の力で舗装されたわけではない。舗装されていないのは同じなのだが、水平に整えられているのだ。「農民たちが遠くまで水くみに行かずに済むようになったので、その分の時間を別の作業に振り分けたのです」とムワンジア師は言った。「今は、週に一度、ボランティア活動で道路整備を行っています」村人は交代で岩を取りのぞき、地面に空いた穴を埋め、灌木を伐採した。

道路の状態が悪かった頃、農家は作物を市場に出せず、病院にも通えず、親類にも会えなかった。雨期のたびに深いひび割れや轍の跡が残って道路状態が悪化すると、村はいっそう外の世界から隔絶されてしまう。道路を補修することで、商いが活発になった。主要な輸送手段であるバイクで、かつて二時間以上かかった距離を、今では三〇分で走れるようになった。バイクで農作物を輸送する経費は、半額の三ドルとなった。「効率アップがいかに意義のあるものかおわかりでしょう。ここでは三ドルは大金ですからね」とムワンジア師は話す。

車が再びがたがたと揺れ始めるや、ムワンジア師は即座に、これは計画的に作った起伏だと説明した。農民たちは道に何本もの溝を作っていた。溝にたまった雨水は、貯水池へ続く側溝へと流れていく。村ぐるみで取り組めば、この程度の集水システムは四、五日でできるとムワンジア師は言う。

ンガンゲニ村では、木の下に並べた椅子とベンチが視察団を待っていた。樹冠が平らでとげがあるその木は、アフリカの灌木地帯の象徴であるアカシアの木だ。涼やかな風がそよぐなか、ムワンジア師は、灌漑プロジェクトのおかげで、自分が運営する教会までもが活力を取り戻した過程を話し始めた。「干ばつが続いた数年間、信徒の皆さんは正午頃、教会に来ていました。涼しい朝の時間は水くみに費やされるので、私が教壇に立って説教の準備をしていても、なかなか来ませんでした。それが今は、家のすぐそばまで水を引き込めるようになり、説教が始まる時間には教会に集まってきます」村人たちは気前が良くなり、献金皿に置く金額も増えた。ムワンジア師は満面の笑みをたたえて語った。「灌漑設備が完成するまで、ネクタイを買うのもままならなかった。それがどうです」と胸を張った。赤と黒のチェック模様のシャツに不釣り合いな色合いだが、青と黄色のネクタイが、恰幅のいい腹のあたりまで下がっていた。彼は視察団に向かって言った。「我々は皆さんのために祈ります。皆さんを愛しています。アメリカの農家の方々にそうお伝えください」

「会ったこともない人を救うのは、並大抵のことではありません」と語るのは、ドルカス・エイドのエドウィン・オニャンチャだ。「成果が上がるのか、疑問に感じることもあります。しかし、状況の変化を実際に目撃すれば、その成果は確認できます。国家を発展させるには、私たちのような人材がお手伝いできると確信しています」

食糧資源銀行のマーヴ・ボールドウィンも、オニャンチャに同意している。「現在目の当たりにしているささいなことも、数が集まれば大きな成果となるのです」

アカシアの木の下、一八〇センチをこえる屈強な体のジム・ルーフェナハトが立ち上がって、スピーチを始めた。目に涙を浮かべて。「どうか聞いてください」彼の声は震えていた。ルーフェナハトはうつむいて気を落ち着けた。「この活動は、私の人生で最高の経験です」ルーフェナハトは、ぽつりぽつりと話しだす。「人間はみな平等で、同じ立場にあることを知る必要がある、私たちは皆さんの仲間になりたい」と言って、ルーフェナハトはサングラスを取って涙をぬぐった。「私たちは農家で、家畜を育てて生計を立てています。それが仕事ですから、当たり前のことです。皆さんはとても大切な存在です」

その頃には、彼の妻リンダも目に涙をためていた。

「我々の活動に協力してくれた二〇〇〇人から三〇〇〇人の人たち全員に、本当なら一緒に来てもらいたかった。皆さんがここで成し遂げた成果を、彼らにも見せたかった。すばらしい。あなたがたは立派だ。何者にも代えがたい」

アーチボルドに戻ったルーフェナハト夫妻は、町内会が年に一度ルイエレイ・パークで開くハンバーガー・パーティーの参加住民数百人と、カエデやオークの木の下に集まっていた。夫妻のアフリカ視察の話に住民たちの意気は上がり、子牛の飼育は翌年も継続した。

「理想的な富の循環です」アーチボルドで雑貨と精肉の店〈ブルックビュー・ファーム〉を経営し、「バーベキューの準備は当店におまかせを」とのキャッチフレーズを掲げるジョン・ラグビルが言う。「このプロジェクトのいいところは、アフリカの人々を解放に導くところです。水を求めて延々歩き続けることからの解放、農業にもっと時間を割くための解放」

ラグビルは、時間短縮の工夫を高く評価するビジネスマンだ。こうやって話しているあいだも、クローム製オーブンにセットした巨大な回転式グリルで、七〇〇個のハンバーガーを焼いている。この装置の中に数分間置くだけで、バーガーはころあい良く焼き上がる。

アフリカのプロジェクトについては、こう語っている。「感動し、勇気づけられたのは、成果が確認できたからだ。ここにいて、基金はどのように使われているのかと何度か考えたよ」

公園のパビリオンに長テーブルが設置され、コーク・ルーフェナハトの日曜学校が行われた。ルター派信徒、カトリック信者に各一台のテーブルがあてがわれた。この町に住む、元弁護士のハロルド・プラスマンは募金箱から目を離さず、アイスクリームのチケットを手渡していた。日曜礼拝が終わると招待客がどっと押し寄せた、まずメソジスト、続いてカトリックにルター派、最後にメノー派の信徒がやってきた。パビリオン中で「やあ！　ご近所さん」の声がこだまする。

「すばらしいと思いませんか？」ハロルドが言う。「この町に本物の奇跡が起こったんです」

ベークドビーンズの調理を終え、前年の去勢雄牛の売り上げとハンバーガー・パーティー、その他の寄付で得た利益を計算したジョン・ポールソンは、二万九四九三ドルの小切手を振りかざした。小切手はマーヴ・ボールドウィンに託し、彼はすぐにアフリカに送金すると約束した。

人々がやって来る前に、セシリー・ローズはケチャップ、マスタード、ピクルスソース、オニオンをすべてのテーブルに並べた。半分に折った黄色い紙も数席に一枚ずつ置いた。そこには感謝の言葉とともに、ルーフェナハト夫妻のマチャコス県での体験談がまとめてあった。ジムの談話としてこんな文章がある。「この町がマチャコスに慈善事業をしたのではありません。アーチボルドとマチャコスの共同プロジェクトです。それぞれ別の土地で動いていただけです。互いにたくさんのことが学べます。マチャコスの人々は、アーチボルドの市民が必要最低限と考えるより、はるかに少ない物資で生活しているのです」

アーチボルド市長のジム・ワイスはケチャップの染みがついた紙を手に取ると、興味深げに体験談を読みながらハンバーガーを食べ終えた。「この募金の目的をきちんと理解していない人も多いかもしれませんが、誰かの助けになっていることはわかる。それがわかって寄付していれば、何の問題もありません。アーチボルド市民は奉仕の文化とともに育っています。何代にもわたって継承された精神です」

ソーダー家は三代にわたって、組み立て家具業界でアメリカ一の大企業ソーダー木工所と、教会の信徒席など調度の製造大手ソーダー・マニュファクチャリング社を経営してきた。アーチボルドの歴史が体験できるソーダー・ビレッジをはじめ、ソーダー家の名はアーチボルドのいたるところで見られる。ハンバーガー・パーティーの常連でもある木工所の現会長、メイナード・ソーダーは語る。「マチャコスに資金を送るプロジェクトは、立ち上げ当初からその理念に賛同していました。誰もが飢えた人に食事を、喉が渇いた人に水をあげたいと考えている。しかし実際にはどうすればいいのか？　そうです、このプロジェクトで具体的にどうするかを知ったのです。まず始めることに意義があります」

敬虔なメソジストであるヴァーノン・スローンと妻のキャロルは、一九九九年、食糧資源銀行を設立した七つの教会関連機関の代表グループのひとりだ。発展途上国の飢餓問題を案じていたスローン夫妻は、アーチボルトに近いオハイオ州ストライカーに所有する畑で収穫したトウモロコシの一部を、国外で必要な誰かのために取り分けている。こうした配慮が、栽培プロジェクトの多くで模範とされている。

公園のベンチがいっぱいになると、ついに地球のためになることを見つけたとヴァーノンが言った。ヴァーノンいわく、一九四四年にフットボールの試合中に鎖骨を折ったあの日のように、出来事とは運のめぐり合わせで偶然に起こるもので、今では運命だと思っている。「バルジの戦いに従軍せずに済んだのも、運命に助けられたのだろう」と彼は言う。この戦闘で多くのアメリカ兵が亡くなっている。その翌年、ヴァーノンは陸軍に入隊し、フィリピン戦線に派遣され、太平洋戦争の激戦下で生き抜いた。「多くの兵士が生きて帰れなかった。私は幸い帰国できた」

八十代にさしかかったヴァーノンの顔を、涙がゆるやかにつたっていく。涙をためた目で公園のパビリオンを見回す。ジムとコークのルーフェナハト夫妻、アフリカの飢えた農民を救うためにやって来た友人や隣人たち全員の顔を眺める。「生きて帰ってこられた理由がわかりました。このプロジェクトに関わるため、戻ってこなければならなかったのだと」

フランシス・ペレカモヨも、ささいな活動に人生の意義を見いだし、その結果アフリカの農家に大きな成果をもたらしたひとりだ。

ペレカモヨは六年間、マラウイの中央銀行のトップを務めた。自国の財政を管理し、貴重な外貨の変動を注視するとともにインフレと金利の調整を図った。細縞（ピンストライプ）のスーツを着た中央銀行の上層部と会うために世界中を回った。退任後は首都リロングウェ郊外に農場を構えて隠退生活を楽しむかたわら、小さな国営航空会社を監督する仕事をしていた。ところが彼は、ほかのあらゆる申し出を退け、みずから細縞のスーツがひしめく金融界に戻ることにしたのだ。

ある日のこと、ラリー・リードというひとりのビジネスマンがペレカモヨを訪ね、ある提案を持ちかけた。開発途上国の起業家や農家を対象とした金融サービス業、オポチュニティ・インターナショナル社に加わり、マラウイの貧困層向けマイクロファイナンス事業を立ち上げてみないかというのだ。

ペレカモヨは思わず笑ってしまった。彼はつい先頃、財務大臣のイスを断ったばかりだった。マクロ経済の案件を多数こなした自分にマイクロファイナンスの仕事をオファーするとは。数十億単位の資金を管理していた自分に、少額融資に携われというのか。

考えさせてくださいと、ペレカモヨは丁寧に返事をしたものの、まったく関心はなかった。だが、マイクロファイナンスという構想そのものは有益だと思えた。いつものように聖書を読んでいると、そうした考えが頭から離れなくなった。敬虔な長老派信徒のペレカモヨは、「マタイによる福音書」第二五章の、キリストが最後の審判で証言する部分を、いつしか何度となく繰り返し読むようになっていた。「お前たちは、私が飢えていたときに食べさせ、のどが渇いていたときに飲ませ、旅をしていたときに宿を貸し、裸のときに着せ、病気のときに見舞い……王は答える。『はっきり言っておく。私の兄弟であるこの最も小さい者の一人にしたのは、私にしてくれたことなのである』」（訳注：新約聖書共同訳より）

詩篇第一一六章も彼の心に響いた。「主は私に報いてくださった。私はどのように答えようか」ペレカモヨの思いは過熱していった。「主は私を見守ってくださった。私は中央銀行総裁というすばらしい人生を送ってきた。これからどうやって恩返しをすればいいのか？」

飢えたる者に食べ物を与えることか、裸の者に服を着せることか、銀行家として何ができるだろうか？

貧しい人たちに融資する者として。「人の人生を変えるというこの役割は、私だからできることなんだ」ペレカモヨは自分に言い聞かせた。

そこで彼はオポチュニティ・インターナショナル社のラリーに電話をし、こう返事した。「わかりました、やってみましょう」

中央銀行時代の元同僚に頼り、ペレカモヨは新銀行設立の認可を三カ月もたたないうちに手に入れた。次に事業計画の草案作りに取りかかり、スタッフを集めた。見つかったオフィスは街角の狭苦しい地味な部屋で、窓から見える駐車場は、木の彫刻を売りさばく物売りがひしめいている。二〇〇三年五月、ペレカモヨは五〇ドルや一〇〇ドル程度の少額融資を得意とし——アフリカでは小さな店で在庫を持ち、良質な種子や肥料を買うには十分な金額だ——ほかの銀行とは絶対に競合しない、マラウイ初の貧困層向けマイクロファイナンス銀行を開設した。

初日から農家、教師、起業家、収入を伸ばしたいと夢を見る誰もが顧客として列を成し、その後も列が途切れることはなかった。マラウイのオポチュニティ・インターナショナル・バンクは二〇〇八年末の時点で一九万五〇〇七口の普通預金口座が開設され、平均預金高は一二八ドル、預金高は総計二五〇〇万ドルに達し、黒字融資は三万三八三五口で総価値はおよそ二二〇〇万ドル、そして二五〇〇以上のピーナッツやトウモロコシ農家の穀物保険を拡大した。ペレカモヨはさらに、オポチュニティ・インターナショナル・バンクのマラウイ、モザンビーク、ルワンダ事務所長を就任し、各国の農業事業や資金調達に苦心し、結果的に食糧不足におちいっていた農家への資本投入を実施した。二〇〇八年も終わりに近づくと、同銀行の口座数はアフリカ全土で二八万五六〇四、預金総額は四〇〇〇万ドル付近に達し、黒字融資は三〇万六七一四件、総額一億三八〇〇万ドルまで成長した。

「クライアントが経済的に成長すると、彼らはまず食糧を購入します。食生活が改善し、見た目にも栄養が充足されているのがわかります」と、ペレカモヨは小さなオフィスで語った。壁には、最近の新聞に載った彼の写真が貼ってある。それは、ペレカモヨの仕事の変化を良くとらえていた。かつては国の要人や政府閣僚と握手する彼の写真が当たり前のようにマラウイの新聞を飾っていたのだが、今では満面の笑みをたたえ、銀行が定期開催する貯金高コンテストの優勝者に肥料袋を手渡す写真に写っている。

「事業を軌道に乗せるには、「ネクタイを外して、貧しい人たちのもとに行かなければなりませんでした」と、彼は打ち明ける。

ペレカモヨが中央の銀行家からマイクロファイナンスの銀行家に転身した過程は、オポチュニティ・

インターナショナル社の従業員像を象徴する、長い道のりだった。二一世紀の幕開けとともに、キリスト教系マイクロファイナンス機関が、さまざまな国、さまざまな家柄に属するベビーブーマー世代の実業家たちを惹き付けた。こうした実業家は、ビジネス界で目もくらむような大成功を収め、莫大な資産を集めた末に、信仰のために自分の才能を生かし、本当に意義のあることを見いだしたいと考えていたのだ。二〇〇八年が終わる頃、オポチュニティ・インターナショナル社は起業家や農家に一〇〇万件の融資を提供し、三五〇〇万人の生活をマイクロファイナンスで支える存在となっていた。二〇一五年までに一億人の生活を支援する――それが同銀行の野心的な目標だ。

「我々は歴史の大きな転換期にいます」二〇〇七年の初旬、フロリダ州ボニータ・スプリングスに集まったオポチュニティ・インターナショナル社の取締役たちと寄贈者を前に、人好きのするテキサスっ子、デイル・ドーソンが切り出した。ドーソンは講演の途中で小さな本を掲げた。『時代を変えた男(A Man Who Changed His Times)』と題されたその本は、一九世紀イギリスの奴隷制度廃止主義者について書かれたもので、著者のウィリアム・ウィルバーフォースは、債務免除キャンペーン〈聖年(ジュビリー)2000〉の活動家たちに影響を与えてきた。ドーソンは言う。「豊かになり、技術力が向上し、寿命が延び、ベビーブーマー世代は世界を変える上で独自の位置付けにあります。同世代のあいだで、『何のために生きる?』という疑問を呈する人々が増えています。社会に貢献する人生を送りたいと思っているのです。そうした人々に生きる意味と目的、意義を持ってほしい。私は仕事柄、多くの富裕層や成功者と知己を得ましたが、そこで学んだ真実とは、社会貢献は富を築くより難しいということです」

ドーソンはすでに多額の資産を手に入れている。彼は取引仲介業と起業に明け暮れていた。世界的な会計監査会社KPMGのパートナーとナショナル・ディレクターを務め、アーカンソー州リトルロックのスティーヴンズ社で投資銀行事業部のトップに就いた。その後、多数のトラック部品を扱うトラックプロ社を立ち上げる。年間売上が約一億五〇〇〇万ドルを計上し、アメリカの業界トップに成長した一九九八年、同社はオートゾーン社に売却される。売却価格は公開されなかったが、ドーソンの引退生活を約束するだけの金額だった。当時彼は四六歳だった。

だが、引退生活は長くは続かなかった。ドーソンは友人を通じて、ルワンダ人で英国国教会のジョン・ルチャハナ主教と出会い、内戦で大勢の国民が亡くなり、荒廃した国家の再建に事業手腕をぜひとも役立ててほしいと訴えられた。別の友人からオポチュニティ・インターナショナル社を紹介されたドーソンは、マイクロレンディングについて懸命に学び始める。マイクロレンディングとは貧民層を対象とした金融商品で、普及に尽力したバングラデシュのグラミン銀行創設者ムハマド・ユヌスは二〇〇六年、ノーベル平和賞を受賞した。「これは天啓だったのです」と言って、ドーソンは演説を締めくくった。ペレカモヨと同様、ほんのささいな行動で飢餓や貧困に立ち向かい、大きな成果を上げられると思えるようになっていた。

ドーソンは、ルワンダに銀行を設立したいとの意志をオポチュニティ・インターナショナル社の社長兼最高経営責任者（CEO）のクリス・クレインに伝えた。クレイン本人はハーバード大学でMBAを取得し、四八歳でインターネット系ベンチャー企業を売却、その後オポチュニティ・インターナショナル社に入社している。そのクレインいわく、銀行を運営するには五〇〇〇万ドルほどかかるらしい。交渉家ドーソンは資金集めに奔走した。オポチュニティ・インターナショナル社の資金調達担当者の協力を得て、ドーソンは四カ月後に、銀行立ち上げに必要な資金をすべて調達する確約を得た。
ルワンダに向かったドーソンは二〇〇七年八月、ウルウェゴ・オポチュニティ・インターナショナル・バンク・オブ・ルワンダを設立した。これで人々は初めて銀行口座を持てるようになった。最低二ドルで口座を開設でき、五〇ドルの融資が受けられる。ウルウェゴとは現地語で、「はしごをかける」という意味だ。

その頃マラウイでは、大勢の農家がペレカモヨの銀行を「はしご」として利用し、二一世紀の始め頃からこの国を悩ませていた慢性的な飢餓から抜け出そうとしていた。

「子供や老人が死んでいった」マラウイの首都リロングウェの西にあり、ザンビアに続く道路が走るムチンジ地域のピーナッツとトウモロコシの栽培農家、ゲレソム・チムポピが当時を振り返る。「私は祖父母を亡くしました」

「私は子供を二人亡くしました」ピーナッツの仕分け倉庫で、農民のヘンリー・カングウェレマが自分から話に加わってきた。「四歳と一〇歳でした」

「私は四歳の子供と祖母を」三人目の農民、ジェラルド・アブドゥが続く。

彼らは家族に満足な量の食べ物を与えられなかったばかりか、作物が余ったら売却し、借金の返済に充てなければならなかった。死者が出るなか、債権者、すなわち種や肥料の業者や国有の信用調査所がやってきては家屋を取り壊した。「連中は屋根から鉄板をひきはがしました」とチムポピは話す。「わが家の台所用品や毛布まで没収です！」彼は上下に歯のあるべき場所にガムしか乗っていない口の中を見せて、気味の悪い笑みを漏らした。

彼らにかろうじて残された家のドアを、オポチュニティ・インターナショナル社がノックしたのはその頃だった。五〇ドル程度の融資があれば、農家は干ばつに強いハイブリッド種子が買え、政府からの新たな補助金と合わせれば、肥料の袋がもういくつか手に入る。農家へのリスクを減らすため、オポチュニティ・インターナショナル・バンクは作物を買い付ける業者にも融資した。これで、農家が負債を返済するための資金を作る市場が確保されたというわけだ。彼らをさらに支援するため、同銀行はマラウイを皮切りに穀物保険の売り出しを始めた。保険は近隣の気象観測所で観測された雨量に連動して、ムチンジ地域で干ばつが起こった際に、農家がすべてを失わないように保護する。

このような融資を農村部に導入すると、農家の復興が加速した。「最良の種を植え、最良の肥料を与え、雨に恵まれました」とカングウェレマは話す。ピーナッツとトウモロコシの収穫量は二倍、三倍に増えた。余剰分は売却し、利益も一気に増えた。ムチンジの農家は、オポチュニティ・インターナショナル社が用意した移動式銀行が町を訪れた際、生まれて初めて銀行口座を開設した。日に三度の食事が食べられる生活が帰ってきたのだ。

「久しぶりに肉が買えました」倉庫にいたカングウェレマが言う。ボディビルダーよろしく得意げに両手を挙げ、筋肉を見せびらかす。「順調に進んでいます」みんなが笑った。笑うとは、飢えていた頃には全くなかった感情だった。

リロングウェのこぢんまりとした事務所に戻ると、これまで以上に堅実な三人の農民の話を融資担当者から聞き、フランシス・ペレカモヨも笑った。中央銀行総裁時代、これほどうれしい報告を聞くのはごくまれだった。ムチンジからの知らせは、マタイ福音書第二五章の内容が実現したようなものだった。

「私の兄弟であるこの最も小さい者」は、もはや飢えてはいないのだ。

17章 「彼らの期待を裏切ってはならない」

ワシントンD.C.

世界が危機に瀕していたある日の夕刻、大統領が国民に向かって演説を行った。「他国の飢えた人々はアメリカに救いを求めています。アメリカからの友情の証しによって、今後彼らは勇気づけられ、力を取り戻すでしょう。アメリカ国民の反応に希望を感じ、熱心に祈りの言葉をつぶやきながら待ち続けるでしょう……彼らの期待を裏切るわけにはいきません」

一九四七年一〇月五日、ハリー・トルーマンがホワイトハウスから発した初めてのテレビ演説である。第二次世界大戦の心の傷が、まだ生々しく残る時期だった。経済も社会も荒廃していた。ヨーロッパの平和はいつ壊れてもおかしくなかった。ファシズムは制圧されたが、今度は飢餓が民主主義を大きく脅かしていた。トルーマンのスピーチは、翌年から始まるヨーロッパの復興と再構築の青写真、マーシャル・プランに向けて行われた。

それから六二年が経ち、世界が再び危機的状況にさらされると、別のアメリカ大統領はこう述べた。「貧しい国々の人たちに私たちは誓います。あなたがたの畑を豊かにし、清潔な水が流れ、腹を空かせた体に食べ物を、飢えた心に滋養を与えるため、あなたがたと一緒に努力することを。私たちはもはや、国境の外に広がる苦難に無関心ではいられません。世界の資源を消費する際、その影響を意識せずにはいられません」

二〇〇九年一月二一日、大統領宣誓式が終わり、正午を回ってすぐにバラク・オバマが行った就任演説である。景気後退が悪化する世界経済により、繁栄は脅威にさらされていた。オバマ大統領が述べたように、平和は「はてしなく広がる暴力と憎悪」に脅かされていた。「その時が来ました」大統領はアメリカ国民に訴えた。「いつまでも変わらないアメリカ精神を再確認し、よりよい未来を選択する時が」

窮地に立った西欧諸国の人々に食糧を供給する礎（いしずえ）として、マーシャル・プランはアメリカ史の中でも屈指の対外政策となった。現在、こうした画期的な対策を心待ちにしているのは、アフリカの飢えた人々である。この大陸の実情に即し、過去の過ちに留意して新しい緑の革命を起こせば、アフリカ農家の繁栄を真の意味で救うことができる。以下に挙げたトルーマン大統領の演説の支援先を「ヨーロッパ」から「アフリカ」に置き換えれば、二一世紀のオバマ大統領は、決然とした行動を呼びかけられたのではないだろうか。

冬の訪れとともに、ヨーロッパは容赦なく険悪な状況におちいります。彼らが懸命に努力を重ねても、干ばつや洪水、低温が穀物に与える影響は大きく、飢餓の悲劇は避けられない状況です。

西欧諸国ではまもなく、食糧が枯渇することになるでしょう。アメリカやほかの諸国から支援がなければ——それも絶大なる支援がなければ——彼らは今年の冬、そして春を乗り切ることはできないでしょう。

アメリカ国民ひとりひとりが、よその国の仲間たちを飢餓と苦難から救うため、力を合わせようと考えているはずです。

……アメリカは、正当で永久不滅の平和を守る責務に全力で取り組んできました。たとえそれが長く辛い道のりであっても、その目標から顔をそむけるわけにはいかないのです。平和を守る上で欠かせないのは、西欧諸国が自由で自活した民主主義を取り戻すことです。この厳しい冬を乗り越え、これから数年以内に立ち直るよう支援すれば、彼らはその目標を達成するはずだと言い切れるだけの根拠があります。西欧諸国はこの課題を自力で克服しなければなりません。飢えに苦しむ人々が多くては克服できない課題です。我々が友好的な支援の手を差し伸べれば、彼らは課題を達成できます、いえ、必ず達成するはずです。達成できるかどうかは、我々の支援にかかっているのです。

最も急を要する支援は食糧です。空腹に苦しむ人々に食べ物を分け与えなかったという理由で平和が失われれば、平和が無駄に失われてきた歴史の中で、これほど悲しい出来事はないでしょう。

一九四七年、西欧諸国を発展させ、政治的に安定させる一番の方策が十分な食糧の供給であると考えられていたとすれば、そのことは当然、現代のアフリカやその他の地域にも当てはまる。第二次世界大戦後、飢餓の撲滅は当時の急進主義、すなわち国際的な共産主義への対抗策だとみなされていた。そして今、飢餓の撲滅は二一世紀の急進主義、すなわち世界的なテロリズムへの対抗策と考えていいだろう。

そしてもうひとり、第二次世界大戦後のヨーロッパを平和に導こうと尽力したハーバート・フーヴァー大統領は、このようなスピーチを残している。「飢餓は苦しみや悲しみだけではなく、恐怖と脅威を伴います。秩序を混乱に導き、政府の機能を停止させ、滅亡に至らしめることすらあるのです。飢餓は、生命はおろか道義においても、いかなる軍勢よりも破壊的です。飢餓の前では道義的に正しい生活の価値はすべて失われ、文明が得たものはことごとく崩れ去ります。ただし、私たちに救おうという意思があれば、飢えた人々を最悪な状態から救えるのです」

トルーマンが「我が国の繁栄を守るための闘い」と言って認めたとおり、アメリカという国自体には飢餓を克服するための運動を指揮するだけの力が十分あった。事実アメリカは、第二次世界大戦後に分断された世界のリーダーとなろうとしており、この国のこうした動きがイデオロギー面や宗教的側面で、今日の世界を断裂させたのも事実である。対テロ戦争での独断的な政策がアメリカの対外的なイメージを壊した今、分断された世界に飢餓撲滅を呼びかけることが、アメリカの道義的な位置づけとリーダーシップを回復させる一助になるだろう。世界各地で勢いを得てきた多様な草の根の運動を取りまとめることにもなる。

このようなキャンペーンはオバマ大統領の就任演説で示されたように、アメリカ人が「我が国の偉大さを再認識する」壮大な意思表示であり、オバマ大統領が国民に熱心に語りかけることで、より意義深い大義として受け止められる。オバマ大統領はこうも語っている。「現在アメリカに求められているのは、新しい時代の責任者としての立場です。アメリカ国民ひとりひとりが、自分たちの、自分の国の、そして責任者たる務めを意識するということです」

新政権が発足すると、アメリカ国民は飢餓対策に立ち上がろうとした。教会で、大学で、慈善事業で、家族がテーブルを囲む夕食の話し合いの場で、飢餓の問題への取り組みが勢いづいた。債務救済とエイズ問題に取り組む草の根の活動から端を発したＯＮＥキャンペーンの一〇万人を超える会員が、大統領就任演説で、世界の貧困について断固とした声明を発するようオバマ大統領に要請する請願書にサインした。オバマ大統領が貧困について言及すると、公約の実現に勇気づけられた大勢の人々がホワイトハウスに押し寄せた。

二〇〇八年の大統領選期間中、〈世界にパンを〉の関連機関〈飢餓撲滅同盟〉が実施した世論調査によると、国民は政治家による飢餓への対応を期待しているとの結果が示された。この調査を実施したのは、クリントン大統領の首席補佐官や民主党の選挙参謀を務めたトーマス・フリードマン調査員、そして連邦上院議会や議員委員会の在職経験があるジム・マクラフリンだ。一九九六年の大統領選では、フリードマンがクリントン、マクラフリンがボブ・ドールの陣営について争ったが、飢餓の問題の重要性と行動に移す機が熟したことを両党が示すため、協力して取り組むことになったのだ。

フリードマンとマクラフリンは、貧困や飢餓といった問題解決を促す政策の立法化を早急に求める有権者（二人が呼ぶところの「良識派（ドゥ・ライト）」が出現しつつあることを認めていた。と同時に、恵まれない人々の救済問題に高い関心は持つが、政府の解決能力を疑問視する「諦観派有権者（フェド・アップ）」層の存在も特定した。アメリカの道義的な優先順位の再編成を支持する有権者が多いこともわかった。

調査団は「道義上、最も優先すべき問題はどれですか?」と質問した。飢餓と貧困との闘いを最優先すべきと答えたのは全体の四一・八パーセント、環境保全が二三・一パーセント、妊娠中絶が一六・七パーセント、同性愛者の結婚が一二・八パーセントとの結果が出た。共和党員では飢餓の問題は中絶と数字的にほぼ同率で、同性愛者の結婚を大きく上回った。民主党員は環境保全(三〇パーセント)を大きく引き離し、貧困と飢餓(四八パーセント)を最も優先すべきだと答えた。

大統領選でオバマが勝利した夜に別の世論調査を実施したフリードマンとマクラフリンは、調査対象有権者の六〇パーセントが大統領候補から飢餓の撲滅に対する見解をもっと聞きたいと考え、六九パーセントが世界で最も貧しい人々の需要に対応する支援に、連邦予算の一パーセントを割くべきだとの結果を得た。彼らが継続してきた調査によれば、アメリカは世界の飢餓撲滅に対する拠出額が少なすぎるという意見の支持者は、二〇〇三年の二七パーセントから、二〇〇七年には四四パーセントに上昇した。世論調査の主催者は大統領選キャンペーンの幕開けとともに、このような結論に達した。「我が国は、貧困と飢餓について一致しつつある意見を政治的行動に変える機会を逃そうとしている。今こそ行動に移すべきだ」

新マーシャル・プランの活動を起こす準備を進めていた老戦士、ノーマン・ボーローグは、二〇〇七年の夏に議会名誉黄金勲章を授与された。三七年前のノーベル平和賞授賞式のときから発してきた警告が実を結んだのだ。飢餓に対して見て見ぬふりをしていた世界を、アメリカが覆す時がようやくやってきた。

アメリカ合衆国議員ならびに政府の皆様に今日お願いしたいのは、六〇年代、七〇年代に実施したような、第三世界諸国に対する精力的かつ寛大な農業の政府開発援助プログラムに再び取り組んでほしいということです。小規模な農業への対外支援予算が年々縮小されています……我が国の最大の関心事でもなく、我が国で最も崇高な伝統を示すものでもないからです。

このすばらしき国家アメリカの子供たち、孫たち、ひ孫たちが、幸せに暮らせる未来に向けての方針を示すのなら、第三世界についてはより大胆に、そして思いやりをもって考えた上で、マーシャル・プランの現代版を作成してほしいのです。今回は戦争で疲弊したヨーロッパの救済ではなく、飢餓と貧困からいまだに脱出できないまま、一〇億人に達しつつある農村部の貧しい人々を救うためです。私たちが愛情と知性を投入すれば、こうした人道的悲劇と不当な扱いの終息は、アメリカの技術力と財力の範囲内で達成できます。

現代版マーシャル・プランで、アメリカはアイルランドをはじめとする多くの政府の協力を得ることになる。飢餓との闘いが「偉大なる時代」までさかのぼるアメリカとは対照的に、アイルランドの気運は悲運の時代に端を発している。「我が国の苦難の歴史を知るアイルランド人は、世界中で日々疾病や貧困、飢餓に苦しんでいる人々に共感すると、声を大にして言えるのです」二〇〇六年、アイルランドの海外支援の今後に関する政府白書の公開に当たって、バーティー・アハーン首相はこう語った。「だが共感だけでは足りません。行動は言葉よりも雄弁でなければなりません」

この白書をきっかけに、二〇〇七年、アイルランドは、世界的な飢餓の問題で主導的な役割をもって取り組む飢餓対策委員会を設立した。設立当初から、大いなる野心が語られている。「アイルランドは飢餓の分野でノルウェーのような国家になることを目指すべきです」と、対策委員会のメンバーであり、アイルランドの支援機関〈コンサーン〉の最高責任者、トム・アーノルドは断言した。彼いわく、ノルウェーも小国だが、世界の平和構築と紛争解決では大国並みの役割を担ってきた。平和の橋渡し役がノルウェーの外交政策の優先課題となり、大学や研究機関の専門分野となった。首都のオスロでは、敵対している国どうしの和平首脳会談が何度も開催されてきた。ノルウェーの外交官は紛争地域に平和使節団を派遣しているし、ノルウェーはノーベル平和賞授賞式の開催国でもある。アイルランドはノルウェーの世界平和への貢献を手本にすると、トム・アーノルドは語った。

二〇〇八年九月、飢餓対策委員会は、アフリカの小農の生産性向上、母子の栄養失調の改善、アフリカ諸国やその他の国々の政府に飢餓削減の約束を果たすよう促すことの三点を目指す国際開発援助と外交策を、アイルランドの目標に掲げた。加えて同委員会は、アイルランドがもつ知識や人材の調整と普及のために、飢餓使節団の任命を提案した。アイルランドが飢饉に苦しむ国から食が豊かな国へと変貌を遂げた実際の活動を伝える農業専門家、農業と栄養研究の要として機能する大学、栄養失調者向け食品を開発する食品企業、飢餓撲滅を目指す国際政治的な強い意志――緑の革命以来失われた意志――を掲げる政治家を、飢餓使節団は取りまとめるのだ。何よりもアイルランドは飢えに苦しんだ過去があり、富める世界は餓死の恐怖を決して忘れてはならないと訴えているが、それはこの国が切実に感じてきた教訓なのである。

飢餓対策キャンペーンは、宗派間闘争で長きにわたって混乱状態にあったアイルランドの人々に共通の大義であるが、世界中の人々にとっても重要な課題であることに、アーノルドは注目した。飢餓の終結は、三大宗教のすべてが望む道徳的な問題であると同時に、富める者と貧しき者の緊張関係を緩和し、経済的混乱を安定化させるという国家安全保障上の問題でもある。

二〇〇八年の食糧危機で飢餓地域に食糧の緊急援助がなされたことは、飢餓撲滅キャンペーンで世界がひとつになれることの証しだ。食糧価格の高騰が世界食糧計画（ＷＦＰ）の予算に大きな打撃を与えたため、ジョセット・シーラン事務局長は世界中を回って七億五五〇〇万ドルの寄付を集めた。アメリカの政府と議会、大小さまざまな国々の議会、シカゴ商品取引所、オプラ・ウィンフリーなど、さまざまな場所や人に寄付の依頼に行くたび、シーランは世界食糧計画の学校給食プログラムの象徴である赤いプラスチックのコップを持っていった。サウジアラビア王国は五億ドルを寄付し、寄付金額としては最高額となった。サウジアラビアは伝統的に国連機関へ高額の寄付を行わないのだが、突如として世界食糧計画の最大の支援者の一員となった。「世界中の人道主義者が、地球上の人間すべてに関わる事態に一致団結して取り組むとこうなる、という一例です」とシーランは述べた。

二〇〇三年の飢饉、〇八年の食糧危機から得た教訓のひとつは、飢饉は共同で対処すべきところを、共同で失敗してしまった結果で起きてしまうということである。そこでもうひとつ得た教訓がある。世界は、アフリカが可能な限り食糧を自給することを望んでいるということだ。二〇〇八年、中国やインドなど新興国の中流層や、穀物由来の代替燃料の使用を義務付けられた富裕国による作物需要に世界中の農家が対応しきれなくなり、食糧価格の高騰がきっかけで、世界の四分の一以上に当たる国々で暴動や経済危機が起こった。世界的な景気後退でこうした需要の一部が抑制され、二〇〇八年末には商品価格が下落した。だが世界経済の回復とともに、この危機は再燃するだろう。次に食糧危機が起きたときには、人口の増加に伴って、食糧援助の対象となる人々がさらに増えることになる。アフリカは世界に残された最後の農業フロンティアであり、収量を飛躍的に増加させ、需要を高める余地のある場所でもある。アフリカの農家をいつまでも軽視していると、将来的には私たち全員が窮地に立たされるのだ。

食糧危機に目を向け、圧倒されるのはたやすいことだ。しかし飢餓の問題に広い視野を持つことは、対策の可能性を広げることにつながり、ひいては政府、企業、大学、慈善活動家、関心を持つ個人が飢餓の現場に飛び込み、支援活動ができる機会が広がっていく。飢餓を克服し、アフリカ農業の改革を達成するには、対処すべき重要な課題がある。それについてこれから述べていきたい。

開発支援の確固たる拡大

二〇〇八年末に起こった世界経済の崩壊により、多くの国々が深刻な財政危機におちいった。資金に恵まれた政府は行き詰まった経済を救済する緊急財政措置を講じ、新たな道徳基準が生まれた。こうした国々が過去に膨大な資金を持っていた（が、失ってしまった）国を支援するために巨額の資金を工面できるのなら、その巨額の資金のごく一部を、資金の乏しい国々の支援に充てることはできるはずだ。

財政危機が起こる前、二〇〇五年のグレンイーグルズ・サミットで、G8加盟諸国――アメリカ、イギリス、カナダ、フランス、ドイツ、イタリア、日本、ロシア――は、アフリカに対する年間の開発援助額を二〇一〇年までに二五〇億ドル増やすと約束したが、実際にはそれをはるかに下回る金額しか拠出できていない。この公約を精査する監査機関DATAの報告によれば、二〇〇八年の時点でG8諸国の援助額は三〇億ドル程度しか増えていないという。アメリカは五年間でアフリカへの援助額を四〇億ドル増やす（合計八八億ドルとする）と公約していた。折り返し点に達した時点で、アメリカの増分は五億八一〇〇万ドルに過ぎなかった。

アフリカの農業革命にはどのぐらいの予算が必要なのか。ゲイツ財団の試算によると、アフリカ大陸の農業開発支援には、アフリカ諸国の政府の支出、対外政府援助、民間投資、慈善団体からの寄付を合わせて、年間九〇億ドルの資金が必要だという。また、サハラ砂漠以南のアフリカの六〇〇〇万世帯の収入を三倍に引き上げるには、総計で年間二〇〇億ドル前後が必要だという。この支出をまかなうためには、すべての財源からの支出額を年間九〇億ドルから一一〇億ドル増やさなければならない。

こう聞くと大金に思えるが、世界経済危機で生まれた新しい道徳規準に照らし合わせてみれば、ごく少額に過ぎず、資金が足りないという議論は成り立たなくなる。ゲイツ財団が試算した金額は、シティ銀行グループの負債に対する緊急援助額を下回っている。グレンイーグルズ・サミットでアメリカが公約に掲げた四〇億ドルの支援は、自動車業界の救済策と比べると些細な金額にすぎない。さらにゲイツ財団がアフリカの六〇〇〇万世帯を飢餓から救えると試算した額は、アメリカの食糧支出額の半分を少し上回る程度の金額に過ぎないという、飽食大国アメリカの現状と比較したデータもある。ダイエットプログラムやハーブ食品など、アメリカのダイエット食品市場は年間三三〇億ドルの消費が見込まれている。

アフリカの小農を救済するグローバルファンド構築

エイズ、マラリア、結核など、アフリカの健康問題を大いに脅かす要因への対策に数十億ドルの資金を投じるグローバルファンドと同様に、農業向けグローバルファンドでは、アフリカ大陸の過半数を占める小農に、基金の利潤を投じることになる。飢餓と闘い、農村部の経済を高める最も効果的な手段とは、まず、こうした貧しい農家が食糧を自給できるよう育成することであるというのは、国連ミレニアム・ビレッジ・プロジェクトから食糧資源銀行にいたる諸機関も認識している。その多くが、小型のダムや貯水池に蓄えた雨水で作物を育て、不耕起栽培で土中の水分量を維持し、天候との相性がよく、肥料も少量で済むような品種を植えるという簡単な投資で、収量を高めることができる。次のステップは、自給分以上の食糧を生産できるよう支援して、国内の食糧需要を満たすだけでなく、世界規模で増加する食糧需要も満たせるようにすることだ。

インフラ投資

何年にもわたる農業軽視を経て、世界銀行やアフリカ開発銀行といった国際機関は、道路、農村部の電化、灌漑など、アフリカの農業インフラを向上させる大規模プロジェクトへの資金投入を拡大する必要に迫られた。そのニーズはあまりにも規模が大きく、手つかずの状態は国際機関にとって恥ずべき状況だった。ワシントンに拠点を置く支援団体〈アフリカの飢餓と貧困を削減するパートナーシップ〉（PCHPA）のマイケル・テーラー作成のインフラ投資報告書によると、サハラ砂漠以南のアフリカ農村部で、舗装道路から二・四キロ圏内に暮らす人々は全体の三分の一、灌漑が整った耕作地は四パーセント未満、農村部の家庭で電気が利用できるのはわずか八パーセントだという。

アフリカの農業を発展させるためには、特に東部のナイル川流域（エチオピアの青ナイル川を含む）、西部のニジェール川流域といったアフリカ大陸の大規模な水源の利用が欠かせない。二〇〇八年初め、アフリカ国家元首が集うサミットがアディスアベバで開催された際、世界銀行のロバート・ゼーリック総裁は、世界銀行のアフリカ農業への資金提供額を、これまでの二倍に当たる年間八億ドルとするとの公約を掲げた。アフリカの指導者らは、トラクター工場から港湾の復興に至るさまざまな案件への資金援助を矢継ぎ早に求めた。

民間企業からの投資機会も多数あった。中国企業が大挙してアフリカに乗り込み、自国の製造業を活気づけるため、原材料の輸送に必要な道路の建設に特に力を入れた。こうした道路は、生産物を市場に運ぶ地元の農家のためにも、そもそも整備すべきものだった。ヨーロッパの園芸業者は、輸出用の花き向け温室を建設すると同時に、灌漑用水路も造った。電話会社が整備した通信ネットワークは、農家が価格や市場情報を収集するのに役立った。鉱物性肥料の大手メーカー、ノルウェーのヤナ・インターナショナル・ASAは、販路をアフリカまで拡大した。カーギルやデュナバントといったアメリカ企業は、アフリカの綿製造業に投資を続けている。こうした活動はごく一例に過ぎず、実際には大小さまざまな企業がかかわっているはずだ。ベンチャー・キャピタルの経営者は、たとえば人力灌漑ポンプのように単純な構造で、アフリカが手に入れやすい手頃な価格の技術を導入したいと考える社会派の起業家に立ち返るべきだ。世界各地からアフリカに集まった商品取引所の代表者は、アフリカ大陸の津々浦々に新しい商品取引所を開設するエレニらの活動に力を貸して、アフリカ農家向けに、より統制の取れた市場環境をはぐくむべきである。

一方、アフリカ諸国の政府は、今度は多国籍企業の植民地になるのではないかと慎重な姿勢をとっている。一部の石油系、鉱山系の多国籍企業が石油と鉱石を根こそぎ採掘し、ほとんど対価を支払わなかったという経緯があるため、そう考えるのも当然だろう。政府は、多くの国々で力をつけつつある農民組合と提携し、農民の権利を守り、契約が神聖にして侵すべからざるものだと確約しなければならない。海外の投資家は、利益の一部は地元の自治体に再投資するという、南アフリカで最初に確立された社会的責任の原則を遵守するべきである。各国の市民社会団体は、各企業にアフリカでの事業活動の結果責任を遵守させせなければならない。

アフリカが担う責任

アフリカ諸国の政府も、公約は守らなければならない。アフリカ五三カ国中、二〇〇八年までに農業関連の予算を国家予算の一〇パーセントとする目標を達成させたのは、ブルキナファソ、カーボベルデ、チャド、エチオピア、マリ、マラウイ、ニジェールの七カ国にすぎない。ＰＣＨＰＡの採点表によると、その他三〇カ国では、五パーセントから一〇パーセントの値を達成させるのがやっとの状況のようだ。予算投資は、科学的な調査、最新技術を農家に普及させるサービスの拡大、農家を可能な限り発展させるための刺激策を最優先させた上で実施しなければならない。

アフリカ諸国の政府は、国有地の割合を減らすべきでもある。アフリカの多くの国では、国土の大半が、国家政府や首長など、何らかの管理体制のもとで支配されている。その理由は、小農から土地を国有化という理由ですべて買い上げれば高い金利を払わずに済み、さらに、土地を失った彼らを都市部に強制的に移住させるためだからだとよく言われている。この慣習があるため、世界のどこの農家でも土地の所有は生活上欠かせないというのに、アフリカの小農は土地を担保にすることができない。土地が無条件で所有できるか、せめて九九年の貸借権を農家に与えれば、灌漑システムなどの施設を改善しようという意欲もわくというものだろう。

とはいえ、まずはアフリカ大陸のさまざまな紛争を終結させる必要がある。アフリカでも国土が広く、農作物が豊かに育つ可能性の高いスーダンとコンゴ民主共和国の両国は長期にわたる紛争に苦しめられ、広範な地域で農業をすること自体が非常に危険な行為になっている。海外から毎年送られてくる大量の食糧援助をただ食い尽くすのではなく、前述の二国、そしてアフリカ南部の穀倉地帯と呼ばれていたジンバブエは、食糧自給を達成し、さらには輸出できるような体制を整えるべきである。

遺伝子組み換え種子の普及

遺伝子組み換え（GM）種子の使用をめぐる欧米間の論争の結果、南アフリカを除くアフリカ大陸では、この種子を閉め出す動きが大規模に展開されてきた。遺伝子組み換え作物はアメリカのスーパーマーケットで広く普及しているが、アフリカ諸国は、こうした種子を植えると遺伝子組み換え作物を許可しないヨーロッパに、自国の作物を輸出できなくなるのではないかとの懸念を示している。アフリカ諸国の政府は国内の需要を考慮し、一部、遺伝子組み換え作物の採用については活発な議論に取り組んだ上で決定すべきである。遺伝子組み換え作物の栽培を決断した場合は、作物の検査と安全性に関する方針を定めた厳密な規定を作成しなければならない。また、栄養価が高く、小農が育てやすくなるように特別なバイオテクノロジーを利用して品種改良された作物――害虫に強い、除草剤への耐性がある、土壌から効果的に無機栄養素を取り込めるといった特徴をもつ作物――に目を向けるべきだ。ウガンダの研究者グループは、壊滅的な被害をもたらす葉の病気に強いバナナの品種を開発している。ウガンダの人々は他国よりバナナを食べる量が多いため、こうした品種は国家安全保障にとって重要だとの見方もある。ただ遺伝子組み換え作物をめぐって欧米の見解が割れており、ウガンダ当局でも警戒感を持つ者が現れ、バナナの新品種の普及が遅れてしまった。ケニアでは、世界食糧計画が農家を対象とした円卓会議を開催し、食糧支援におけるアフリカ農家の役割について話し合った結果、まもなく遺伝子組み換え種子の採用を強く求める声が上がった。干ばつに耐性のある遺伝子組み換え作物の新たな開発が、ケニアを含め、多くのアフリカ諸国に多くの利益をもたらすことになるのだ。

アメリカ、ＥＵ（ヨーロッパ連合）、世界銀行などは、国際農業研究協議グループ（ＣＧＩＡＲ）への資金提供額を増やし、小農にとって最もメリットがある方策を科学者が考案できるよう、資金額への制限を撤廃するべきだ。国際農業研究協議グループは貧しい小農を対象としており、最初の緑の革命で成功を収めた実績がある。過去においてはアメリカ農家も、小麦などの新品種開発では公立大学所属の育種家の力にかなり頼っていたこともあった。だが近年、公的研究機関は遺伝子の特許取得はもちろん、こうした遺伝子の利用の段階においても、モンサント、デュポン、シンゲンタといった育種事業を展開する民間企業に遅れを取っている。企業の最先端の研究活動に要する資金は日を追うごとに増えている。たとえばモンサントは研究開発に一日当たり二〇〇万ドルを投じている（こうした研究開発費の高さから、企業は自社製品の知的財産を保護する方向に動く。これがなければ、研究を押し進める動機がなくなると、企業側は主張する)。欧米のバイオテクノロジー企業は、自社の最先端技術は原則、特許料なしで、貧しい農家と共有すれば利益となって還元されると考えたほうがいい。一部企業は干ばつに強い遺伝子の無料提供を開始している。こうした品種が多数の農家の貧困緩和に役立てば、彼らは商用化された種を買えるだけの財力のある顧客に成長するだろう。また、気温が高くて雨が少ない地域で豊かに実る品種を開発すれば、アフリカ諸国が気候変動の影響に適応するうえで大きな助けになる。

アフリカは遺伝子組み換え作物とは別に、分子育種と呼ばれる作物バイオテクノロジーの最先端分野に力を入れるべきだ。この分野の科学者は、ある植物にそもそも存在していることが知られていなかった重要な形質を発見しつつある。これまでこうした形質は、ほかの種から探さなければならない場合が多かった。分子育種では、遺伝子をほかの種から導入するのではなく、その植物がそもそも持っている形質——ほかの特性に着目していた育種家が長いあいだ忘れていた、あるいは見逃していた形質——をDNAから見つける。分子育種は低コストかつ短期間で実施できるうえ、遺伝子導入を伴わないため、現在のバイオテクノロジー研究を取り巻く多くの心情的な問題を回避できる。

食物に代わるバイオ燃料の原料を見つける

すでに示したとおり、食物を燃料に転換する経済効果が疑問視されているのはもちろん、飢餓が世界的に蔓延している現在、バイオ燃料は道徳上の嫌悪感を生んでいる。現在の石油駆動のエンジンに代わる動力源がほかになければ、政府は食用以外の植物、あるいは植物の廃棄する部分を原料とするバイオ燃料の生産を開始すべきだ。インドとアフリカのバイオ燃料の生産現場では、雑草のようにたくましく成長し、しかも人間と動物の両方の食用に適さない、ナンヨウアブラギリ（ジャトロファ）という植物に注目している。アメリカでは、スイッチグラス全体、トウモロコシの可食部以外に含まれるセルロースを原料とするバイオ燃料の生産にすでに取り組んでいる。

国際穀物備蓄構想

緊急の食糧支援要請に備えて食糧を備蓄するという、国際穀物備蓄の概念を真剣に検討する時期にある。備蓄さえあれば、二〇〇八年にトウモロコシ、小麦、大豆、コメなどの主要商品価格が急騰し、多数の国々を揺るがした食糧不足が緩和できたかもしれない。各国が保護貿易主義の障壁をつり上げて戦略的備蓄量を確保するたび、世界食糧計画は食糧を購入できる手だてを失っていた。

穀物備蓄構想は、これまでいくつかの理由によって却下されてきた。富裕国は緊急支援要請で危機に瀕した人々に食糧を提供したことを評価されたいと考え、保管コストはかさみ、輸出業者は食糧備蓄が市場にとって障害になると懸念していたのだ。だが、備蓄食糧は緊急時のみに利用するものであり、商品としての販売や価格安定化のために設けるのではない。世界食糧計画がイタリア、ガーナ、ドバイにすでに用意した施設に備蓄することもできるはずだ。富裕国は備蓄分を新たに仕入れることで、食糧危機に対応できる。

公正な補助金制度

欧米が近代農業を発展させた二〇世紀に必要だったように、農業補助金は今世紀のアフリカ農業を発展させる上で欠かせない。マラウイでの成功事例が示すとおり、種子や肥料の購入支援を目的とした農家に対する賢明な補助金制度は、そうした商品を扱う民間販売業者の事業振興にも役立つうえ、作物の生産量を飛躍的に向上させて、自給自足農業の発展が促された。どの国も自国民に食糧を提供できるようになるべきであり、食糧生産は国家安全保障に関わる問題である。この目標を達成するに当たり、補助金制度は歴史的に見ても重要な手段であり続けた。

問題は、農家にどのようにして補助金を支給するかだ。その国の農家の大半が貧しければ、生産量に応じた補助金を支払うか、種や肥料の価格を割り引くのが理にかなっている。政府にとって比較的提示しやすい基準であり、需要の高い食糧の生産が促される。ただ、農業がすでに近代化した国家の場合、生産量に応じた補助金支払い制度では、支援の必要ない農家の手にも補助金が渡ってしまう。

一国の補助金制度が他国の農家に苦痛を強いる結果となってはならない。ある国が需要を上回る食糧を生産した場合、財政的支援は価格を引き下げる過剰供給となり、グローバル市場への投げ売りが不可避となるため、農業補助金制度の改革が必要になる。安価な食糧は都市部の貧困層には有効だが、農家が全力を挙げて働こうという意欲を削がれるようでは、その国の食糧安全保障は徐々に衰えていく。したがって、欧米の補助金は可能な限り、生産から切り離すべきである。納税者が今後も農業への補助金制度の継続を希望するなら、社会の緑化スペースの維持、土壌の浸食防止、野生動物の生息域の拡大、水資源の保護など、環境対策への政府予算として農家を支援することも可能だ。

すでに農作物の生産量が過剰であるアメリカでは、対応策として穀物生産者に買い上げを提案している。土地を補助金プログラムから永久に対象外とするのと引き替えに、一回に限って補助金を支払うという制度だ。二〇〇四年、ワシントンの連邦政府はタバコ畑の補助金制度取りやめを決定し、地元経済の存続が危うくならない限り、補助金プログラムからタバコ栽培を除外できるようになった。

アメリカ連邦政府が今でも農家の貧困脱出を目標に掲げているのなら、解決は簡単だ。一九九〇年代半ばに実施された画期的な調査で、アメリカの作物補助金は、もっぱら農家を将来的に貧困に追い込むために投じられているという結論が導かれたのである。連邦政府は一九九三年から九七年にかけて総額四三四億ドルの農業補助金を支出している。この金額は、貧しい農家が最低生活水準を満たせる収入を連邦政府が保証するために拠出する額をわずかに上回っていたことが判明した。アメリカ農務省が二〇〇〇年一〇月に実施した調査によると、上述の期間、約五三万世帯の農家の収入を最低生活水準の一八五パーセントまで引き上げるには、四二〇億ドルで済むという(当時、農務省の学校給食プログラムは最低生活水準の一八五パーセント以下の収入の世帯を対象にしていた)。その当時、セーフティネット対策により、四人家族の農家の世帯年収は三万四〇ドルまで保証されていた。現在のアメリカの制度の下で、補助金は国内でも国外でも有害無益なものになっている。

アメリカの食糧支援は現地調達に柔軟に対応すること

アメリカは自国生産の食糧をただ送るのではなく、食糧援助予算の最大五〇パーセントを飢餓地域の近隣で穀物を購入する資金に充てるべきだ。または食糧援助予算を少なくともあと五〇パーセント増やし、現地調達の新たな資金源として活用する。そうすれば、輸送時間とコストが大幅に削減され、食糧がより短時間かつ低コストで飢餓地域に到着するだけではなく、アフリカ産食糧の新たな市場も生まれる。だが、アメリカ産穀物を輸出できる体制を整えておくに越したことはない。ヨーロッパ諸国は食糧援助のすべてを現金にしているが、アメリカはそこまですべきではない。

利益が自国に留まるからという理由だけでアメリカが食糧援助を支持するという、政・財・官が農業利権で手を結ぶ〈鉄の三角関係〉にピリオドを打つときが来た。二一世紀になり、食糧援助の一部を現金にすべきだという主張で最も説得力のあるのは、最も単純な主張でもある。「正しいことをしなさい」ということだ。

支援に参加する

アラバマ州のパットとイレイン、オハイオ州のルーフェナハト家、ケニアのグレゴリー・ワヨンゴとマムリン医師、ホイートン大学の学生たち、エチオピアのエレニ、マラウイのフランシス・ペレカモヨ、オランダのピーター・バッカー。教会や慈善団体、大学、企業が、飢餓との闘いに自発的に参加している。この闘いは、一個人の活動が大きな影響を与えることもある。ノーマン・ボーローグは全世界からの支援を求めている。

二〇〇七年、緑の革命の主導者であるボーローグは九三歳の高齢だがまだ現役で、緑の革命の発祥の地であり、新たな働き手を待つ、メキシコのシウダード・オブレゴンの畑に戻ってきた。おぼつかない足どりで、ほぼ半世紀前に自分の手で作った品種の系統である、腰の高さまで伸びた小麦の海を注意深く歩き回る。黄金色の小麦の茎はカリフォルニア湾からの海風を受けて波打つように動き、すっかり白くなったボーローグの髪もそよぐ。たわわに実った麦畑から目をこらすと、遠くシエラ・マドレ山脈がかすかに見える。「ここは世界で一番好きな場所だ」あたり一面の匂いを楽しむかのように大きく息を吸い込み、ボーローグは言う。「この場所で私は、環境とはこれほどまでに変えることができるのだという手ごたえを得て、それが励みになりました。アフリカでの食糧増産を楽観的に考えることもできたのです」

ボーローグには、自分の残したあらゆるものが、彼が始めた農業主体の繁栄をもたらしたのだとわかった。空に向かって頭を突き出す穀物サイロの前のアスファルト道路を、新型のピックアップトラックが猛スピードで走り抜けていった。大きな看板には、アメリカ製トラクターの最新モデルの広告が大々的に掲げられている。夜になると、ティーンエージャーたちがボーローグの名にちなんだ四車線の大通りをマイカーで流している。地元紙の一面に、ダラスにあるベッドルーム二部屋のささやかな自宅から、ボーローグがアメリカのとある支援者の社用機に乗ってやって来たことを報じる記事が載っている。年配の農民が豪華なバーベキューのかたわらで乾杯のあいさつをし、ボーローグの功績をローマ教皇になぞらえると、特別ゲストとして招かれた彼は照れて顔を赤らめた。

市役所の吹き抜けの壁には、この土地の歴史を物語る重要な出来事を描いた壁画がある。農民たちのデモや、穀物に水を供給するためのダムが描かれた脇には、黄金色の小麦のなか、かたわらに顕微鏡を置いて、作物育種ノートに何やら書き込んでいる、日に焼けたボーローグの姿がある。ノーベル平和賞授賞式のスピーチの一節を引用した銘文には、このような言葉がある。「平和を望み、正義を育てても、同時にもっと多くのパンを作るための畑を育てなければ、平和を得ることはできないだろう」

ボーローグ自身、心穏やかな状態ではなかった。二〇〇七年の時点でも課題が山積しており、世界規模の飢餓が再び起ころうとしていた。ボーローグの思想に感銘を受けた、新しい世代の門下生が集まっている。彼の体は癌にむしばまれ始めていた。それでも仲間たちとモーテルのレストランで夕食を食べながら語らうなか、彼の熱意と決意が消えることはなかった。「世界で今起こっていることは犯罪的行為だ。欧米諸国には、飢餓と闘う気概がまだまだ足りない」と、ボーローグは語った。「緑の革命の進展に関しては、私は決して満足していない」

そのとき突然ボーローグの鼻から出血があった。がん治療の副作用だ。会話に熱中していたあまり、仲間たちが驚いた顔で自分を見ているのに気づくまで、格子縞のシャツの前身頃が血に染まっているのに気づかなかった。彼はテーブルにあった紙ナプキンをつかんで鼻を押さえた。自分をむしばむ癌に恨みの言葉を吐きながらも、恐怖と怒りの感情がボーローグの青い瞳に交互に浮かぶ。「いまいましいやつだ。私には時間がない」そう言う

2007年、93歳のノーマン・ボーローグが、活動の原点であるメキシコのヤキ渓谷を再訪した。

とボーローグはテーブルを離れ、自室に歩いて戻っていった。

ところが翌朝、夜明けとともに、ボーローグはモーテルのロビーに堂々と歩いてきた。かねてから自分が興した研究施設での最新の実験状況を視察し、作物の新品種を開発する研究者らを激励したいと希望していたのだ。ジーンズにTシャツ姿の小柄なオーストラリア人学生、アンジェラ・デネットが恥ずかしそうにボーローグに付き添う。彼はゆっくりと歩を進めながら、アンジェラが育てた畑を回り、苗をひとつひとつじっくり観察した。「ひとりでなさったとは思えない偉業です」とアンジェラは言った。

頃合いを察したひとりの教官が、この畑でボーローグがどのように小麦の新品種を生み出したかを話し始めた。するとボーローグが、くすくす笑いながら振り返った。「ひとこと言わせてくれないか。私が一刻も早く新しい品種を生み出さなければクビになるんじゃないかとびくびくしていたのは、ご存じないようだね」

新たな品種をボーローグに見てもらうなら、できるだけ早く開発しなければならない。畑を去るボーローグは、自分がもう一度この地に来られるだろうかと考えた。命が消える日の覚悟はできている。だが自分の夢も一緒にこの世から消えてしまうわけではない。「飢餓は決して克服できない問題ではありません」飛行機の窓から外を見やり、新緑に包まれたヤキ渓谷の畑がどんどん小さくなるのを眺めながら、ボーローグは言った。「私は事実を把握した普通の人々の判断を大いに信頼しています。変革は一気に始まるものです」

エピローグ

ハギルソ

アイルランドのストロークスタウンにある飢饉博物館の一番奥の部屋、その中でも最後の壁には二枚の痛ましい写真が掲示され、飢えに悩まされた人々の瞳が入場者をじっと見つめている。一枚は一八七六年にインドで撮影されたもので、骨格がわかるほどやせ衰えた大人と子供たちが、〈死の舞踏〉の絵のようなポーズを取っている。もう一枚は一九八五年のスーダン。飢饉を逃れて新天地にやって来たものの、やはり食べるものが何ひとつないエチオピア人キャンプの様子だろう。棒のようにやせこけた体の子供が砂の上に座り、その前で二人の写真家がカメラを構えている。

飢饉博物館のジョン・オドリスコル館長は、寒さのあまり上着をぎゅっと引っ張ってから、この最後の部屋に入った。季節は秋、観光のオフシーズンなので、暖房を切ってある。だがたとえ夏であっても、最後の部屋に展示された写真の強い存在感に、誰もが身を震わせながら飢えた人々の瞳をのぞき込むことだろう。「この写真の反応を聞くといいですよ、特に子供たちから」オドリスコル館長は、この博物館を訪れる年間六万人の大半が学齢期の少年少女たちだと言った。「衝撃。怒り。そして疑問」

必ずこんな問いかけがある。

「どうして?」

「この子たちに何があったの?」

「この人たち死ぬの?」

ボリチャ高原の緊急食糧配給テントで飢えに苦しんでいたエチオピアの少年、ハギルソはどうなったのだろう。死んでしまったのだろうか。

低地から台地へと登る土ぼこり舞う砂利道は、救援チームのトラックががらがらと音を立てながら食糧と薬品を積んで走った二〇〇三年から、ほとんど変わっていなかった。らせん状の稜線をたどるように登る曲がりくねった道を一〇キロほど進み、小農たちが住む泥れんがの小屋「トゥクル」を通り過ぎる。台地の頂上まで登り切ると、道が平坦になり、道の状態も比較的良くなった。さらに進むと、小さな店が並び、人々がひしめき合うように暮らすこの地域の主要都市に着く。診療所はまだ開いていたが、緊急食糧配給テントは撤去されていた。岩場に雑草がはびこっていた。

「あと一五キロほど先にあります」と、世界食糧計画(WFP)のボリチャ地域担当フィールド・オフィサー、ネガ・アムバゴが言う。

この日は市の立つ日で、未舗装の小道は混んでいた。トラックや乗用車、スクーターもたまに通るが、人々はもっぱらロバが引く四輪車で移動している。一度に一〇人程度の乗客を運ぶものもある。日差しをさえぎる布の日よけがついた上等なものは少ない。照りつける太陽にさらされた車ばかりだ。五年前、餓死寸前のハギルソが父親のテスファエの腕に抱かれて運ばれた車も、こんなものだった。

町から離れると市の人だかりも少なくなっていく。草木が生い茂るなか、ネガがじっと目を凝らす。道の左方向に集落が見え始めた。「ここで停まって」とネガが言うと、世界食糧計画の白いトヨタ・ランドクルーザーは徐々にスピードを落とし、静かに停まった。「ここにテスファエがいるはずです」

すぐさま小さな村の住人全員とおぼしき人々が、大人も子供も興味津々で車に駆け寄ってくる。長身の痩せた男が集落から大股で歩み出ると、人垣が二手に分かれる。「彼です」とネガが言う。

テスファエは満面の笑みを浮かべていた。鎌を手に持ったまま、テスファエは来客を強く抱きしめた。「あなたを覚えています」とテスファエは言った。「私は食糧配給センターにいて、みんなで床に座っていました。あなたは写真を撮って、うちの息子がどうして病気になったのか聞きましたね。そして、私と息子の名前を尋ねました」

彼はすべて覚えていた。

ハギルソはどうなったのだろう?

「こちらです」テスファエはそう言うと、小屋のあいだの空き地に案内した。「息子は助からないと、医者に言われたのですが」

数歩歩いたところで、幼い男の子がテスファエに向かって走ってきた。

ハギルソだ！　生きていたのだ。

ぼろぼろの茶色いポロシャツ一枚で、ズボンも靴も履いていない。シャツのポケットには——アフリカ全土を回り回ってきたような、いかにも着古したシャツだった——勝者（ウィナー）と刺繍してあった。アフリカの最貧層の子供が着る服に富める世界のこんな言葉があると、ふだんは場違いだと思うことが多いのだが、このシャツはハギルソにふさわしい。彼は勝者だ。飢餓に打ち勝ったのだから。治療食を摂取したおかげでハギルソは生気を取り戻した。

二〇〇三年には生きるのを諦めたようにうつろだった瞳が、今ではきらきらと輝き、喜びにあふれ、いたずらっぽく光ってさえいる。ズボンを履いてきなさいと父親に言われ、ハギルソはあわてて走り去っていった。

しかし、何もかもうまくいったわけではないようだ。

「息子の体調は少し良くなりました」とテスファエは言う。「元気そうに見えるんですが、良くない兆しもあります。顔色を見れば、健康じゃないのがわかるんです。発育もおもわしくありません。体が大きくならないんです」

ハギルソはとても小柄で、二〇〇三年から背が伸びていないように見える。現在九歳か一〇歳なのだが、身長は一メートル弱しかない。発育障害を起こしているのだ。

「確かに息子は正常に育っていません」とテスファエは話す。「もっと栄養のあるものを食べさせてやりたいんですが、買うお金がないんです」

テスファエに案内され、柵代わりの背の高い緑のサボテンの並びを過ぎて、巨木の下にやってきた。好奇心にかられた子供たちの一団が続く。数人の女性が人だかりの端に立ち、赤ん坊に授乳している。男たちが集団に加わる。小ぶりな木製の三脚椅子が運び込まれ、木の下の地面に置かれた。テスファエは椅子をひとつ受け取り、私たち視察団にも椅子に座るよう勧めた。

ハギルソが戻ってきた。足首が見える茶色いズボンをはいている。薄汚れた白い上着の破けたポケットには、黄色い花の刺繍が施されている。視察団はハギルソに箱入りチョコレートをプレゼントした。父親の椅子のそばの地面にチョコレートの箱を置くと、ハギルソはその上に座った。その場にいた人々がどっと笑う。何も知らない彼に、世界食糧計画のメリーズ・アオークがチョコレートとは何かを教えてあげた。とてもおいしいのよ、大切にとっておいて後で食べてね、とメリーズは言った。ハギルソはにっこり笑うと箱を父親に手渡し、地べたに座った。

抜けるような高い青空に入道雲がいくつか浮かぶなか、テスファエはこの五年間にあったことを話してくれた。アムハラ語の通訳はメリーズが担当した。

テスファエいわく、飢えを何とかしてしのがなければと、飢饉の時期には売れる物を次々と売っていったそうだ。干ばつが終わると、テスファエやこのあたりの農家の収穫量は上がった。だが干ばつの余波に再び悩まされることになる。飢饉で失った家畜を増やすだけの資金を蓄えておけなかったからだという。畑を耕すのに使うウシがいなければ、畑の片隅でトウモロコシを育てる生活に逆戻りだ。八人の子供たちを食べさせるのは、やはり難しかった（飢饉が起こる数年前、テスファエは四児をもうけた最初の妻を亡くしている）。彼はトゥクルのそばに生えていたアビシニアバナナを収穫した――実はならないが、茎の内側の繊維質がジャガイモの代用として欠かせない栄養源となる。また、畑の一角でサトウキビのほか、豆やキャベツを育てた。「カート」と呼ばれるアラビアチャノキの茂みにも手を入れた。カートの葉や茎は、かむと穏やかだが麻薬の作用があり、エチオピアでは近隣のアラブ諸国に輸出していた。このカートが、テスファエにとって唯一の収入源だった。「年に三回収穫し、その都度五〇ビルから六〇ビルを受け取っていました」ドル換算で六ドルか七ドル程度の金額である。ひまを見ては地元の畑を一日二日手伝いに行き、日当として五ビルもらえることもあった。妻は、臼と杵でアビシニアバナナの繊維質をすりつぶして粉にする仕事をして、収入を得ていた。「トウモロコシのほか、食用油や塩、スパイスが買えたこともありました」とテスファエは話す。

年上の子供たちは学校をやめた。最年長の子は七年生、次は四年生、三番目の子は三年生までしか進めなかった。ハギルソは学齢期に達していないが、栄養失調のせいで知能も遅滞していないかと、テスファエは案じている。「学費も、本も、ろくな服も買ってやれません」と彼は言う。彼自身も読み書きはほとんどできない。「子供たちを学校に行かせ、教育を受けさせたいんですが、現実はこうです。稼いだ金はみんな食費か、ちょっとした服を買えばなくなってしまいます」

二〇〇三年、緊急食糧配給テントで食うや食わずの生活を送っていた頃と同じ質問をテスファエに投げかけてみた。こんな悲劇はなぜ起こったのだろう?

同じことを前にも聞きましたね、とテスファエは言った。「そのことをずっと考えていました。私が何かをしたわけではありません。私の畑に入り込んで盗みを働いた奴もいません。雨が降らなかったんです。誰も責められませんよ。神様が私たちに腹を立てたんでしょう」

エチオピアの農業生産高は二〇〇三年の飢饉以降、順調な伸びを示した。降雨にも恵まれ、援助機関や民間企業の尽力により、種子や肥料が手に入りやすくなった。灌漑プロジェクトも始まった。青ナイル川付近まで北上すると、一九六〇年代、少年だったタケレ・タレケンは、実家のウシに水を飲ませながら、コガ川流域を調べるアメリカ人たちを見張り、よそ者が帰途につくまで目を離さずにいた。木製の牧羊杖に身を預け、ひげには白いものが増え、年齢を重ねた現在のタケレは、新しいよそ者たちを注視している——エチオピア人とアフリカの他国の銀行家や技術者たちだ——。彼らは過去にアメリカ人が立てた計画を復活させ、コガ川沿いで灌漑設備の建設に取り組んでいる。これが完成すれば、一万五〇〇〇エーカー（約六〇七〇ヘクタール）の土地に水が行き渡り、タケレ一家を含めた六〇〇〇世帯がその恩恵を享受するという。アフリカ開発銀行が支援する五〇〇〇万ドルのプロジェクトだが、重要なのは、ナイル川流域全体の飢饉の元凶はエジプトにあるとのエチオピア人の指摘に対し、エジプト側がその事実を認めるとの判断を下したことだ。周辺地域のほかのプロジェクトも追随し、エチオピアの農家は、川の水の一部をとうとう活用できる日が来たと希望を持った。

二〇〇三年の飢饉以後、エチオピア政府と世界からの支援者も、前年の収穫物が底をつき、次の収穫が始まるまでの通常数カ月間、食糧が枯渇する毎年の飢餓期に農民の食糧を確保するセーフティネットを企画していた。このセーフティネット・プログラムのもと、農家は棚田造りや植林、道路整備といった地域の土地改良に取り組み、地元市場で食べ物を買うための現金収入を得ることができる。報酬は家族ひとり当たり月額三〇ビル。これで、およそ一五キロのトウモロコシや小麦が買える。穀物の余剰が増えると、そのための市場も生まれた。

だが二〇〇八年、雨期の初期に雨が降らなかった。そこに、たたみかけるように世界食糧危機が襲った。世界中を席巻した食糧価格高騰の波が、エチオピアにもやって来たのだ。セーフティネットは決定的な打撃を受けた。毎月の報酬では、家族ひとり当たり五キロのトウモロコシや小麦しか買えなくなった。この量では子供ひとりを一週間養うのがやっとだった。価格上昇に対処するため、セーフティネット・プログラムの支援者らは、月額報酬を四〇ビルまで引き上げた。だがこの程度の報酬アップでは、三倍に上昇した穀物価格には焼け石に水だった。エチオピアの市場では計量カップを小さくし、販売量を少なくして消費者の家計引き締めに対応した。

「日に三度の食事を二度に減らしました。やがて一日一食になり、死んでいくのでしょう」と語るのは、エチオピアの市場体系を二〇〇三年当時の旧来のやり方に戻そうという動きに反発する、アディスアベバの穀物取引員協会のヨセフ・イラク会長だ。その彼が、価格上昇を招いた世界的な需要拡大を非難していた。といっても、自分たちより多くの食糧を消費している中国やインドの人々は非難できないと言う。エチオピアの人々も、いつか彼らのようになりたいと思っているからだ。イラクの怒りの矛先は、食糧を車のガソリンに転換している、はるかかなたの国々に向けられている。「トウモロコシを燃料にするなんてどうかしています。大勢の人々を死に追いやることになりますよ」と、イラクは疑問を投げかけた。

　二〇〇八年夏、エチオピアに飢餓期が訪れると、栄養水準が再び悪化に転じた。世界食糧計画がボリチャで食糧の配給を開始したと、テスファエは語った。彼の家族と別の二世帯に五〇キロの小麦が配給され、三世帯で分け合うことになった。自分たちよりも配給量が少ない世帯もあったそうだ。彼は自分たちも含め、エチオピア国民の多くがセーフティネットの恩恵にすらあずかれなかった点にも触れた。テスファエ一家は、セーフティネットの対象待ちリストに入っていたのだ。

　巨木の向こう側、狭い牧草地で一頭の雄牛が杭につながれている。都会に住むテスファエの友人のもので、世話と餌やりを頼まれたのだという。テスファエは皮肉をこめた笑みを浮かべて言った。俺たちはもう何カ月も肉を食っていないのに、他人がごちそうを食べるためにウシを肥えさせているのだ、と。ウシの筋肉を鍛えると価値が下がるため、畑で働かせることもできない。二カ月間のウシの世話代として一〇〇ビルもらう約束をしたのは、トウモロコシが収穫を迎えるまで十分やっていける金額だと考えたからだ。

テスファエは椅子から立ち上がると、畑に向かった。まず、ひと間だけの自宅を案内してくれた。一五年前に円錐形のテント小屋を改造し、泥と草を混ぜた漆喰で隙間を埋めて作った小屋だ。年月が経つと自然に家が劣化する。先日の雨のときには、壁に穴がいくつか開いたという。家の中は、壁の割れ目を通してかろうじて日光が入るだけで、土の床も穴や割れ目がある。寝る場所にはバナナの葉やウシの皮が敷いてある。中央の柱には、一家のわずかな食器であるヒョウタンやウリがいくつか下がっている。家から外に出ると、テスファエは鎌で背の高いサボテンの伐採を始めていた。柱状に形を整え、雨漏りの絶えない壁の補強に使うのだ。

2008年のテスファエとハギルソ。自宅のトゥクル（小屋）の前にて。

テスファエの後に続き、アビシニアバナナの茂みを越え、トウモロコシやカート、豆が育つ畑へと向かった。青々しいサトウキビの茎をかじりながら、ハギルソが追ってくる。畑の開けた場所に出ると、ハギルソが父親を笑わせるようなことを何やらささやいた。「あなたがたを家に連れて帰ることにしたと言っています」と、テスファエは笑顔で言った。「ここに残るのはおまえだよ、と言い聞かせました。おまえが飢えていたときに名前を書いていた人が、今日おまえの様子を見に来てくれたんだ、って」

テスファエは息子の肩に手を添えると、一緒に巨木の木陰に涼を求めて戻っていった。「皆さんは私にどんな暮らしをしているか聞きましたね」と彼は言った。「前回会ったときよりも暮らしは上向いています。でも、それほど良くはありません。だから、今回はこう答えましょう。私たちはもう二度と飢えに苦しみたくはありません。すべては神の手にゆだねられています。皆さんも同じですよ」

謝辞

アフリカを訪れた筆者らを暖かく受け入れ、自宅や畑、木陰で話を聞かせてくれた皆さんに感謝する。飽食の空白域で暮らす皆さんの協力がなければ、この本を書くことはできなかった。多くの話を本の中で取り上げたが、その際には公平に扱うことを心がけた。そのように扱われていると感じていただけたら嬉しい。

アフリカでの取材に際しては、取材先を紹介してくれた人や、そこまでの到着を手助けしてくれた人など、数多くの人たちの助けを借りた。大臣、援助機関のスタッフ、仲間のジャーナリスト、ドライバー、通訳、バーテンダー……。ヨーロッパ諸国の首都やアメリカ各地では、世界の農業や飢餓の問題に詳しい数多くの専門家の皆さんが、独自の分析や事実、書類、そして、情熱を提供してくれた。その中でも特に、以下の方々に感謝したい。ノーマン・ボーローグの補佐役であるクリス・ダウズウェル、〈アフリカの飢餓と貧困を削減するパートナーシップ〉のジュリー・ハワード、飢餓撲滅同盟のマックス・フィンバーグ、ロックフェラー財団のゲイリー・トーニーセン、ウィリアム・アンド・フローラ・ヒューーレット財団のアン・タットウィラー、そして、シカゴ地球問題評議会のマーシャル・ブートン。

本書に収録したエピソードの多くは、『ウォール・ストリート・ジャーナル』紙に掲載されたものが基になっている。世界各地での取材を支援してくれた過去・現在の同僚たちにもお礼を言いたい。ブライアン・グルーリー、リー・レスケーズ、カレン・ハウス、フレッド・ケンプ、ポール・スタイガー、ケン・ウェルズ、ジョン・ブレッチャー、マイク・ミラー、マーカス・ブロクリ、そして、ケヴィン・ヘリカー。筆者らの原稿を推敲してくれた数多くの編集者たち、情報や知識を提供してくれた数多くの記者たちも含め、すべての方々に感謝する。特に、『ジャーナル』のシカゴ支局で、完成まで励ましてくれた現在の同僚たち、どうもありがとう。

本書のアイデアを具体化する手助けをしてくれたのは、外国特派員で編集者、そして作家でもあるケン・ウェルズだ。『ジャーナル』の書籍部門を監督する立場から、本書の企画を出版元のパブリックアフェアーズに紹介してくれた。それが、創設者のピーター・オスノス、発行人のスーザン・ワインバーグ、そして、編集主任でマーケティング・ディレクターのリサ・コーフマンに認められた。リサは最初から本書のビジョンを共有してくれ、数々の貴重なアドバイスを提供してくれた。制作と編集はメレディス・スミスとアネット・ウェンダの巧みな進行に支えされ、宣伝ディレクターのホイットニー・ピーリングには宣伝をしていただいた。『ジャーナル』の書籍と特別プロジェクトのディレクター、ローズ・エレン・ディアンジェロは、言葉と良質なユーモアで支えてくれた。アン・サローとパトリシア・キャラハンは本書の原稿に何度も目を通し、大小さまざまな指摘をしてくれた。

そして最後に、愛と励ましで支えてくれ、筆者らの仕事を常に信じてくれた家族に、心から礼を言いたい。どうもありがとう。

監訳者あとがき

二〇一一年八月一八日、ローマに本部をもつ国連農業食糧機関（ＦＡＯ）の事務局長であるジャッキー・ディユフは百数十カ国の農林大臣を前に、「アフリカの角」で起きている非常事態を訴えた。昨年から続く大干ばつのため、ソマリアを中心とした「アフリカの角」と呼ばれる地域で、一二〇〇万の人々が飢餓に直面しているという緊急事態である。その前月である七月に、国連はこれを今世紀最悪の飢饉とみなし、緊急事態の警告を発していた。ＦＡＯはその具体的な緊急援助を国際社会に呼びかけたのである。

「アフリカの角」地域の飢餓問題は、本書のテーマそのものである。著者が提起したように、アフリカの飢餓には根本的な問題があり、その解決がなければ、大規模な飢餓は何時でも再発するものである。干ばつは飢餓問題の引き金の役割を果たしたが、飢餓問題の全てが干ばつだけに起因しているのではない。この地域は乾燥地帯にあり、雨が降らないという気候は目新しいものではない。干ばつが人々を飢餓へと追いやってしまうには、他の多くの原因がある。それは主に国の政策、そして社会構造に起因する。もし、干ばつ等への社会的な準備、国としての対応力があれば、干ばつを乗り越えることができて餓死者はでない。今回の大干ばつでも東アフリカの国によって、干ばつが飢餓へと直結する度合いは大きく違う。本書で中心的にとりあげられたエチオピアでは、国の指導力によって干ばつへの対応力を高め、また準備があったため、ソマリアと同じように干ばつの被害を受けながらも、飢餓に直面している人の割合はずっと少ない。

エチオピア政府の指導者は、農業、食糧問題の重要性を認識し、国内で多くの対策を立てている。本書でも紹介されている「笹川アフリカ協会」は、一九八四年のエチオピアの大飢饉を契機に設立され、エチオピアで多くの活動を行ってきた。その功績に対して、エチオピア大統領より大統領官邸にて、笹川日本財団会長、カーター元米国大統領、及びボーローグ博士の代理として私の三人に特別感謝状が授与された。これもエチオピア政府が農業を重視している表れである。

『ウォール・ストリート・ジャーナル』紙の記者であるふたりの著者は一〇年以上にわたって、アフリカの飢餓の現場へ足を運び、飢餓の状況を把握し、インタビューを重ねて、アフリカ飢餓問題の根本原因を追究した。調査取材の対象は、アメリカ、ヨーロッパ諸国へと広がった。アフリカの飢餓の根本原因はアフリカに起因することよりも、先進国のご都合や無知によるものが多いことを、緻密な取材で明らかにしていった。

飢餓は残酷である。人としての尊厳、そして生きる力すら奪っていく。そしてその飢餓が蔓延している。世界では一〇億人近くの人が栄養失調に苦しみ、その半分はアフリカの人々である。国連の試算では、飢餓と栄養不足、それに関連する病気で毎日およそ二万五〇〇〇人が死亡している。一方、先進国を主に、飽食の世界がある。過剰な食糧摂取による肥満が大きな問題になっている。世界保健機関（WHO）は、その肥満者の数は栄養不足の人とちょうど同じく一〇億人と報告している。つまり世界は、その全人口を養えるだけの十分な食糧を生産している。アフリカ諸国も自国で生産できる能力はもっている。なぜ、恒常的な飢餓をこの世界は抱えてしまったのか？

飢餓の原因は自然災害だけではなく、現在の世界の食糧供給のありかた、我々の無知、無邪気な善意、そして怠慢によって起きてしまっていることを著者は明らかにしている。

日本社会もこの飢餓問題と無縁ではない。日本では毎年一二〇〇万トン以上の食糧が無駄にされている。流通の過程、そして我々が購入してから食するまでの過程で、食料ゴミなどとしてせっかくの食べ物を無駄にしている。もし、この無駄にしているものをアフリカへ運ぶことができれば、現在東アフリカで飢餓に直面している全ての一二〇〇万の人々に、必要な食糧を十分に提供できる。食糧自給率が四〇％しかない日本は大量の食糧を輸入し、そしてその大切な食糧をゴミ箱に捨てている。経済的に豊かな日本が食糧を大量輸入することによって、食糧の国際価格は高くなり、最貧国の人々の手には届かない価格にしてしまっている。

本書の第2部では、この悲惨な現実を変えようという力強い動きが報告されている。飢餓への戦いへの動きである。この時代、この不均衡な国際関係において、飢餓解決をめざす決意が示されている。著者は、その実現が可能であることを、説得力をもった議論によって展開している。

今年三月の東日本大震災によって、我々は「当たり前の生活」の大切さを身に染みて感じた。その「当たり前の生活」には食べ物が重要な役割を果たしている。家族そろって夕食の卓を囲み、「頂きます」といって会話がはじまる。これが「当たり前の生活」の原風景である。世界の六人にひとりの割合で、その「当たり前」の食事ができず、空腹のまま床に就かなければならない人がいるこの悲惨な世界を、一日でも早く終わらせなければならない。我々の世代に課せられた課題である。

二〇一一年九月一三日

「緑の革命」でノーベル平和賞を受賞したボーローグ博士の二周忌の日に

岩永　勝

【著者】

ロジャー・サロー（Roger Thurow）

20年間、「ウォールストリート・ジャーナル」紙の海外特派員を経験。1986～91年は、主に南アフリカで取材し、アパルトヘイトの終末を人道的な立場から執筆した。その記事によって、アフリカの20ヵ国以上をふくむ、およそ60ヵ国に活動の場を広げた。

スコット・キルマン（Scott Kilman）

20年以上、「ウォールストリート・ジャーナル」紙上で農業について執筆し、アメリカ政府とその農産業部門が国際社会に与える影響を記録してきた。貿易、バイオテクノロジー、食糧安全保障、補助金、農村経済についても執筆してきた。

7年間にわたって、二人は「ウォールストリート・ジャーナル」紙で1ページ分の連載を共同執筆し、一般的に理解されている飢餓と食糧支援の矛盾を指摘してきた。2003年に起きたエチオピアと南アフリカの飢餓についての記事は、2004年度のピューリッツァー賞（インターナショナル・レポーティング）で最終審査まで残った。この連載（「飢饉の解剖」）は、ピューリッツァー賞選考委員によって「アフリカの飢餓問題に新しい視点をもうけ、食糧支援や農業にかかわる人に、自身の行為・ポリシーを再考させることを促した、忘れてはならない内容だ」と評された。2005年、二人は、人道的な立場から開発支援を呼びかける執筆活動が認められ、アメリカ政府から表彰を受けた。

【監訳者】

岩永　勝（いわなが・まさる）

1951年生まれ。京都大学大学院修士課程修了。米国ウイスコンシン大学にて農学博士号を取得。現在、国際農林水産業研究センター（JIRCAS）、理事長。専門は植物遺伝育種学。過去30年間、海外（米国、ペルー、コロンビア、イタリア、メキシコ）で研究生活を送る。2006年に「日本農学賞・読売農学賞」を受賞。監訳書に『ノーマン・ボーローグ』（2009年、悠書館）がある。

飢える大陸アフリカ

先進国の余剰がうみだす飢餓という名の人災

2011年10月15日　初版発行

著　　者　ロジャー・サロー
　　　　　スコット・キルマン
監 訳 者　岩永　勝
翻訳協力　藤原多伽夫
　　　　　安達 眞弓
装　　幀　桂川　潤
発 行 者　長岡正博
発 行 所　悠　書　館

〒113-0033　東京都文京区本郷2-35-21-302
TEL 03-3812-6504　FAX 03-3812-7504
http://www.yushokan.co.jp/

印刷：シナノ印刷

2011 printed in Japan
ISBN978-4-903487-50-2
定価はカバーに表示してあります